湛庐CHEERS

与最聪明的人共同进化

HERE COMES EVERYBODY

社会性征服地球

●[美] 爱德华·威尔逊 —— 著
Edward Wilson

●朱机 —— 译

The Social Conquest of Earth

浙江教育出版社·杭州

你对社会性动物了解多少？

扫码鉴别正版图书
获取您的专属福利

扫码获取全部测试题
及答案，一起了解社会性
动物的演化简史

- 人类在演化中到达独特的地位，这取决于以下哪两种生物特性？（ ）

  A. 个头小，流动性无限

  B. 个头小，流动性有限

  C. 个头大，流动性无限

  D. 个头大，流动性有限

- 一般情况下，蚁群的分工是？（ ）

  A. 蚁后和工蚁

  B. 兵蚁和工蚁

  C. 雌蚁和雄蚁

  D. 成年蚁和幼蚁

- 人类面临的善恶难题是由（ ）导致的。

  A. 个体选择

  B. 群体选择

  C. 个体选择和群体选择

  D. 自然选择

扫描左侧二维码查看本书更多测试题

Edward Wilson

爱德华 · 威尔逊

- 社会生物学之父，自然科学巨擘，被誉为“当代达尔文”
- 一生屡获殊荣，包括克拉福德奖、美国国家科学奖和两次普利策奖
- 《时代周刊》评选他为“对当代美国影响最大的 25 个美国人”之一

爱德华·威尔逊 Edward Wilson

从钟情于蚂蚁的少年到世界级蚂蚁研究权威

1929年，威尔逊出身于一个平凡的家庭。年幼时，他的父母离婚，上学前他被托付给海边一户人家。海边的生活使他对大海里的生物着了迷，常常在海边看水母，这是他对自然界产生兴趣的源头。但是一次不幸的事故让他失去了右眼视力，这使他无法站在远处观察鸟类和哺乳动物，转而专注于观察微小的生物，并开始对蚂蚁产生了浓厚的兴趣。

威尔逊的名声和成就都建立在他对蚂蚁的研究之上。从事蚂蚁研究60多年，关于蚂蚁社会结构的相关发现奠定了他在这个领域的权威地位，并促使他构建出了社会生物学体系。每当他见到蚂蚁，都会像一个充满童真的孩子。蚂蚁已经融入了他的生活，成为他传奇人生的一部分。威尔逊晚年创作的唯一一部小说《蚁丘》，讲述一个从小爱好观察蚂蚁的男孩不断学习成长，日后用所学知识保护家乡生态的故事，这也是他自己人生的某种写照。

开创全新学科“社会生物学”引发生物学界大震荡

1975 年夏天，威尔逊出版了他名震天下的著作《社会生物学：新的综合》，40 多年来，至今依然是这一领域的权威。在这本极具前沿性的书中，威尔逊认为，从蚂蚁到大猩猩，各种动物的社会行为都有其相对应的生物学机制。他把这个观点推广到了人类。威尔逊认为人类的特征都是由基因决定的：基因不但决定了我们的生物形态，还帮助塑造了我们的本能，包括社会性和很多其他个体特性。这种想法引起了不少人的恐慌，在当时的思想界掀起了轩然大波，也招致大量激烈的批评。

在 1978 年的美国科学促进协会的年会上，有一个年轻人居然把一瓶冰水浇到威尔逊头上，其他示威者则齐声高喊：“威尔逊，你湿透了！”（Wilson,you're all wet!）这句美国俚语的含义是：“你大错特错！”后来，威尔逊不失风度地将这件事情称为“冰水事件”。这次事件成了近代美国史上科学家仅仅因为表达某个理念而遭到身体攻击的唯一一宗案例，但威尔逊没有消沉，反而越战越勇。虽然他创立社会生物学学科时受到一些社会人士的反对，但是这并不影响他对科学研究的贡献。在社会生物学越来越被大众熟知之后，社会生物学被科学界定为一类学科，威尔逊也因此被称为“社会生物学之父”。

重新定义人类存在的意义 被誉为“当代达尔文”

威尔逊一直认为:“达尔文才是那个改变一切的人，包括人类对于自我的认知；他比哥白尼更伟大。”这也推动着他不断地做出更深入的研究，让他对人类存在的意义的追索变得更迫切。在我们这个时代，或许没有人比他更有能力来清楚地回答“人类存在的意义”这样的终极命题。

威尔逊是一位殿堂级的科学巨人，除了在学术上的卓越成就以外，他还是一位著名的作家和科普大师，撰写过一系列著名的科普著作，他的《蚂蚁》和《论人性》更是两次荣膺普利策非虚构类写作奖。《自然》杂志评价他“既是世界级的科学家，也是伟大的写作者”。《时代周刊》评选他为“对当代美国影响最大的 25 个美国人”之一。他一生屡获殊荣，囊括 100 多项大奖，如瑞典皇家科学院颁发的克拉福德奖、美国国家科学奖等，被认为是“当代达尔文”。

发起“半个地球”计划 为深爱的生物多样性奔走

晚年的威尔逊又从理论领域回到了实践领域，关注的主题却仍然是自己深爱的自然。他致力于保护自然环境和生物多样性，到处演讲并多次撰文，宣扬“亲生命性”与“生物多样性”等观念。他在《半个地球》中指出：人类自以为是地球的主宰，但这并不是真相，我们和自身家园之间的关系正越来越疏远。

他提出，只有将地球表面的一半交还给大自然，我们才有希望拯救并保留地球上的众多生命形式。人类一定要对生物多样性的重要性有更充分的认识，并迅速行动起来对濒危物种予以保护，否则我们很快就会失去地球生命中的绝大部分物种。2000 年，威尔逊因为在环境保护方面的成就，再次被《时代周刊》评选为世纪人物。

重磅赞誉

我刚刚读完了《社会性征服地球》，这本书简直无与伦比！

比尔·克林顿

美国前总统

这是对人类境况的生物学起源的一次重要探索！

詹姆斯·沃森

“DNA 之父”，《双螺旋》作者

爱德华·威尔逊的又一本力作！这部作品集合了他之前获得普利策奖和赢得数百万读者青睐的几部作品的特质：提出一个大而至简的问题，诉诸公众都可以理解的优美文字，用权威的科学和人文知识给出有力的解释。

贾雷德·戴蒙德

普利策奖得主，《枪炮、病菌与钢铁》作者

威尔逊在书中提出的有关群居性昆虫的例子令人眼花缭乱……威尔逊敏锐地指出，它们的行为与人类的行为，如战争和农业活动有明显的相似之处，但也存在显著的差异……这本书详细地重建了我们所知道的人类与昆虫这两类不同的地球征服者的进化史。威尔逊细致而清晰的分析提醒我们，对人类起源的科学描述不仅比宗教故事更准确，也更有趣。

保罗·布卢姆

知名认知心理学家和发展心理学家，《摆脱共情》作者

这本书回应了复杂人类文化的生物起源的广泛争论。书中既有精湛的技巧，又充满了粗犷、突兀的断言。而这些断言又是精心设计、引人入胜的……看到爱德华·威尔逊这位杰出的科学家对未来持乐观态度，真是令人向往。

迈克尔·加扎尼加

“认知神经科学之父”，《双脑记》作者

这是一部宏大、深刻、激动人心的作品，展现了对人类进化、人性和人类社会的全新且充满希望的观点。除了爱德华·威尔逊，没有人能够将生物学和人文科学如此精彩地结合起来，以揭示语言、宗教、艺术和人类文化的起源。

奥利弗·萨克斯

“医学桂冠诗人”，神经病学专家

威尔逊展示了“逾层凌域”的“变焦思维”，但依然高看了科技的正面作用。大尺度看，科技跟宗教其实是一类“建造”，是作为社会性生命之一的智人适应环境、扩大征服能力的有效手法，但此类手法不大可能真正征服生命所依托之星球。威尔逊反复提醒，人类终究是动物群中的一个物种，人之理性算计有很多缺陷，我们需要新的启蒙。这个观点朴实而深刻。

刘华杰

北京大学哲学系教授

社会性存在对于动物而言是一件有利可图的事情。这一点只要看看社会性昆虫在地球历史上一次又一次的独立进化就可想而知了。当然，爱德华·威尔逊的《社会性征服地球》告诉我们：人类也是一种从社会性中获得巨大生存优势的动物。如果承认了这一点，很多问题就迎刃而解了。人类很多的行为、情感，甚至是思想，往往都是为了维持这种令我们得以主宰地球的“社会性”。那人类是否超越了自然呢？当你在非洲原野上注视着一座白蚁蚁穴耸立在地面上的“空调排风口”时，你不会认为这是“非自然”的，但是当你走在一座高楼林立的城市里时，你不可能认为它是“自然”的。读罢《社会性征服地球》，你会发现“自然”与“非自然”的边界远没有我们想象得那么清晰；你还会发现，人类并非某种超脱于其他动物的地球主宰，而只不过是一种在真社会性上走得最远的动物。这就是威尔逊给出的答案，回答了那个关键的问题：“我们是谁？”

叶盛

生物学家、北京航空航天大学生物学教授

“科普中国”形象大使

在个体层面和群体层面两条线上同时前进，是人类演化中的一个矛盾冲突点，但也正因为这个冲突，让人性如此复杂，让人类社会如此有意思。没有人比爱德华·威尔逊更适合讲这个问题了。读此书就如同听一位敦厚长者聊人生经验——只不过他聊的不是几十年，而是几十万年的经验，是超越时代的智慧。

万维钢

科学作家，“得到”App《精英日课》专栏作者

在过去 10 年里，我对这些问题产生了一些初步的框架性的想法，开始慢慢形成了自己对这一系列问题的思想脉络。这一过程中有几位学者的著作对我影响很大，其中就有爱德华·威尔逊的《社会性征服地球》。

引自 李录

《文明、现代化、价值投资与中国》

推荐序

文化的力量：征服，还是共生？

段永朝
苇草智酷创始合伙人
财讯传媒集团首席战略官

2021 年 12 月 26 日，蜚声全球的美国著名生物学家爱德华·威尔逊逝世，享年 92 岁。

次日，《纽约时报》发表了长篇讣文，回顾了威尔逊教授辉煌的一生和他在生物学领域所取得的卓越成就，并称赞其为“进化生物学先驱”。

同一天，威尔逊后半生中最大的学术“对手”，被誉为“好战的无神论者”的英国学者理查德·道金斯（Richard Dawkins）[①]，在社交媒体上写下这样一句表示悼念的话：“惊闻爱德华·威尔逊去世的噩耗。伟大的昆虫学家、生态学家，最伟大的蚂蚁学家、社会

① 英国著名演化生物学家，皇家科学院院士，牛津大学教授。讲述其传奇科学生涯的自传《道金斯传》（上下册）及基因科普力作《基因之河》中文简体版已由湛庐引进，分别由北京联合出版公司及浙江人民出版社出版。——编者注

生物学的发明者，岛屿生物地理学的先驱，和蔼的人文主义者和生物爱好者，克拉福德奖和普利策奖获得者，伟大的达尔文主义者，安息吧！”——但在这一连串溢美之词的后面，道金斯仍不忘在括号里补上这么一句：对亲缘选择的漠视除外。

就在威尔逊这本《社会性征服地球》英文版首发之际，这对“老冤家”依旧口水战不断。其实在很多专业人士看来，威尔逊和道金斯在进化论这个学术领域内的共同点远远大于不同点。比如，他们都声称自己是进化论创立者达尔文的信徒，都坚信自然选择原理，都承认基因在生物繁衍、发育、演化中的核心地位。当然，他们也都在用最尖锐的声音，指责对方在进化生物学中“误入歧途”。

笔者并非人类学、生物学专业背景，从学术角度评论两位“老冤家”自然力不从心。不过，冲着威尔逊和道金斯这两位又同时都是鼎鼎大名的畅销书作家，作为拜读过两位学者若干部作品的读者，或许从读者角度倒可以坦承几句心中的想法。

他们到底在争论什么？在我看来，简单说就是这样一个问题：虽然他们都承认亲缘选择和群体选择在人类演化中的作用，但在哪一个扮演更重要的角色方面，道金斯相信是亲缘选择，威尔逊则坚信是群体选择。

威尔逊的思想拐点

为威尔逊博得显赫声名的，是他对蚂蚁终其一生的深入研究。在进行了数十年的蚂蚁研究之后，20 世纪 70 年代中期，威尔逊创立了一种生物学的“新综合”（new synthesis），叫作“社会生物学”（sociobiology），旨在说明社会性生物的行为具有其遗传学基础。

作为典型的群体性物种，蚂蚁已经有上亿年的演化历程，被誉为“无脊椎动物的征服者”。小小的蚂蚁缘何做到这一点？威尔逊给出的解释是“群体性行为”。每一个蚂蚁个体都微不足道，但成千上万的蚂蚁聚集在一起，则显示出令人着迷的群体行为，诸如分工、利他和互利行为。

早年的威尔逊是达尔文的忠实拥趸，也是亲缘选择理论的信仰者。然而，长期的观察让他渐渐感觉到，如果仅用亲缘选择的理论，无法解释蚂蚁的“真社会行为”。在他看来，这种真社会行为是无法仅仅靠亲缘选择进化出来的。道理也很简单，那就是所需要的演化时间太长，且结果并不确定。威尔逊发现，蚂蚁、蜜蜂、白蚁等仅占昆虫总数 2% 的社会性昆虫，反倒成为无脊椎动物的征服者，而这些昆虫的真社会行为有一个重要的特征，就是巢穴的存在。巢穴对于蚂蚁的重要性甚至超越个体生命。巢穴是种群繁衍生息的结构性存在，可以说没有巢穴就没有蚁群。

在获得这样一种启示之后，威尔逊便决意不再仰赖亲缘选择解释群体行为，并越来越坚信群体选择才是真社会行为的最后解释。威尔逊和哈佛大学马丁·诺瓦克（Martin Nowak）① 教授等合作者，将这种真社会性称为“超级有机体”（superorganism）。威尔逊认为，道金斯坚称“亲缘选择”的错谬之处，在于把虫后与后代的分工误以为是合作，并将后代离开母巢的行为视为背叛。威尔逊进一步提出，在一个蚁群中，职虫只不过是蚁后及其表型的延伸。换句话说，职虫只不过是某种“机器虫”。“虫后 + 后代”成为某种超个体，这种超个体的性状是可以遗传的。也就是说，群体的成败取

① 哈佛大学数学与生物学教授，进化动力学中心主任。他的里程碑式科普作品《超级合作者》中文简体版已由湛庐引进，由浙江人民出版社出版。——编者注

决于超个体在群体竞争中的表现，威尔逊称之为“表型可塑性”。

1979 年，在威尔逊与他的合作者提出“基因 – 文化协同演化”（gene-cultural co-evolution）的新主张之后，威尔逊后半生的研究，就完全转到用群体选择理论重新解释人类由来的方向上来。

对于社会性群体、聚落来说，原始聚落就是超个体。环境带来的生存压力会持续传递到超个体中。“基因 – 文化协同演化”说的就是这种多层级选择。个体层面是基因起主导作用，群体层面则是文化起主导作用，但这两个层级并非两不相干，而是彼此纠缠。威尔逊的观察是，自然如何做出选择，主要关注的点应放在人性和本能是如何塑造形成的。

如果说，在 1975 年威尔逊那本著名的《社会生物学：新的综合》（*Sociobiology：The New Synthesis*）中，威尔逊还是基因决定论的忠实信徒的话，那么在 1979 年他提出“基因 – 文化协同演化”的观点之后，他基本上就修正了自己的主张。威尔逊认为，人性并不等于人性背后的基因。文化不但为基因演化提供驱动力，且具有钳制遗传过程的倾向，就如食物、疾病在漫长演化中对人的塑造一样。

正是这种交织在一起的多级适应性，导致人类出现“真社会性”，并多次跨过“幸运转角”，诸如 200 多万年前的直立行走，100 多万年前学会用火并成为杂食动物。这些“幸运转角”带来身体特征的根本性变化，包括骨盆、汗腺、大脑、双手等部分的变化。

威尔逊将蚂蚁的真社会性平移到人类，提出巢穴对真社会动物的核心作用。巢穴与营地是种群合作、使用工具、发育社交智能的关键，也是出现劳动分工、协同的关键。这种真社会性，占据了威尔逊进化生物学思想的核心。

其实，这一理论与道金斯大约同一时期提出的“MEME”（谜因或模因）概念如出一辙。只不过道金斯只是提出了这个概念，但并未给予足够的重视。或许是意识到谜因对亲缘选择的“杀伤力”太强，道金斯有意淡化甚至敌视这一概念，也未为可知。

高更三问

畅销书与学术著作最大的不同，就在于畅销书天然一副“故事相”。这本《社会性征服地球》就是典型。作者借用“高更三问”做全书骨架，勾勒出人类演化从哪里来、到哪里去，以及我们是谁三个问题的大画面，将群体选择、真社会性、基因－文化协同演化等关键概念悉数囊括在内，让人沉浸其间的同时，很自然地跟着故事讲述者的逻辑走。

在达尔文之后，人们对人类起源问题长期争论不休。虽然神创论不可遏制地走向衰落，但关于人类起源的“科学解释”却总不能尽善尽美，一旦有新的主张提出来，也总是能掀起阵阵波澜。启蒙运动以西方流行观念来对万事万物寻求科学解释，并认为一切学问都可以奠基于数学、物理学，于是诞生了各式各样的“社会科学”，比如孔德的社会物理学，巴普洛夫的“条件反射说”，斯金纳的行为主义心理学，当然也包括威尔逊的“基因－文化协同演化”说。

19世纪，基因的发现让生物学拥有了一个可以类比物理学“原子”的基础概念。更重要的是，生物学基因支撑下的细胞、组织、器官、有机体是活生生的，是一切生物的结构基础。50年代之后出现这样一股学术思潮：逐渐从“一切基于物理学”转向“一切基于生物学”。威尔逊是这一转变的力挺者。他甚至认为，这一转变会带来“知识大融通”（consilience）。

然而，“一切基于生物学”的思想，有一个致命的陷阱：遗传决定论。也正是这一点，让威尔逊饱受世人误解和诟病。尤其是，当威尔逊将DNA与人类文化组成新的“嵌合体”，并认为这种嵌合体才是人类的本质（“我们是谁”的答案）的时候，他真的是仅仅将自己的学说，小心翼翼地局限在学术领域中吗？对这一点，我深感疑虑。

人类到底从哪里来

关于人类起源问题，过去40年里“走出非洲说”广为流行。特别是DNA分子考古学，在20世纪80、90年代给出的一系列研究成果，被西方媒体报道为“发现夏娃”“发现亚当”云云。

1986年，PCR技术的诞生使得利用DNA开展考古学研究成为可能。随后，一系列分析考古学成果公之于众，并迅速掀起全球浪潮。一时间，“发现夏娃”“发现亚当”的说法此起彼伏，人类在10万～6万年前最后一次走出非洲的说法，渐渐成为主流。

1987年，美国夏威夷大学的遗传学家瑞贝卡·坎恩（Rebecca Cann）教授等分析了145位不同人种妇女胎盘的线粒体DNA样本，提出了“线粒体夏娃学说”，认为现代人类在距今29万～14万年前起源于非洲。1997年，美国人类进化研究者安·吉本斯（Ann Gibbons）等又根据Y染色体研究结果提出了“亚当学说”，认为最早的男性出现在非洲，与“夏娃学说”相吻合。此外，科学家们还对不同人群的线粒体DNA进行了大规模的研究，其结果似乎均支持“非洲起源说”。

人类起源的诸多学术争议中，“单地起源说”和“多地起源说”历来敏感。需要注意的是，这两种假说在远古人类起源上争议并不大，人们所争论的只是现代智人的起源。

近年来，“单地起源说”在解释欧洲尼安德特人灭绝的问题上遇到挑战。按照传统的说法，尼安德特人大约灭绝于6万～2万年前，也就是最后一次人类走出非洲的过程中。在解释这种灭绝时产生了多种假说，比如尼安德特人与现代智人相比，缺乏社交协同能力，他们虽然威猛，但不善交际、独往独来、不屑合作等。

瑞典进化学家斯万特·帕博（Svante Pääbo）因在已灭绝古人类基因组和人类进化领域的贡献，获得2022年诺贝尔生理学或医学奖。评奖委员会称，帕博在过去15年里对尼安德特人基因组进行测序，并研究智人与尼安德特人存在的基因混杂现象，有重大的发现。这一重大发现的证据首次出现于2010年，此前帕博开创了从尼安德特人骨骼中提取、排序和分析古代DNA的方法。一项更加细致的分析发表在2020年1月的《细胞》（*Cell*）杂志上，结果表明，部分尼安德特人与早期智人的后代曾经迁徙回非洲，并与那里的早期智人有过混合——非洲裔现代人的基因组中，也有0.3%来自尼安德特人。

简单说就是，尼安德特人并未“死绝”。

这一结论让兴盛了二十余年的现代智人“非洲亚当夏娃说”冷却了下来。在中国古人类学界，也有一位与威尔逊几乎同龄的古人类学家吴新智院士，是这一争论中孤独的少数派。

谈到古人类起源，相信中国读者都很熟悉元谋人、北京人（那个遗憾消失的头盖骨）、蓝田人、许昌人等许多中华大地上曾经出现的古人类。与威尔逊类似，吴新智院士所思考的一个核心问题，即人类演化中的文化的力量是否被大大低估了。

对人类起源的问题，吴新智的观点是“连续进化附带杂交”。他认为，中国猿人持续进化，中间可能和来自欧洲、非洲地区的猿人杂交，但这种杂交并不是主流。吴新智的结论源于化石证据的连续性，通过比较各个时期的猿人头盖骨、化石（比如典型的铲形门齿）等得出。吴新智的进化观点，更接近威尔逊的多层级选择理论。

令人惋惜的是，年长威尔逊 1 岁的吴新智院士，与威尔逊同在 2021 年 12 月去世。

威尔逊的思想遗产

威尔逊的多层级选择理论，所挑战的恰恰是层级论思想中最为核心的一个问题。

层级论是他所在的文化背景中非常重要的一条暗线。从古希腊的“存在巨链”到古罗马普罗提诺的“太一说”，从圣奥古斯丁的《上帝之城》到马丁·路德的“因信称义”，从希尔伯特的“形式主义”到爱因斯坦的“统一场论”，从 20 世纪数学的“朗兰兹纲领”到威尔逊的“基因－文化协同演化”论，物种跨越层级跃迁的可能性，既是拯救的必要前提，也是堕落的可能路径。

西方的文化叙事有三个著名的隐喻：伊甸园、大洪水、巴别塔。这最后一个隐喻，就是试图探寻上升之阶的终极解决方案。

威尔逊的“基因－文化协同演化”，与近 20 年“拉马克学说”的“复兴”如出一辙。如果强调群体选择在人类演化中的积极作用，那么对于浸染西方文化的人而言，一个不可遏制的冲动就是为什么不干预这一文化选择的进程？美国麻省理工学院的迈克斯·泰格马克教授，在 2018 年出版的《生命 3.0》（*Life 3.0*）[①] 中，就显露出这

① 讲述与人工智能相伴的人类未来图景的诚意之作《生命 3.0》中文简体版已由湛庐引进，由浙江教育出版社出版。——编者注

样的情结：让人类演化的进程加快发生，这已经不是愿望，而是正在发生的事实。

明确指出这一点是有意义的。启蒙运动之后，进步的阶梯维系在理性之上。“一切通过理性”背后的一个潜台词就是“一切通过计算”。这是德国数学家、哲学家莱布尼茨的理想，也是法国数学家拉普拉斯的理想。这种理想在计算工具得以极大提升之后，成为当今“计算中心主义者”的理想。

威尔逊的思想，可以说为这种“计算中心主义”提供了正当性。

而东方的文化也强调人以群分，且更强调协作。简单说，与威尔逊思想的差别在于，我们的文化会留白，会为不确定性保留充足的空间，乐于在大量变数、机缘中体味生命的真谛。这可能是包括威尔逊在内的西方学者难以感悟的文化意象。亲缘选择也好，群体选择也罢，其中一个软肋就是太过看重“选择”，从而忽略了文化意义上的“不选择”“保留选择的权利”“保留更多的可能性”，其实是选择中更加主动、积极的因素。我们的文化敬畏天道，知道哪些可为哪些不可为。更重要的是，对这种“知道”保持着敬畏和谦卑。

在基于符号推演和计算的智能科技时代，在大数据、大模型、大算法呼啸而来袭卷一切的时代，群体选择似乎已经拉开大幕。但从我们的视角看，问题依然是，人们能在过往的失败中学到多少经验？

这部洋洋洒洒的大作，固然不乏精湛的论证与阐释，也不乏睿智的思想，但在读的过程中，倘若能顺着作者所处的文化背景，体味其中的味道，恐怕也是一种读书体验吧。

前　言

如何理解人类的境况

在人类的心智生活中，没什么比搞清楚人类境况的来龙去脉更难以捉摸或更珍贵的了。那些寻找它的人，总是习惯于在神话与传说的迷宫寻求解答：宗教、创世神话和先知的梦想。对于哲学家来说，解答取决于他们的内省和在推理中的洞察力；对于创造性艺术来说，解答取决于感官游戏的表达。

伟大的视觉艺术是对一个人探寻旅程的深刻表达，可以唤起那些无法用语言表达的情感。也许在迄今人们所隐藏的更深、更接近本质的意义中，保罗·高更，一个秘密的猎手和著名的神话创造者（人们这样称呼他），也做了这样的尝试。他的故事为本书提供的现代版本的答案呈现了一个有价值的背景。

1897 年底，在距离法属波利尼西亚塔希提岛帕皮提港不足 5 公里的普纳奥亚，高更画下了他有生以来画幅最大、最重要的画作。因为梅毒造成的多次心脏病发作，高更变得越来越虚弱。他的钱几乎花光了，女儿艾琳在法国死于肺炎的消息让本就脆弱的他雪上加霜。但高更依然决定坚持活下去。为了生存，他在帕皮提做着一份每天只能赚六法郎的工作——在公共工程和调查办公室当职员。1901 年，为了远离人群，他搬到了遥远的马克萨斯群岛中的希瓦瓦岛。两年后，保罗·高更卷入法律纠纷，死于梅毒引发的心力衰竭，后被葬在希瓦瓦岛的天主教公墓。

“我是一个野蛮人，”高更在去世前几天写信给地方法官，“但我想那些文明人会质疑这一点，因为在我的作品中，没有什么比这种‘不由自主的野蛮’更令人惊奇和困惑的了。”

高更来到法属波利尼西亚，来到这个罕有人至的“世界尽头”（比这里更遥远的只有皮特凯恩和复活节岛），寻找和平与艺术表达的新疆域，获得了非凡的艺术成就。

高更追索身体与心灵的旅程在他那个时代的主要艺术家中是独一无二的。1848 年，高更出生于巴黎，在利马长大，由母亲奥尔良抚养长大。他的母亲有一半的秘鲁血统。这种混血的身份仿佛预示着他未来的命运。年轻时，高更加入法国商船队，在世界各地周游了 6 年。在此期间，也就是 1870—1871 年，他在地中海和北海参加了普法战争。回到巴黎后，他一开始并没有考虑过从事艺术，而是在富有的监护人古斯塔夫·阿罗萨（Gustave Arosa）的指导下成为一名股票经纪人。阿罗萨激发了高更对艺术的兴趣，并予以支持。阿罗萨是法国艺术领域的主要收藏家，藏品包括最新的印象派作品。1882 年 1 月，法国股市崩盘，银行倒闭，高更开始转向绘画，发挥他在艺术方面的天赋。高更的绘画风格深受印象派大师的熏陶——毕沙罗、塞尚、凡·高、马奈、修拉、德加。他四处旅行，从蓬图瓦兹到鲁昂，从阿凡桥到巴黎。作品涵盖肖像、静物和风景等类型，风格越来越变幻莫测，一切都预示着伟大的艺术家高更即将出现。

但高更对这一结果感到失望，他只在耀眼的同代人的陪伴下停留了很短的时间。他并没有靠自己的努力变得富有和出名，尽管他后来宣称，他知道自己是一位伟大的艺术家。他渴望过一种更简单、更轻松的生活来迎接这一命运。他在 1886 年写道，巴黎“是穷人的荒原……我要去巴拿马过当地人的生活……我要带着我的颜料和刷子，远离人群，重新振作起来”。

把高更逐出文明社会的不仅仅是贫穷。他骨子里是一个不安分的人、一个冒险家，总是渴望找到日常生活之外的东西。在艺术上，他是一个实验主义者。他会被西方文化以外的异国情调所吸引，并想要沉浸其中，以寻找新的视觉表达模式。在环游世界的过程中，他在巴拿马和马提尼克岛待过一段时间。回国后，他申请了法属殖民地东京省（今越南北部）的一个职位，但没有成功。于是，他最终选择了法属波利尼西亚——他心目中的终极天堂。

1891 年 6 月 9 日，高更抵达帕皮提港，并沉浸在当地文化中。最终，他成了一名原住民权利的倡导者。在殖民当局眼中，他是一个麻烦制造者。而更为重要的是，高更在这里开创了一种被称为原始主义的新风格：平淡、田园风，色彩鲜艳，简单直接，真实可信。

然而，我们不得不说，高更追求的不仅仅是这种新风格。他对人类的境况，对它的真实面目以及如何描绘它也非常感兴趣。法国的大都市，尤其是巴黎，汇聚着各个领域的精英。在那里，知识和艺术生活被公认的权威所统治，每个权威都植根于自身领域的专业知识。在高更看来，没有人能从这种局面中达成某种共识。

不过，在塔希提岛这个简单且正常运作的世界里，或许可以做到这一点。在那里，人们可能会深入探讨人类境况的本源。在这方面，高更和梭罗是一致的。梭罗早些时候退居瓦尔登湖边的小木屋："只面对生活的基本事实，看看是否能够学到生活教给我的一切，而不是等到弥留之际才发现自己从未真正生活过。"

这种看法在高更近 3.6 米宽的杰作中得到了最好的表达。仔细观察它的细节，远处是塔希提岛的风景，有绵延起伏的山脉和模糊的海，近处则是各种人物。画中的大部分人物都是女性，她们代表了人类的生命历程。其中有些采用了现实主义画风，有些采用了超现实主义画风。高更想让我们从右向左欣赏，最右边的婴儿代表出生，中间是一个性别模糊的成年人，双臂高举，象征着个人的自我认同。在左边不远处，一对年轻的夫妇正在摘苹果和吃苹果，他们是亚当和夏娃的原型，象征着对知识的追求。在画面最左边，代表死亡的是一个老妇人，她在痛苦和绝望中弓着腰（据称是受到阿尔布雷特·丢勒创作于 1514 年的版画《忧郁症 I》的启发）。

在画布的左上角，他写下了著名的标题"我们从哪里来？我们是谁？我们到哪里去？"，这幅画不是答案，而是一个问题。

目　录

第三部分
社会性昆虫如何征服无脊椎动物世界

第四部分
社会性演化的力量

第五部分
我们是谁

第六部分
我们到哪里去

第一部分

为何会有高等社会生活

THE SOCIAL CONQUEST OF EARTH

第 1 章

人类的处境

保罗·高更在他的代表作品《我们从哪里来？我们是谁？我们到哪里去？》中，问了正如画作名所示的这样一组终极问题。事实上，这是宗教和哲学的中心命题。我们回答得了吗？似乎很难，但又或许可以。

今天的人类就像梦游者，游走在沉睡的幻想和嘈杂的现实中，心灵寻觅不到确切的位置和时间。我们创造出了星球大战式的文明，配备着石器时代的情感、中世纪的制度和如有神助的技术。我们“东闯西撞”，困惑于人类自身存在这一简单事实，也困惑于自身和其他生命体面临的威胁。

宗教永远无法解答这个巨大的谜团。自旧石器时代以来，数不清的部落都创造出了自己的创世神话。在我们祖先漫长的“梦世纪”，超自然存在借巫师和先知之名传话。他们化身为上帝、神仙、神圣的家庭、先人的灵魂、大神灵、太阳神、无上师、神兽、半人半兽、全能天空蜘蛛或其他各式各样的凡间形象。这些形象皆脱胎于精神领袖的梦境、幻觉和丰富想象力，同时也在一定程度上受到形象塑造者所在环境的影响。在波利尼西亚，神分开了大地与大海，创造了人类和其他生命。居住在沙漠的犹太教、基督教等部落中，先知们则不出意外地构想出一位神授的、全能的主教，用神圣的经文向子民传话。

各种创世故事为各个部落的成员解释了自身存在的理由，让成员们觉得本部落最受庇护、最受神的眷顾。作为回报，部落的神明则要求部落成员对其绝对地信仰和服从。事实也的确如此。创世神话是团结部落成员的重要纽带，为信徒提供了独特的认同感，要求部落成员忠诚，加强秩序，并赐予成员戒律法令，增强士气，鼓励献身，赋予生命以意义。如果不是创世故事定义了存在的意义，部落就无法长存，权力将衰退、消解并死去。因此，在各个部落的历史早期，创世神话常被要求刻在石头上。

创世神话是一种达尔文式的生存策略。部落之间发生冲突时，本族的信仰者与外界的异族构成竞争，部落冲突便成为塑造人类生物学本质的主要驱动力。神话的真实性有赖于心灵，而不在理智的头脑。我们永远不可能根据人类制造的神话本身来发现人性的起源与意义。但反过来是有可能的，即借由人性的起源与意义或许可以解释神话的起源与意义，从而理解组织化宗教的核心。

这两种世界观有可能调和吗？诚实而简单的回答是，不能。这是无法调和的两种世界观。两者的对立正说明了科学和宗教的区别，一个有赖于经验，一个相信超自然。

有关人类处境的巨大谜团倘若不能求诸宗教虚妄的根基，那也未必有希望借由反思来解答。独立的理性思考无法处理其本身的进程，大脑的大部分活动甚至不会被意识感知到。诚如达尔文所言，大脑就像一座城堡，无法被直接攻破。

思考有关“思考”的问题是艺术创造的核心过程，可我们并不能从中知道自己的思考方式，也无从解释艺术创造最初为什么会萌发。意识的演化经历了数十亿年生死斗争，而且这种斗争说明意识并非是为了反思而诞生的。意识的目的在于生存和繁殖。意识受到情感的推动；意识完全、彻底地忠于生存和繁殖的目的。艺术创造或许可以将心灵的复杂扭曲传达得丝丝入扣，但表现出的人性就好像根本不曾经历过演化似的。艺术创造强有力的隐喻对于解答人类处境之谜并不比古希腊的戏剧与文学更近一步。

科学家侦察大脑城堡的边界，搜寻壁垒上隐藏的缺口。以此为目标，科学家发明了一些技术，并通过这些科学技术获得了突破。如今，科学家读取出了基因密码，可以追踪数十亿个神经细胞组成的通路。接下来科学家的技术研究很有可能在一代人之内取得长足进步，足以解释意识的物理基础是什么。

然而，解答了意识的本质是什么，我们就能知道自己是谁、我们从哪里来吗？答案并非如此。从根本上理解大脑的物理运行机制可以让我们接近终极目标，然而我们还需要从科学和人性两方面收集更多的知识。我们需要了解大脑是如何演化的，以及如此演化的原因。

此外，我们向哲学寻求谜底的努力也徒劳无功。尽管拥有宏大的目标和历史，纯粹哲学却早就放弃了关于人类存在的基本问题。这一问题本身堪称声誉杀手。它就像站在哲学家面前的蛇发女妖，即便是最优秀的思想者也不敢直视其面目。他们的厌恶有着充分的理由。哲学史中充斥着心灵研究的失败模型，著述中遍布意识理论的残片。20 世纪中叶，逻辑实证主义式微，此后出现了将科学与逻辑糅合进封闭系统的趋势，职业哲学家成了智识上的离乡者，兴趣转移到更容易驾驭、尚未被自然科学占领的学科，包括知识史、语义学、逻辑、基础数学、伦理学、神学，以及最能赚钱的关于个人发展的学科。

哲学家在这些形形色色的领域内倒是十分活跃，但至少目前，用排除法来看，人类处境之谜就只能留给科学来解答了。科学能够承诺并业已给出的部分回答如下：人类的诞生有且仅有一个真实的过程，而非神话。科学正在一步一步提出、检验、补充和确认人类处境之谜的答案。

我将在本书中说明，科学进展，尤其最近20年的科学进展，足以环环相扣地论证和解答“我们从哪里来”和“我们是谁”这两个问题。为此，我们还需要回答两个由此产生的更基础的问题。首先，为什么会有高级社会生物这种在生命历史中十分罕见的存在？其次，推动高级社会生物出现的驱动力是什么？

解答上述问题需要多学科的综合，从分子遗传学、神经科学、演化生物学，到考古学、生态学、社会心理学和历史学。

任何一种试图解释这类复杂过程的理论都可以用一个方法来检验，那就是看一看这种理论是否适用于地球上其他的社会性征服者，如高度社会化的蚂蚁、蜜蜂、胡蜂和白蚁。这也是我在本书中要做的。要发展社会演化理论，就有必要采取这样的研究角度。我知道把昆虫和人类相提并论很容易遭到误解。你也许会说，猿类尚且与人相差极大，更何况昆虫？其实，这样的类比对于人类生物学一直很有帮助，把较低级的生物与较高级的生物作比较也不乏先例。生物学家通过对细菌和酵母的研究学习，了解了人类分子遗传学的原理，取得了巨大成功；生物学家依靠线虫和软体动物，了解了人类自身的神经结构和记忆机制；果蝇则教会了我们很多有关人类胚胎发育的机理。我们要从社会性昆虫那儿学的东西同样不少，这种学习可以为人性的起源和意义补充背景知识。

第二部分

我们从哪里来

THE
SOCIAL
CONQUEST
OF
EARTH

第 2 章

两条征服路径

人类使用灵活可塑的语言创造了文明。为能相互理解，人类发明了符号，由此建立的通信网络比任何其他动物的都大好几个数量级。我们征服了生物圈，也破坏着生物圈，地球生命的历史上从未有其他物种达到人类这样的程度。我们的所作所为独一无二。

然而我们的情感并非独一无二。从我们的解剖特征和面部表情上可以看出达尔文所说的动物祖先不可磨灭的印迹，我们是演化出的“嵌合体”，所凭借的智能常常由动物的本能操控着。正因为如此，我们才会盲目愚昧地糟蹋生物圈，毁掉我们长远的生存前景。

人类的存在是壮观而脆弱的成就。其中值得骄傲的是，生物演化在危险境地中不断上演，而人类是这一演化史诗的高潮。我们的祖先在很长时间内数量都非常少，在哺乳动物的历史中，这么小的物种规模一般在早期就已灭绝。所有前人类聚集在一起组成的群体最多有几万个个体。在很早的时候，前人类祖先就一次次一分为二或分成更多个群体。在这段时期，哺乳动物种群存在的平均时间仅为 50 万年。与此一致的是，大部分前人类旁系灭绝了。而终将产生现代人的一支前人类则在过去的 50 万年中多次（至少有一次）险些突遇灭顶之灾。任何一次前人类个体数量紧缩都可能导致演化史诗的终结，在地质概念上的一瞬间永远结束。比如，在不凑巧的时间地点发生一次严重的干旱，某种疾病从周围的动物传入前人类群体并蔓延，或其他更有竞争力的灵长类动物给前人类带来压力，等等。然后，就没有然后了。要是生物圈还能再次从头演化，那就不会产生现在的我们了。

今日统治着无脊椎动物陆地环境的社会性昆虫，绝大多数是在 1 亿年以前演化产生的。专家推测，白蚁出现在中三叠世（2.2 亿年前），蚂蚁出现在晚侏罗世到早白垩世（1.5 亿年前），而胡蜂和蜜蜂出现在晚白垩世（距今 8 000 万～ 7 000 万年前）。此后，这几条演化路线上的物种在中生代余下的时间内伴随着开花植物的出现和传播而变得丰富多样。蚂蚁和白蚁如今在陆地无脊椎动物中占据着显著的统治地位，但它们出现之后也是过了很长一段时间才逐渐掌握“权力”，经过一步步演变，在距今 6 500 万～ 5 000 万年到达了目前的地位。

成群的蚂蚁和白蚁遍布全世界，许多与之共同演化的陆生动物也存活下来并繁衍壮大。植物和动物演化出抵御掠夺的防卫能力，有很多演变为专以蚂蚁、白蚁和蜜蜂为食。甚至还有一些植物也成了掠夺者，包括猪笼草、茅膏菜等，这些植物除了从土壤里吸收营养外，还诱捕和消化大量食物。许多动植物和社会性昆虫成为合作伙伴，结成亲密的共生关系。其中有相当一部分变得完全依赖于社会性昆虫，后者承担着捕食者、共生体、清扫工、授粉工或犁地工等各式各样不可或缺的角色。

总的来说，蚂蚁和白蚁的演化速度很慢，足以被其他物种后续出现的逆向演化所平衡。因此，这些昆虫无法靠数量上的优势摧毁陆生生物圈，只能成为其中重要的一分子。社会性昆虫今日所统治的生态系统不仅是可持续的，更是离不开它们的。

与此截然不同的是，人类——仅此一种的智人（*Homo sapiens*）——出现在距今几十万年前，并在短短 6 万年内遍布全球。人类没来得及与生物圈的其他成员共同演化，其他物种对人类的狂轰滥炸也没有准备。这种落差给其他生物造成了严重后果。

起初，我们的直系祖先分散在旧大陆，群体中发生的物种形成过程对环境无害。形成的物种走进系统发生学上的死胡同，即生命之树停止生长的末梢，大部分以灭亡告终。动物学家会告诉你，在这种地理格局中没有什么是不寻常的。爪哇东面的小巽他群岛上生活着奇特的矮人族"霍比特人"—— 佛罗勒斯人（*Homo floresiensis*）。他们的大脑并不比黑猩猩的大，但他们已经会制作石器。有关佛罗勒斯人的其他方面，我们知之甚少。在欧洲和黎凡特[①]发现的尼安德特人（*Homo neanderthalensis*）是智人的姊妹种。尼安德特人和我们的祖先一样吃杂食，有魁梧的骨架，大脑甚至大过现代人。他们制作的石器虽然粗糙但已经出现了专门化趋势。大部分尼安德特人生活在大陆冰川周围的寒冷草原，他们适应了这种"猛犸大草原"的严酷气候。也许他们经过一段时间演化成了较高级的人类形式，但最后由于没有进一步的发展而灭绝。最终，在亚洲北部完成远古人类演化图谱的是另一个人种：丹尼索瓦人（Denisovans）。截至目前这一人种只有几段骨头被我们发现，依照

---

① 这是一个不精确的历史上的地理名称，相当于现代所说的东地中海地区。——编者注

现有证据，他们是那些聚居于东部陆地的尼安德特人的替代种。

所有这些人属——且让我们大方一点称他们为其他人种吧，无一存活至今。假如这些人种有任何一种今天仍然存在，他们给现代社会带来的道德与宗教问题将令人难以想象，比如要不要赋予尼安德特人公民权利？要不要给霍比特人提供特殊教育？尽管还没有直接证据，但根据直布罗陀的遗迹，我们不难猜测尼安德特人 3 万年前灭绝的原因——通过食物和领地的竞争或赶尽杀绝的斗争（也可能两者皆有）。智人的古代种系（archaic strains）在尼安德特人尚未灭绝时生活在非洲，其后裔注定会在非洲大陆以外爆发式地扩增。这些后裔从旧大陆一路迁移到澳大利亚，并最终聚集在新大陆和遥远的大洋洲群岛。迁移途中遇到的其他人种均被他们清除干净。

直到 1 万年前，随着人类社会发展到一定阶段，原始农业诞生并发展起来，在新旧大陆上农业最初的起源至少独立发生了 8 次。农业使食物供应大幅增加，陆地上的人口密度因此得以极大增加。这一决定性的进步引起了人口的指数级增长，大部分天然土地环境转变为简单的生态系统。不管哪里的荒地，一经人类染指，其生物多样性便退回到 5 亿年前的状态。生物世界的其余部分无法以足够快的速度与人类共同演化，难以抵挡这有如凭空出现的强大征服者的猛烈攻势，于是开始在压力之下分崩离析。

即便采用严格的学术定义，智人也符合生物学家所定义的“真社会性（完全社会性）动物”：群体成员包括多代人，且作为劳动分工的一部分倾向于做出利他行为。从这个意义上讲，智人和蚂蚁、白蚁以及其他真社会性昆虫可做比较。不过我要赶紧补充的一点是：即便撇开人类特有的文化、语言和智能不谈，人类和这些昆虫还是有很大的差别。其中最根本的是，人类社会中所有的正常个体都能繁殖，并且会为此相互竞争。另外，人类组成群体的方式非常灵活，不仅在家庭成员之间，在不同家庭、性别、阶级和部落之间也会结成联盟。人类建立关系的基础在于合作，即个体或团体之间互相了解并能根据个人条件分配所有权和地位。

联盟内部形成级别清晰的评价，这一点的必要性意味着前人类祖先要以完全不同于昆虫的方式实现真社会性，因为昆虫只是受本能驱动。我们可以用一场竞赛来描述人类走向真社会性的路径，那就是基于群体内个体相对成功和群体间相对成功之间的竞争。这场比赛的策略无可避免地交织着经过严密测算的利他、合作、竞争、统治、互惠、背叛和欺骗。

为了以人类的方式在竞争中取胜，不断演化的种群就有必要提高智能水平。种群成员能够同情他人、评估难分敌友之人的感情、判断各种人的意图以及制定个人社交的策略。结果就是，人类的大脑变得高度智能化，同时又极度社会化。大脑不得不对个人关系迅速构建出心理情境，包括短期关系和长期关系。大脑既要能追忆旧时情景，又要能远眺未来设想每一段关系的结局。在各项行动计划中作出裁决的是杏仁核以及其他控制情感的大脑中枢和自主神经系统。

人类的状态也由此产生，时而自私，时而无私，这两种状态常常发生冲突。智人穿行在演化的大迷宫中，是怎么到达这个独特位置的？答案是，人类祖先的两大生物特性决定了我们的命运：个头大，流动性有限。

在中生代，最初出现的哺乳动物比起身边最大的恐龙来说只是小不点，但与昆虫及其他大多数无脊椎动物比较起来已是（现在仍是）庞然大物。随着恐龙退出历史舞台，爬行动物时代结束，哺乳动物时代开始，哺乳动物种类暴增至数千种，从天上追赶飞虫的蝙蝠，到水里吞食鱼虾的鲸，从南极到北极，填满了地球上的各个角落。最小的蝙蝠只有大黄蜂那么大，而蓝鲸——史上体形最庞大的动物，能长到24米长、120吨重。

哺乳动物在向陆地适应辐射的过程中，有一小部分的体重超过了10千克，其中包括鹿等食草动物，以及捕食它们的大型猫科动物和其他食肉动物。在这段时间里，地球上的物种数量可能为5 000～10 000个。其中，旧大陆上出现了灵长类动物，接着在大约3 500万年前的晚始新世，出现了狭鼻下目（catarrhini，狭鼻猴），它们的后代包括我们今天看到的旧大陆猴、猿和人类。大概在3 000万年前，旧大陆猴的祖先走向了与现代猿类和人类不同的演化道路。后两者中增加的种类里有一部分专以植物为食，还有一些则专门寻觅、猎取动物，少数为杂食。哺乳动物演化的各个分支中，出现了一支早期前人类（early prehuman line）。

除了体形，还有诸多因素推动前人类成为真社会性生物的全新代表。昆虫，自打在4亿年前的早泥盆世从地球的第一片植被中诞生，直到如今依然裹以盔甲般的几丁质外骨骼。它们在每个生长阶段的最后，都必须打造更宽松的新盔甲，并蜕去最外层的旧装。哺乳动物和其他脊椎动物的肌肉附着于骨骼外侧，在外表面牵拉施力；而昆虫的肌肉被几丁质外骨骼包裹，只能从内侧施力，因此昆虫不可能长得和哺乳动物一般大。世界上体形最大的昆虫要数非洲的大角金龟，大如人拳；新西兰的沙螽也差不多有那么大，由于遥远的群岛上没有原生种，故这种形似蟋蟀的昆虫在当地占据了老鼠的生态位。

因此，虽然真社会性昆虫以个体数量统治了昆虫世界，但它们仅能依赖小小的大脑和纯粹的本能生存。而且，非常重要的一点是，它们实在太小，小得无法点火和控制火。无论多久，它们也不可能以人类的方式产生真社会性。

尽管昆虫达成真社会性的路途曲折，不过它们有一个优势：它们有翅膀，和哺乳动物相比，它们可以到达更远的地方。如果按照个体大小和行进距离的比例来看，区别就更明显了。假如有一队人出发去建立新的聚集地，一天内可以轻松步行 10 千米，从原来的营地迁至另一处。而一只刚受精的火蚁蚁后——在数千种蚂蚁中我们举一个典型的例子来说，可以在几个小时内飞行几乎同样长的距离以建立新的聚集地。蚁后的翅膀是由死细胞组成的，类似人类的头发和指甲，蚁后一旦着陆，其翅膀就会立马脱落。然后，它会挖出一个小小的地洞，在里面靠自己体内保存的脂肪和肌肉喂养生下的工蚁。成年人的体长大约是火蚁蚁后的 200 倍，所以一次 10 千米的飞行对于一只蚂蚁而言相当于一个人从上海走到杭州那样远。带翅膀的蚂蚁可以在半分钟内从出生的蚁窝飞行 100 米到达它选定的下一个巢穴地点，相当于陆地上的人跑了个半程马拉松。

昆虫具备的飞行能力让每一代蚂蚁的蚁后都可以四处扩散，相对于体形而言，蚁后的扩散范围非常大。蚂蚁的独居的胡蜂祖先以及白蚁的独居的原蜚蠊总科祖先可能同样如此。

蚁后受精后可以带着下一代独自飞走，而人类的哺乳动物祖先只会缓慢步行，不得不聚集在一起。初看起来，高等的社会行为似乎不太可能在昆虫中演化产生，但事实恰恰相反。在不断变化的环境中，会飞的蚂蚁比缓行的哺乳动物更有可能在着陆时找到未被占领的空间。此外，蚁后需要的生存空间也远比哺乳动物小得多，相对来说不太会和其他同类个体已确立的地盘发生重叠。

具有社会性潜力的昆虫还有一项优势：雌蚁在开拓疆域的路途中不需要雄蚁。在婚飞中受精成功后，雌蚁会将精子保存在腹部的受精囊中，以后每次从囊中取出一颗精子让体内的卵子受孕，在几年时间内能生育几百甚至几千只工蚁。切叶蚁是这方面纪录的保持者：一只切叶蚁蚁后能在长达约 12 年的时间里产下总共 1.5 亿只工蚁。任何时候都有 300 万～ 500 万只工蚁活着，数量规模在拉脱维亚和挪威的人口数量之间。

而哺乳动物，尤其是食肉动物，在准备建立巢穴时需防守的领土就比昆虫要大得多。哺乳动物无论去哪儿，都很有可能遭遇对手。雌性无法将精子储存在体内，每次生产都必须先找到一位雄性并与之交配。如果要使机会和环境压力对社会化集体有利，就必须有个体间的纽带和结盟，其基础是智力和记忆。

总而言之，地球上的两类社会性征服者，社会性昆虫的祖先和人类的祖先在生理和生命周期上有截然不同的特点，两者分别沿着不同的演化路径达到了高等的社会化。昆虫王后可以在本能的驱使下机器般地产出后代，而前人类则不得不依赖于个体间的联系与合作。昆虫的真社会性是通过昆虫王后的个体选择一代一代演化而来的，而前人类的真社会性则是两种水平上的选择经相互作用演化而来的，既有个体层面的选择又有群体层面的选择。

第3章

途 径

任何物种的演化路径都是独特而无法预测的，无论是在其演化伊始还是演化轨迹行将到头之际。自然选择完全有可能把一个物种带到革命性的重大变化发生之前，却又改弦易辙。不过，我们至少可以判断有些演化轨迹在这个星球上有没有可能发生。比如昆虫能够变得非常微小，却绝无可能像大象一般大。猪也许可以变成水生动物，但它们的后代肯定不会飞。

我们可以用走迷宫的方式来说明一个物种可能经历的演化路径（见图3-1）。在实现一个重大进展的过程中，比如真社会性的产生，每一次遗传变化就相当于迷宫中的一个转角，要么使得达成这一进展的可能性更低甚至使之成为不可能，要么离这一进展更近一步。最开始的几步，也就是仍然存在一些其他选项的情况下，要走通迷宫还有很长的路，离终点也远得很，完成的可能性非常低。到最后几步，距离终点已经不远，成功的可能性就变得大多了。在这一过程中，迷宫本身也受到演化的控制。旧通道（生态位）会关闭，新通道会打开。迷宫结构在某种程度上依赖于迷宫里面穿行的每一个物种。

每一场演化都是一场概率意义上的赌博，涉及一代又一代的个体，必然会有大量个体生生死死。不过个体数量并非大得不可估量，至少我们可以大致估算一下数量级。从 1 亿年前我们的原始哺乳动物祖先开始算起，到第一支智人种的出现，整个过程所需要的个体总数大约为 1 000 亿。这些祖先就这么生来又死去，才有了今天的我们。

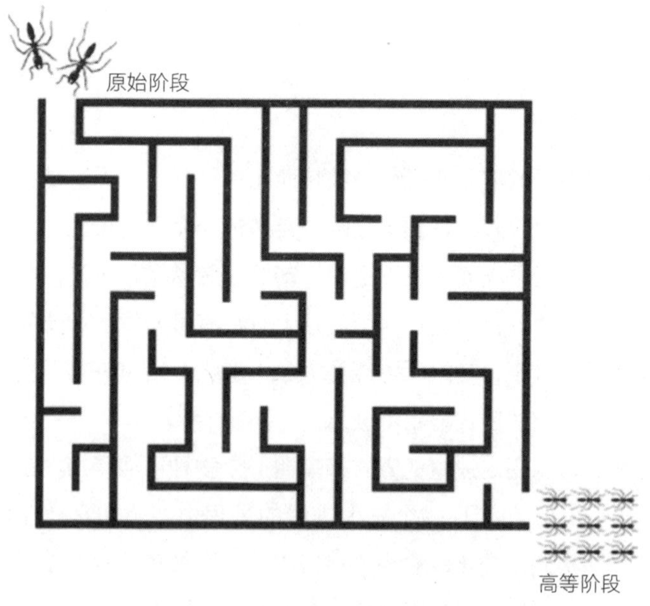

图 3-1 演化迷宫

一个物种的演化图景可以看作一个由环境呈现的迷宫，伴随着迷宫自身的演变，各种机会不断消失又出现。图 3-1 表示的是从原始社会性到高等社会性的演化路径。

演化迷宫里还有许多其他物种在不断经历着衰落和消亡，其中大部分平均每一代都有几千个具备繁殖能力的个体。在人类的一长串祖先中，只要任何一支走入死胡同，人类史诗般的演化就会戛然而止。我们的前人类祖先既非上天指派，也不是格外伟大，它们只不过极其幸运。

近年有一些研究综合了多个不同的科学学科，正在合力阐明人类起源的几个阶段，为困扰科学界和哲学界的“人类独特性”问题多少提供了一些解释。如果回过头从人类起源开始审视，一直到人类取得现有的地位，其间每个阶段都可以被理解为演化的预适应。我这么说并不是指人类的各个祖先物种是有了某种引导才有现在的结局。相反，人类演化的每一步就其自身而言都是一种适应，是自然选择对物种当时当地所处环境的反应。

第一项预适应是前面提到的大体形以及行动范围的相对固定，这些特性预先决定了哺乳动物不同于社会性昆虫的演化轨迹。人类演化进程表中的第二项预适应发生在距今8 000万～7 000万年前，早期灵长目动物适应了树上生活。这种变化演变出的最重要特征是适合抓握的手脚，而且手脚的形状和肌肉不单适应于抓握树枝帮助支撑自身体重，还更有利于身体在树枝间摇荡。与此同时，他们还演化出了可与其他手指对握的拇指和大脚趾，以提高抓握的效果。进一步增强抓握能力的演化特征是变平的指甲和趾甲，这和其他大部分树栖哺乳动物那种尖利下弯的爪子相反。此外，人类的手掌和脚掌覆有掌纹，也能辅助抓握；掌上的压力感受器能够增强触觉感受。因此，带有这些“装备”的早期灵长目动物能用手采摘、扒拉水果块并把籽给弄出来，用指甲切割、刮擦手里抓着的东西。它们手里抓着食物，后腿用来移动，能带着食物跑相当长一段距离，而不必像猫狗那样动用上下颌咬住食物，也不必像筑巢的鸟那样靠反哺给小鸟喂食。

前人类灵长目具有相对复杂的生活方式和灵活的进食行为，栖息地植被开阔，兼具一定的广度和高度（见图 3-2）。也许是作为对上述条件的适应，前人类灵长目演化出了更大的大脑。同理，相比大多数其他哺乳动物，它们变得更为依赖视觉，而较少依赖嗅觉。它们获得了具备色感的大眼睛，其位于头的前部，产生的双目视觉可以形成更好的深度感。前人类灵长目行走时两腿不会走成两条平行线，而是左右交替几乎成一直线，一只脚在另一只脚的正前方。并且，它们每一胎繁殖的后代数量较少，后代发育需要的时间较长。

图 3-2　一只黑猩猩两足行走在塞内加尔方戈里的稀树草原中

图片来源：Mary Roach, "Almost Human," *National Geographic*, April 2008, p. 128. Photograph by Frans Lanting. Frans Lanting / National Geographic Stock.

当这群奇特的树栖生物中有一支在非洲发展至适应陆地生活时，又一项预适应产生了——演化迷宫中的又一个幸运转角：采用两只后足行走，用双手来完成其他任务。现存的两个猩猩种类，黑猩猩和倭黑猩猩，也是在系统发育上与人类亲缘关系最近的物种，它们与人类在大约同一时间朝相同的方向行进了相当一段距离。如今在陆地上，它们也时常举起双臂用后腿行走和奔跑，甚至能够制作原始的工具（见图 3-3）。

图 3-3　一只黑猩猩坐在白蚁蚁丘上

这里是前人类的栖息地。在这里，它们也使用粗糙的工具。

图片来源：W. C. McGrew, "Savanna chimpanzees dig for food," *Proceedings of the National Academy of Sciences*, U.S.A. 104[49]: 19167-19168 [2007]. Photograph by Paco Bertolani, Leverhulme Centre for Human Evolutionary Studies.

前人类在演化路上与黑猩猩分道扬镳后，就形成了现在被称为南方古猿的物种。它们朝两足行走的方向走得更远，整个身体也发生了相应的变化：腿变长变直了，细长的双足会使身体在移动时摇晃，由于内脏不再像猿猴似的垂挂在水平的躯干下面，而是压向两条腿，于是为了支撑内脏，骨盆变成了浅碗状。

两足行走这个关键变化极有可能是南方古猿全面获胜的原因，这一改变至少让它们有了多样化的体形、颚肌和牙列。大约 200 万年前，那段时间非洲大陆存在着至少三种南方古猿。它们的身体比例、直立姿态、颤巍巍竖在身体上面的脑袋以及用来跑跳的两条长腿，看起来都和现代人类相去甚远。几乎可以肯定它们是集合成一小群一小群迁徙的，就像游牧民族一样。它们的大脑并不比黑猩猩的大，却最终演化出了第一批智人。在物种演化的过程中，机会源自多样性，南方古猿发现了这一点。

南方古猿及其后代物种构成的人属都生活在有利于直立行走的环境里。它们从不像黑猩猩等现代猿类那样跖行，即采用两手蜷握充当前脚的行走方式，而是两臂悬在身体两侧。这种新的南方古猿式行走方法用最少的能量消耗换来了速度的提升，但同时也给背部和膝盖带来了问题。为了承托细脖子上的那颗沉重的脑袋（见图 3-4），尽力保持平衡，它们也要面对更大的风险。

对于身体原为适应树上生活而打造的灵长类动物来说，双足行走让它们能够快速奔跑，可它们却跑不过想要捕猎的四足动物。羚羊、斑马、鸵鸟等动物都能轻轻松松地在短距离内超过它们。在狮子等食肉短跑健将数万年的追赶下，这些猎物都被训练成了百米冠军。不过，早期人类虽然在短跑比赛中跑不过这些动物健将，但至少还能在马拉松比赛中战胜它们。到一定程度后，人类成了长跑选手。人类只要跟在猎物后头跑啊跑，跑个几千米，跑得猎物精疲力尽时就能追上它们了。前人类每跑一步都要靠足底的跖骨球用力，还要保持节奏稳定，此外还演化出了很强的携氧能力来适应长跑。经过一段时间后，它们的毛发变少了，除了头部、耻骨和分泌激素的腋下，身体其他部位的毛发都脱落了。相较之下，汗腺则增加了，全身分布的汗腺让裸露的身体表面能够更快地散热。

图 3-4　地猿（重建图）

在埃塞俄比亚阿瓦什中部地区发现的地猿谱系化石距今 440 万年，是已知最古老的现代人类的两足祖先。它依靠细长的后腿行走，同时保留适合树上生活的长臂。

图片来源：Jamie Shreeve, "The evolutionary road," *National Geographic*, July 2010, pp. 34-67. Painting by Jon Foster. Jon Foster / National Geographic Stock.

伯恩德·海因里希（Bernd Heinrich）是一位杰出的生物学家，也是破过纪录的超长距离跑步名将，他在《与羚羊赛跑》（*Racing the Antelope*）一书中详尽地阐述了他的马拉松理论。他引用2000年获得25千米跑美国国家冠军肖恩·方德（Shawn Found）的话来说明长久奔跑带给人的原始愉悦感："奔跑让你重温捕猎的过程。你追赶着那些比你冲刺得快的猎物，一追30英里[①]，最后追到并把猎物带回村庄，这就是跑步，一件无比美妙的事。"

图 3-5　拉斯科洞穴壁画中的捕猎场景

在史前时期，狩猎是一种具有高度适应性的、危险的行为。这幅插图是旧石器时代拉斯科洞穴壁画的一部分，描绘了一头中箭的野牛扑向一名倒下的猎人，而一只乌鸦（一种跟随猎人的常见食腐动物）在附近徘徊。图片来源：R. Dale Guthrie in *The Nature of Paleolithic Art*, Chicago: University of Chicago Press, 2005.

① 英制单位，1英里约等于1.6千米。——编者注

与此同时，前人类祖先的前肢发生了改变，可以灵活地操纵物体。手臂，尤其是雄性的手臂，变得擅长投掷，比如石块以及后来的矛等，到这个时候前人类才终于能够实施远距离猎杀。这种技能让它们在与装备较差的群体发生冲突时占据了优势。

现在的普通黑猩猩中至少有一个群体学会了投掷石块。这种行为或许是由某个个体偶然为之，看上去却像一场文化革新。但不可思议的是，没有任何黑猩猩的投掷能力可与现代人类中的运动员媲美。没有黑猩猩能以约每小时 140 千米的时速扔出石块或将长矛掷出一个足球场远的距离，年轻力壮的黑猩猩即便经过训练也掌握不了人类儿童就能掌握的投掷技巧。早期人类利用天生的肢体通过投掷的方法抓捕猎物、驱逐敌人，并取得了决定性的优势。在今天的考古现场，矛尖和箭头属于最早出现的人工制品。

前人类时期的环境对于产生两足行走的动物和它们的马拉松后代来说十分理想。在关键的演化阶段，非洲撒哈拉以南大部分地区非常干旱，雨林面积减少，雨林逐渐撤向赤道带，只剩在非洲北部的零星据点。交错的热带稀树草原和干旱的草原覆盖了非洲大陆总面积的很大一部分。前人类和智人在外面觅食时，可以站着并越过低矮的植被用目光搜寻猎物，防备捕食者（见图 3-6）。金合欢等优势树种相对较矮，树冠部的枝杈向下延展到地面，很容易攀爬，这些特点都对二足动物十分有利。坦桑尼亚的塞伦盖蒂草原、肯尼亚的安博塞利、莫桑比克的戈龙戈萨以及东非其他一些国家公园现在仍然保留着类似的环境结构。相比于非洲撒哈拉以南的其他栖息地，诗人和游客都更爱这样的环境。不过我稍后会解释，他们可能是被一种本能感动了，而这种本能正是由他们生活在此的祖先经过数百万年演化而来的。

图 3-6　在卡拉哈里南部的草原上觅食的布须曼人（也叫桑人或巴萨尔瓦人）

这一景象可能与 6 万年前在同一地区经常发生的景象没有太大区别。

图片来源：Stephan C. Schuster et al., "Complete Khoisan and Bantu genomes from southern Africa," *Nature* 463: 857, 943-947 (2010). Photo © Stephan C. Schuster.

人类的发源地并非树冠高耸、腹地幽暗的茂密雨林，也不是相对平淡无奇的草原和沙漠。人类诞生于稀树草原，那儿交杂着各种不同的局部生境。

在通往真社会性的道路上，接下来的步骤是掌握火的用法。雷电引发地表火在今天的非洲草原和森林也是司空见惯的事。林间溪流环绕的林地和动辄洪水泛滥的潮湿洼地将火势削弱后，林地的下层灌丛就会变得茂密，长成易燃物。雷电和地表火蔓延会引发野火，这不仅会引燃四周的地表植被，还会向上烧到周围树林的树冠层。一些动物，尤其是动物中的老幼病残会在火海中丧生。四处游荡的前人类肯定会注意到野火是获得食物来源的重要途径。并且，它们还会发现有些动物尸体被烤熟后，肉变得容易撕咬，吃起来更方便了。

澳大利亚土著不仅到了现代仍在接受自然的这份馈赠，还会用树枝做成的火把传播火种。前人类祖先有没有可能也是这么做的呢？对于这些早期的情形，我们无从得知，但是在通往现代人类境况的曲折道路中，人属在历史早期掌握对火的使用无疑是一个重大事件。

而火永远不会被昆虫和其他陆生无脊椎动物所用。因为它们体形太小，无法点燃火种，也无法在不伤及自身的情况下携带燃烧物。当然水生动物也不会学习用火，不管它们的体形有多大、智力有多高以及其他天性如何。与人类拥有同等智力的物种只能在陆地上出现，无论是地球的陆地还是其他什么宜居星球的陆地。就算在幻想世界中，美人鱼和海神也得先在陆地上演化出相当的智能才会返回它们统治的水域。

接下来是人类真社会性起源的决定性一步，根据研究者从其他动物那里采集的证据，营地小规模的聚集开始出现。集体由数代同堂的大家庭组成，参照现代狩猎采集社会的人员结构，我们会发现其中也有通过异族婚姻交换而来的外族妇女。

大量考古学证据告诉我们，早期非洲智人和他们的姊妹种欧洲尼安德特人，以及他们的共同祖先直立人，都有营地。因此这一现象可以追溯到至少 100 万年前。我们认为建立营地是发展出真社会性的关键适应性改变，这有一个先验的理由，即营地本质上就是人类所建的巢穴。所有发展出真社会性的物种，无一例外会先筑巢来抵御敌人。它们和已经为人所知的祖先一样，在巢穴中哺育后代，离巢觅食并把多余的食物带回来和同伴分享。在原始白蚁、粉蠹虫、棉蚜和蓟马中，虽然这种行为发生了一些变化——巢穴本身就是它们的食物，但基础配置没有变，仍遵从着巢穴在真社会性演化中占据重要位置这一生物学原则。

晚成鸟，即雏鸟无独立生活能力需要亲鸟喂养的鸟类，也有类似的预适应。少数几种鸟中，刚成年的小鸟会在巢中停留一段时间，帮助亲鸟一起照顾弟弟妹妹。但没有任何鸟类继续演化出完善的真社会性。它们有的只是喙和爪子，从未具备使用更复杂的工具的能力，也完全不曾掌握火的用法。狼和非洲野犬像黑猩猩、倭黑猩猩一样合作狩猎（见图 3-7）。非洲野犬也会挖洞，可供一到两头雌性伴侣生下一大窝幼崽。犬类中有的成员会出去狩猎并把一部分猎物带回巢穴给母狗和小狗吃，其他成员则留守看家。这种引人瞩目的犬类，尽管获得了罕见且极其不容易的预适应，也仍未能达到真正的真社会性、具备专职工犬或猿类的智力。它们没有能力制造工具，缺少适合抓握的爪与末端柔软的指头。它们依然四脚着地，依赖于裂齿和覆毛的爪子。

图 3-7 非洲野犬

图片来源：E. O. Wilson, *Sociobiology* (Cambridge, MA: Harvard University Press, 1975), pp. 510-511. Drawing by Sarah Landry.

第 4 章

抵　达

200 万年前，人科灵长类动物依靠细长的后腿行走在非洲大地上。如果我们把遗传多样性作为成功的评判标准，那么解剖学上的遗传差异表明原始人正是成功者。他们实现了适应辐射，多个物种同时共存，各自的栖息地有一定的重叠。其中的两三种属于南方古猿属，还有至少三种因其在脑容量大小和牙列方面与其他物种迥异而被分类学家归为演化产生的新物种：人属。它们生活在地形错综复杂的环境里，包括稀树草原、稀树森林，还有河流沿岸的走廊式森林。南方古猿食素，以树叶、果实、地下块茎和种子为生（见图 4-1）；人属物种同样采集并食用植物，但它们还要吃肉，最有可能的途径是分享其他狩猎者吃剩的大型动物残骸，有时也靠自己捕获一些小动物来食用。这种变化就好像在演化迷宫中拐进了一条可以通往出口的岔路，最终导致了物种的差别。

图 4-1 南方古猿

这是一组南方古猿阿法种的重建图，南方古猿阿法种是在距今 500 万～300 万年前生活在非洲的人类祖先。

图片来源：John Sibbick. From *The Complete World of Human Evolution*, by Chris Stringer and Peter Andrews (London: Thames and Hudson, 2005), p. 119.

200 万年前的这些人科灵长类动物多种多样，但远不及围绕在它们四周的羚羊和狒猴物种丰富。它们的潜能很大，这一点可由我们今日的存在来作证。然而，它们要一代代持续下去却没什么保障：和大型食草动物相比，它们种群分散；和体形相当还会吃人的食肉动物相比，它们的数量又没那么多。

人科灵长类动物出现之前和兴起之时是持续千万年的新近纪，气候十分恶劣。和人类体形相当的哺乳动物新物种比过去出现得更频繁，但灭绝的频率也比以往更高。总的来说，体形较小的哺乳动物（包括人类）比大型哺乳动物抵御极端环境变化的能力更强。它们靠掘洞、蛰伏、延长冬眠等方法作缓冲，而大型哺乳动物却难以适应。经古生物学家确认，在那些形成社群的哺乳动物中，现存物种数量的变动仍然比较大。他们指出，社群倾向于在繁殖期相互保持距离，从而产生了小规模的群体，这使群体遗传分化较快、灭绝速率较高。

从黑猩猩和前人类分道扬镳到智人出现，经过了600万年，其间发生了很多事件，最后则以智人出走非洲而告终。随着大陆冰川沿欧亚大陆向南推进，非洲经历了长时间的干旱和气候变冷。贫瘠的草地和沙漠覆盖着非洲大陆的绝大部分。在那些压力重重的年代，群体中只要有一两千个个体死亡（甚至只是一两百个），将来发展为智人的那一支就可能断子绝孙。然而，尽管环境恶劣（但或许正因为此），人科动物奋力“跑”了起来。于是，智人出现了，开始迁出非洲。

是什么鞭策人科动物最终有了更大的大脑和更高的智力并在此基础上创造了以语言为基础的文化？无疑，此乃问题中的问题。南方古猿获得了一部分关键的预适应。现在，它们中的一支迈步走向世界的统治地位，有望“万寿无疆”。

这样的成就在生命历史上属于六次大变革中的一次，这一结果并非一蹴而就，作为先兆的生物演化早就开始了。在200多万年前，南方古猿属中的一个物种转变食性吃起了肉。更确切地说，是它们在过去的素食食谱中添加了肉类而成为杂食动物。这种改变发生在能人（*Homo habilis*）出现的时候。能人是从南方古猿中分化出的一支，现今对它们的了解来自坦桑尼亚奥杜瓦伊发现的化石，其历史可追溯至距今180万～160万年前。虽然还不能确切地认定能人就是智人的直接祖先，但能人具有的一些重要特征使其在原始南方古猿和已知最早的、某种程度上说更高等的、我们有理由认为是智人直接祖先的物种之间建立了联系。能人的大脑容量有 640 立方厘米，比南方古猿的（400 ～ 550 立方厘米）要大一些，但仍旧只有现代人（智人）脑容量的一半左右。能人的臼齿较小，这是食肉动物的一大演化特征；犬齿增大，这可能是其改吃肉的更有力证据。能人头骨的眉弓骨较细（眼眶上方向前突出的弓形状骨质隆起），面部向前凸起的程度不是很明显，相比之下南方古猿的面部更像猿类。能人大脑额叶的褶皱形状与现代人的较为相似，此外大脑还有一些接近于现代人特征的变化趋势，那就是在布罗卡区（Broca）和部分韦尼克区（Wernicke）有充分的膨大，而这两个脑区正是主管现代人语言组织的神经中枢。

因此，能人以及距今 3 万～ 2 万年前生活在非洲的其他人科动物，其地位在分析人类演化时就显得非常关键了。可以说，能人头骨出现的变化被认为是他们向现代人发起冲刺的标志。这些变化不仅代表着身体结构上的进步，也反映了能人群体在生活方式上的根本改变（见图 4-2）。所谓能人，字面意思便是比周围的其他人科动物更加聪明能干。

为什么南方古猿中的一支会朝这个方向演化呢？考古学家普遍持有的一个观点是，非洲的气候和植被所发生的变化推动了其适应性的改变。从特定动物物种的数量增减来看，距今 2.5 万～ 1.5 万年前的非洲变得十分干燥。在非洲大陆的大部分地区，雨林先是变成了典型的干旱林和森林 - 稀树草原的过渡地带，后来转变为连绵的草原和被严重侵蚀的沙漠。南方古猿祖先想必是通过扩大食谱适应了更严峻的环境。比如，它们可能利用工具来挖掘植物根茎，充当干旱时期的备用食物。显然，它们是具备相应的认知能力的。证据就是，人们观察到生活在热带稀树草原的现代黑猩猩会用牛骨和木头碎片充当挖掘工具。住在海岸或内陆水道附近的南方古猿也会把虾、蟹、螺、贝之类加入食谱。

图 4-2 能人用石器切割猎物

这是演化迷宫中的一个关键进展。这里展示的能人表现出了对肉类更大程度的依赖，图中他们正在使用石器切割尸体。

图片来源：John Sibbick. From *The Complete World of Human Evolution*, by Chris Stringer and Peter Andrews, London: Thames & Hudson, 2005, p. 133.

按传统的观点，那些能够发现并利用新资源以避敌害、有能力击败对手获得食物与生存空间的基因型，或许在新环境带来的挑战下更具优势。那些能够创新、会向竞争对手学习的基因型有更大概率成为艰难时世的幸存者。适应性强的物种会演化出更大的大脑。

“创新 - 适应”假说听起来耳熟，那在其他动物物种的研究中也能站得住脚吗？有一项鸟类研究似乎支持这种说法。该研究人为地将 200 种鸟从原生生境引到陌生环境，结果发现，就总体上的相对比例而言，大脑比较大的物种更擅长在新环境中安身。并且有证据显示，它们之所以能做到这点确实是因为比较聪明和有创造力。

不过，这只是从非原生的鸟类中得到的支持性证据，或许还不足以说明人类的故事。这些鸟类被突然间扔进一个全新的环境，在它们身上发生的选择和在南方古猿中我们的祖先身上发生的自然选择相差甚大。与迁徙的飞鸟不同，能人是在不断变化的环境中历经成千上万年逐步演化的。

最有可能影响早期人科动物演化的环境变化，是它们接触到的草原与稀树草原总量的增加。通常人们并不倾向于认为是人科动物适应了生境的改变，而是把它们看作天生喜欢这些生境的物种。曾在热带稀树草原实地工作过的自然学家都知道，这些生态环境的亚生境构成变化繁多。空旷的草原与河岸林地交错，隔开了一片片疏疏密密的森林，季节性泛滥的洼地中还有低矮的灌木星星点点地分布。数百年来，各个部分不断变化，相互竞争，此消彼长。不过，这种改变的频率以及形成的千变万化的格局，至少相对于动物世代交替和生态时间而言是颇为缓慢的。人科动物是一种大型动物，活动范围的直径想必不小于 10 千米。在混乱的复杂生境中，它们可以在草原上搜寻猎物和可供果腹的植物，一旦看到捕食者现身则可以逃入附近矮林，躲藏在树上。它们可以在空地挖掘根茎来吃，可以在林中摘食野果。它们所适应的不单是当地的一两种生境，也不是一种生态系统向另一种生态系统的变迁，而是适应了疆域的扩大以及这些地方组成的百变格局在演化时间内的相对稳定。

有可能早期人科动物就像与最接近现代人的黑猩猩、倭黑猩猩那样，与几十个同类一起组成群落过着群居生活。假如说复杂的社会性行为需要演化出与身体大小成比例的更大的大脑，那么，较大的大脑即意味着社会性行为的存在。倘若果真如此，不断变化的环境造就的更大的大脑有望成为社会性行为出现的先兆。可是，研究人员通过检测包括猫、狗、熊、鼬及其亲缘物种在内的大量现存食肉动物及食肉动物化石，并未发现大脑尺寸与社会性行为之间的相关性。负责该研究的约翰·菲纳雷利（John Finarelli）和约翰·弗林（John Flynn）因此下结论说，“现代食肉动物或高或低的脑化指数[①]，是由一系列复杂的过程所决定的”。换言之，它们必然面临多重选择压力。

假如不是适应环境变化，那会是什么推动了人科动物大脑在演化方向上的快速变化呢？在各项原因中，最有可能的一项是，它们改以肉类作为蛋白质的主要来源，其证据是它们的头骨和牙列在解剖结构上的巨大改变。同样，这也不是突然之间发生的。前能人可能常常从大型动物的尸体上啃下一些腐肉。已知最古老的石器（距今600万年～200万年）就是用来达成类似功能的——敲砸腐肉。根据石器细长的椭圆外形、锋利的边缘以及羚羊骨骼化石上发现的切口可以推断，这些工具曾被用来砸取大型动物的肉和腐肉，或许还是先把其他食腐动物赶跑后再行霸占的。这时候的人科动物在演化阶段上显然属于南方古猿。

到了195万年前，也就是能人的时代，那时还没有出现外貌更接近现代人的直立人（见图4-3）。它们的后代，也就是人科动物的祖先，还会捕食水生动物，比如龟、鳄鱼和鱼。它们最有可能吃的鱼是鲇鱼，人们现在也能在干旱时节的池塘里看到好多这种鱼，徒手捕捞也容易得很。我自己在做动物学野外考察时见到过干涸的池塘里有鱼和水蛇，不费吹灰之力就可用网捞起几十条。真的太容易了，我都可以想象自己捕了鱼和一群能人共进晚餐的情景，只要它们看得惯我的块头比它们大、头形比它们怪。

① 指动物体重与脑重关系的常数。——编者注

图 4-3　直立人（重建图）

研究表明，直立人是智人的直系祖先，它们向现代人类的社会性行为迈出了接下来的两个主要步骤：建立营地和使用火。

图片来源：John Sibbick. From *The Complete World of Human Evolution*, by Chris Stringer and Peter Andrews, London: Thames & Hudson, 2005, p. 137.

可是，通过狩猎获取重要的动物性蛋白供应个体大脑发育，这点本身并不能解释为什么人科动物的大脑会有如此显著的变化，尺寸会变得这么大。看来真正的原因在于狩猎的方式。现代的黑猩猩也狩猎，主要捕食猴子，以这种方式获得的肉类占它们卡路里摄入总量的 3% 左右。而如果现代人有选择的话，他们从猎物中获得卡路里的比例会是黑猩猩的 10 倍之多。尽管回报菲薄，黑猩猩还是成群结队组织了复杂的狩猎策略。它们的行为在灵长类动物中可以说是独一无二的。在非人灵长类中，目前已知的还有中南美洲的僧帽猴（它们的脑容量较大）是合作捕食的。

黑猩猩的狩猎队伍全由雄性组成。研究人员观察到，它们以团队合作的方式捕获猴子。它们会先把落单的猴子逼到一棵相对孤立的树上，然后其中一两只黑猩猩会爬上树将猎物赶回地面，同时其他黑猩猩分散至邻近的树下，以防猴子跳到旁边的树上再爬下来逃走。猎物被捉住后会被狠揍撕咬至死。随后，黑猩猩猎手们会将猎物撕碎，分食它的肉，也会不情不愿地分一小部分肉给群体中的其他成员。人们在倭黑猩猩中也观察到了同样的行为。倭黑猩猩是现存物种中和黑猩猩亲缘关系最近的，不同的是它们的狩猎队伍中雌雄都有。即使是雌性倭黑猩猩带头狩猎，场面同样不失紧张刺激。

总的来说，集体狩猎在哺乳动物中是很少见的。除灵长类之外，母狮也是集体狩猎，而狮群中的那一两头雄狮常常坐享其成，很少自己动手。另外，狼和非洲野犬也是集体作战。

将黑猩猩与倭黑猩猩的演化历史追溯至600万年前，这是它们与人类分道扬镳的大致时间（见图4-4、图4-5）。

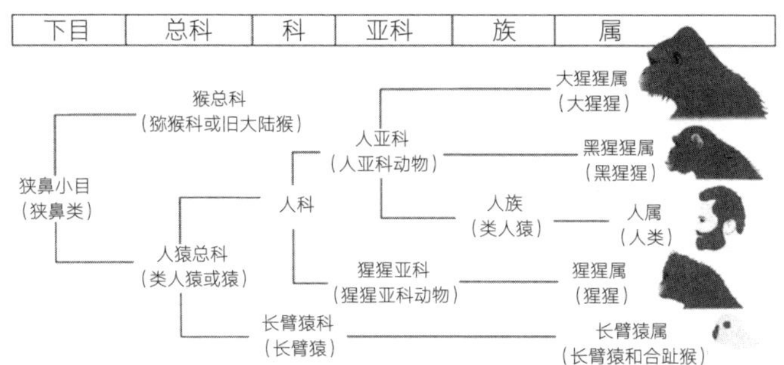

图4-4　理解人类演化所需要的术语和概念

这里描绘的是旧大陆猴子和猿类的分支演化树，有猿类和人类的科学与通用名称，以及（左边）由一个主要分支组成的每个群体的名称。

图片来源：改编自Terry Harrison, “Apes among the tangled branches of human origins,” *Science* 327: 532-535 (2010). Reprinted with permission from Harrison (2010). © Science。

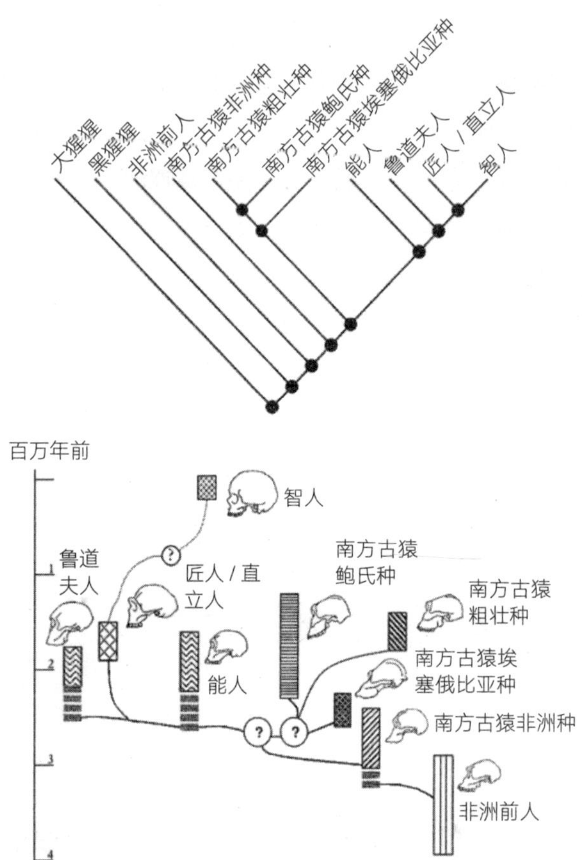

图 4-5　从南方古猿到原始人属再到现代人类的系统发育树和时间线

图片来源：改编自 Winfried Henke, "Human biological evolution," in Franz M. Wuketits and Francisco J. Ayala, eds., *Handbook of Evolution*, vol. 2, The Evolution of Living Systems (Including Hominids), New York: Wiley-VCH, 2005, p. 167. After D. S. Strait, F. E. Grine, and M. A. Moniz, in *Journal of Human Evolution* 32: 17-82 (1997)。

分离之前，我们与黑猩猩和倭黑猩猩有共同的祖先，那为何它们未能达到人类的演化程度呢？或许是因为黑猩猩和倭黑猩猩的祖先在抓捕和食用活物时投入太少。向人类方向演化的分支变成了动物性蛋白的高消费者。它们需要高度的团队合作才能成功，而获得的回报也值得它们所付出的努力：同样的重量，肉比蔬菜提供的能量多得多。冰河时代的尼安德特人——智人的姊妹种，在这个方向走到了极致，变身为专靠大型集体狩猎为生的高手。

就算用最简化的方式来讲述早期人科动物出现了更大的大脑与复杂的社会性行为这个故事，也还有一个环节没有搞清楚。我强调过，除了人类，其他所有已知的演化出真社会性的动物一开始都是为了保护巢穴免遭突袭，避免巢穴沦为其他动物的粮仓。真社会性程度接近蚂蚁，但体形相对较大的另一个物种是东非的裸鼹鼠。它们也同样遵循巢穴护卫原则。每一群裸鼹鼠由一个庞大的家族组成，它们占据并守卫着地下的一组地道。每窝裸鼹鼠中有一只“鼠后”和一些“工鼠”，工鼠在鼠后仍能繁殖时尽管也具备能力但实际上并不繁殖。还有一些“兵鼠”，它们是护卫鼠窝、抵御蛇之类的天敌时最卖力的成员。另一个真社会性动物物种就是纳米比亚的达马拉兰鼹鼠。与裸鼹鼠最为类似的昆虫是真社会性生物蓟马和蚜虫。它们会刺激植物产生瘿①，中空的瘤状物既充当了它们的窝，又是它们的食物来源。

为什么一个受保护的巢穴会那么重要？因为这是群体中所有成员的聚集地点，就算要离巢搜寻食物，最后也总得回家。黑猩猩和倭黑猩猩觅食时会在自己占领、护卫的地盘上游荡。对于南方古猿和人类的能人祖先来说，大致情形想必同样如此。黑猩猩和倭黑猩猩也会分队解散和重新集合。发现了果实累累的树，它们会呼朋引伴、广而告之，但并不分享自己采摘的水果。它们偶尔也会结成小队出发

① 植物受到刺激后组织异常增生产生的瘤状物。——译者注

狩猎，小队里有所斩获的成员会把肉分给一起打猎的同伴，不过也仅限于此。但最重要的是，猿类没有聚集的营地。

有营地的食肉动物不得不采取原始的游走动物用不着的一些行为方式。它们必须有分工：一部分成员负责觅食和狩猎，另一部分负责保卫营地和照料幼儿。食物无论荤素都必须与大家分享，这种方式每个个体都要接受，否则相互之间的联系纽带将会变弱。再有，群体成员之间不可避免地会为地位相互竞争，以便享受更多食物、获得交配权、获得舒服的休息场所。这些压力的存在，让那些有能力了解他者意图、有能力获取信任、善于结盟搞定竞争对手的成员具备优势。因而，社交智能（social intelligence）总是非常有用的（见图 4-6）。

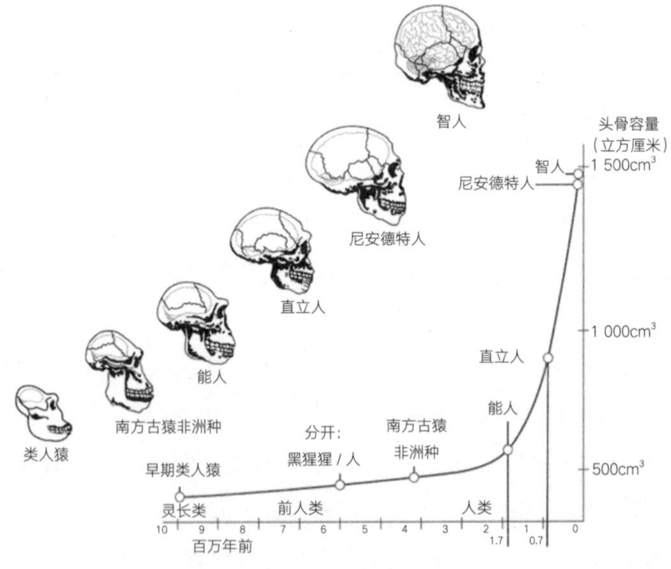

图 4-6 现代人类大脑的快速增长

图片来源：改编自 a display in the Exposition Cerveau, Muséum d'Histoire Naturelle de Marseille, France, 22 September to 12 December 2004. © Patrice Prodhomme, Muséum d'Histoire Naturelle d'Aix-en-Provence, France。

有无敏锐的共情力可以带来巨大的差别，随之而来的有操控能力、展开合作的能力、欺骗的能力。尽量简单点说，善于社交大有回报。毫无疑问，一群聪明的前人类动物必然可以打败一群驽钝无知的前人类动物，这个道理过去是这样，今天对于军队、企业乃至足球队同样如此。

集体生活在受保护的场所迫使成员之间产生凝聚力，这绝不是演化迷宫中的一小步，而是向现代智人发起冲刺的重要事件，我将在后文详细展开。

第 5 章

穿越演化迷宫

就和所有的重大科学问题一样，人类的演化起源问题最初呈现为杂乱且虚实混合的存在与过程。其中一些事件发生时的地质年代相当久远，我们或许永远无法切实了解。不过，对于人类演化起源这一宏大的命题，也有一些观点我认为是得到了研究者认同的，我在此将其总结整理，并采纳一些有道理的见解将其补充完整。我认为目前围绕人类演化大致顺序形成的共识是正确的，至少是与现存证据相符的。

目前看来，我们大体上可以给出一个合理的解释来说明为什么人类的境况是独一无二的，为什么地球历史上就只发生了一次人类起源并且还花了那么长的时间。原因就是所有必需的预适应要全部发生的概率实在太低了。每一个演化步骤，其本身都是一次充分的适应。每一步都要有一项或多项预适应作为前提，并按特定的先后顺序发生。智人是唯一一种在演化迷宫中幸运地走对了每一步的大型哺乳动物，大到足以演化出人脑大小的大脑。

第一种预适应是陆地生活。除了碎石和木棒，技术的进步还需要用火。而海豚或章鱼无论有多聪明也掀不起巨浪，锻不了铁，也发展不出可以制作显微镜、推断光合作用的氧化过程、拍摄土星卫星的文明。

第二种预适应是体形大。在地球历史上，仅有很小比例的陆生动物能达到这个量级。一种动物如果个体体重不足 1 千克，其大脑尺寸就极其有限，难以发展出高等的推理能力，其身躯也难以制造工具和控制火，哪怕是在陆地上。这就是切叶蚁在 2 000 万年的生存历史中没有取得重大而深远进步的一个原因，尽管它们是除人类以外最复杂的物种，尽管它们能够凭借天生的设计能力建立起通风的“城邦”，并在其中进行“农业生产”。

第三种预适应是手的出现。手有抓握能力，顶端为柔软的刮板状指，适合拿取并操纵物体。这是灵长类动物区别于所有其他陆生哺乳动物的一个特征。利爪和尖牙——其他动物的常规装备，难以适应技术的发展。如果有科幻小说作者要描写地球入侵者，请记住给外星生物配置有抓握能力的柔软的手、触手或其他什么肥嘟嘟的肉质附器！

通向真社会性的候选物种想要有效利用这样的手和手指，得让它们能够灵活运动，如此才能轻松熟练地操控物体。这一步很早就由最早的原始人完成了，追溯具体时期的话，是在地猿（*Ardipithecus*，推测而知的人类祖先）爬下树、站立并开始完全以后足行走之时。现代人用手和手指操控物体的能力一流。我们运用这种能力的运动感觉十分发达，大脑可以将手控制物体获得的感知觉进行整合并影响智力发展的其他方面。

第四种预适应，也就是在演化迷宫中拐对的下一个弯，是食性的转变。人类的食谱中加入了相当数量的肉：尸体上的腐肉，猎捕到的活物，或两者都有。吃下的每一克肉能比每一克蔬菜产生更多的能量。肉食者一旦进入并适应了一个生态位，只需要花较少的能量就可以占据这一生态位。

在获取肉食的过程中，合作具有优势，人类因此形成了分工细致的群体。最早的社会由大家族组成，同时也包括收养的成员和同盟者。只要环境足以支撑，他们会集合成一个人数很多的群体。群体与群体之间不可避免地要发生冲突，这时人口多的就会占优势。这一步以及由此带来的好处不仅可见于现如今的人类——狩猎采集者和都市人，在一定程度上黑猩猩也是如此。

第五种预适应是人类在大约 100 万年前掌握了火的用法，这是人科动物独特的成就。用点燃的树枝做成的火把可以随身携带，给我们祖先生活的方方面面带来了好处。驾驭了火，就可以驱赶和抓捕更多的动物，得到更丰富的肉类。在地面蔓延的一场大火其作用相当于今日的一群猎狗，动物不仅被火“咬”死还被烤熟了。即便在人属刚开始吃肉的时候，容易获得和方便食用的肉、筋、骨所具有的优点便已产生了重要的影响。再往后发展，人类的咀嚼特征和消化生理机能变得适合于食用熟肉与熟菜。吃熟食成为人类的特性，分享烹饪好的食物随之成为增强社会联系的通用方法。

可随身携带的火就像肉、果实和武器一样是一种资源。粗条树枝和成捆的细枝能闷燃几个小时。有肉、有火、有烧熟的食物，每次可以维持好几天的营地生活，时间一长，营地就变成了庇护所。这就形成了第六种预适应。所有其他已知具有真社会性的动物都是先有了这种巢穴。现有证据发现的最早的营地遗址及其附属物属于直立人，其大脑大小介于能人和现代智人之间。

点火扎营之后，劳动分工随即出现，即第七种预适应。这是理所应当的，因为群体中本有通过已形成的优势等级来自行组织的倾向，原本还存在男女差异、老幼之分。此外，每个小群体内还存在领导力的差异，成员留在营地的意愿也各有不同。所有这些预适应最后导致的结果就是复杂的劳动分工。

到了直立人的时代，除了使用火，现代黑猩猩和倭黑猩猩也一样完成了进入真社会性的所有步骤。人类特有的种种预适应，使我们将那些远亲远远地甩在后头。现在，非洲灵长类中脑子最大的家伙要为发挥自己的独特潜能做最关键的跨越了。

第 6 章

创造力

假如有外星科学家在 300 万年前登陆地球，让他们大开眼界的一定是蜜蜂、筑巢白蚁以及切叶蚁。当时，它们的种群是昆虫世界占据绝对优势的超级组织，是全世界最复杂、生态上最成功的社会群体，遥遥领先于其他物种。

外星科学家们想必也会对非洲南方古猿研究一番，这种稀少的灵长类动物靠两只后足行走，大脑和猿类相当。他们大概会觉得这个物种潜力不大，其他脊椎动物也都不过尔尔。毕竟，如此体形的生物已经在地球上行走了 3 亿年，却毫无建树。看来，社会性昆虫是地球上适应得最好的生物了。

不妨继续想象这些外星科学家完成考察任务后离开了地球。正如他们所看到的，地球的生物圈趋于稳定，于是他们在日志上记录道："在接下来的 1 兆年里可能不会有特别重要的新事件发生。真社会性昆虫在社会性演化的顶峰已有 100 兆年，它们统治着地球上的无脊椎动物世界，此情形可能会继续保持 100 兆年。”

然而，就在外星人离开后，真正异乎寻常的事情发生了。有一支南方古猿的大脑开始迅速增大，在 200 万年间，从外星科学家们来地球时的 500 ～ 700 立方厘米，攀升至 1 000 立方厘米。又过了 1 800 万年，他们的脑容量已经蹿到 1 500 ～ 1 700 立方厘米，是其祖先南方古猿的 2 倍。智人来了，智人社会对地球的征服即将上演。

假设那些外星科学家在这 300 万年里又走访了一些有趣的星系，然后他们的后代再度拜访地球，那么地球当时的情况肯定会让他们震惊。这简直是不可能发生的事：先前发现的双足直立的灵长类动物不仅存活至今，还发展出了以语言为基础的原始文明。同样令人震惊且担忧的是，这个灵长类物种正在毁灭地球生物圈。

尽管这个新物种的生物量很小——全球人口全加起来可以塞得进一个边长为 1 600 米的立方体，但他们已经成为影响地球的一股强大力量。他们消耗着太阳和化石燃料的能量，出于自身需求使用着淡水资源中的很大一部分，他们的活动导致海洋酸化，把大气层弄成了具有致命危险的状态。“管理工作做得糟糕透顶，”外星科学家们大概会这么说，“我们真该早点儿来，好制止这一悲剧的发生。”

现代人起源于一连串的幸运事件，这给了我们一时的好处，却给其他大多数物种造成了终生的不幸。我提到的人类演化步骤中的所有预适应，假如按正确的次序发生，都有可能将一种大型动物带到真社会性的边缘。每一种预适应都曾被这个或那个科学家认为是从早期原始人一跃而至现代人的关键事件。几乎所有推测都只说对了一部分：它们无一不是作为其中一个环节才有意义，其先后顺序是许多可能有的排列组合中的一种。

那么，人类物种是靠什么样的演化动力穿过演化迷宫的呢？在环境和人类祖先的先决条件中，是什么让人类物种恰恰能够照着合适的遗传改变顺序往前走的呢？

一些宗教人士当然会说，是“上帝之手”啊。可是，就算让超自然力量来达成这个非凡成就，也是难度极大的。为了创造出人类的性状，造物主得设计百万年以上的自然环境和生态环境，好让前人类动物有正确轨迹可循，与此同时造物主还要往基因组里播撒巨量的遗传突变。成功概率如此之小，还不如用几台生成随机数字的机器来做这个工作呢。完成这一艰巨任务的不是什么设计师，而是自然选择。

在大约半个世纪的时间里，在为人性起源寻求自然解释的科学家当中，包括我在内，曾有一种很流行的理论，那就是把亲缘选择（kin selection）作为人类演化的关键动力。亲缘选择的构想是建立所谓广义适合度（inclusive fitness）的群体属性，这一概念至少从表面上看是颇有吸引力甚至相当诱人的。它的含义是，亲代、子代、表亲以及其他旁系亲属由合作和共同目标维系在一起，而这是靠彼此间的无私奉献才得以实现的。利他行为的确可以大致上使每个群体成员受益，因为所有的利他者都与群体中的绝大多数其他成员享有来自相同血统的基因。和亲属共享基因的结果是，个人的牺牲提高了这些基因在下一代中的相对丰度。假如个体传给后代的基因数量有减少，但减少数量的平均值小于整个群体的基因增加值，那么利他性就仍然占有优势，社群得以演化。个体将自身划分为生殖等级和非生殖等级两种，某种意义上可以说是为了亲缘利益而牺牲自我的一种表现形式。

可惜就这种观点而言，广义适合度的普遍理论建立于亲缘选择理论基础之上，而这个基础并不牢靠，相关的所谓证据顶多算是含混不清的解释。这一光鲜的理论从未真正说明问题，如今即已土崩瓦解。

真社会性演化（eusocial evolution）是一种新理论，部分源于我与理论生物学家马丁·诺瓦克、科丽娜·塔尼塔（Corina Tarnita）的合作研究，部分出自其他研究人员的工作。该理论为真社会性昆虫的起源和人类社会的起源分别提供了不同的解释。蚂蚁以及其他真社会性无脊椎动物的社会演化过程既不是从亲缘选择而来，也不是靠群体选择，而是个体水平的选择。比如蚂蚁等膜翅目昆虫，靠的是蚁后和蚁后的选择，工蚁等级则是蚁后表型的延伸。演化之所以能通过这样的方式进行，是因为蚁后在群体演化的早期飞离了它出生的群体并创建了自己的群体。而人类无论是在此时此刻还是在历史中的任何时刻，都是以不同于蚂蚁的方式来创建新的群体的，至少我个人基于比较生物学是这样认为的，也有其他几位科学家和我想的一样。人类的演化动力同时包括个体的选择和群体的选择。这种多层级选择（multilevel selection）的过程首先见诸达尔文在《人类的由来》一书中的表述：

> 如今说到人，如果一个部落中有某一个人，比别人更聪明一些，发明了一种新的捕杀动物的网罟机械（圈套）或武器，或其他进攻或自卫的方法，即便只是最简单明了的自我利益，没有太多推理能力的帮助，也会打动部落中其他的成员来仿效这一个人的做法，结果是大家都得到了好处。每一种手艺的习惯性的进行，在某种轻微的程度上，也可以加强理智的能力。如果一件新发明是很重要的一个，这发明所出自的部落在人数上会增加，会散布得更广，会最终取代别的部落。在这样一个持续繁殖的部落里，总会有比较多的机会来产生其他智慧高而且有发明能力的成员。如果这些成员留下孩子，而孩子们又通过遗传

获得了他们的思维优势，那么，这一部落就会有比较好的机会来产生更多聪明的成员，如果这部落原是一个很小的部落，这机会就肯定更见得好些。即便这些人不留下孩子，部落里还有和他们有血缘关系的人。这一点农牧业专家已有经验：屠宰了一只动物之后，才发现这只动物身上有某种优良的特征，也不要紧，只要从它的家族成员中精心保育选种，这一特征还是可以捞回来的。①

以个体性状为目标的选择动力与以集体性状为目标的选择动力相互作用构成了多层级选择。这一新理论势必取代过去以亲缘关系或其他类似的遗传血统为基础的传统理论。马丁·诺瓦克还提出用新理论代替多层级选择来解释社会性昆虫的演化。用这种方法，或许可以将整个选择过程简化为对每个群体成员及其直系后裔的基因组的影响。演化结果的实现就与除父母和后代的关系之外的群体之间、个体与群体之间的关联程度无关。

假如考古学证据和现代的狩猎采集行为可供参考，智人的祖先已形成了相当有组织的群体，群体之间会竞争领土和其他稀缺资源。大体上可以说，群体间竞争会影响每个成员的遗传适合度，即单个成员对群体未来成员总数所贡献的后裔比例。个人可能会因为群体适合度提升（比如一场战争，或处在野心勃勃的独裁首领的统治之下）而或死或残，并失去他作为个体的遗传适合度。我们可以假定不同群体掌握的武器装备和其他技术都大致相当——事实上这也是数十万年的原始社会中绝大多数时间内的情况，那么可以想见，群体间竞争的结果很大程度上最终是由每个群体内部的社会性

---

① 译文参照商务印书馆《人类的由来》，潘光旦、胡寿文译，略有删改。——译者注

行为所决定的。其特征包括群体的大小、联结的紧密程度、沟通质量以及成员之间的劳动分工。这些性状某种程度上是可遗传的。换言之，成员当中的变异一部分是由群体成员之间的基因差别，即群体本身的基因差别所致。成员个体的遗传适合度，即留下的有繁殖能力的后代的数量，取决于群体中的成员身份所产生的成本和获得的收益，这包括个体因为自己的行为从其他群体成员那里获得的好感或冷遇。为好感买单的通行货币是直接和间接的互惠，尊重和信任则是间接互惠。不过一个群体的表现有赖于其成员共同的行为，而无关于每个个体在群体内所获得的好感或冷遇。

一个人的遗传适合度势必是个体选择和群体选择的综合结果。不过，这只在关乎选择目标时才成立。无论目标是关乎个体自身利益的性状还是关乎群体成员之间为了群体利益交互的性状，最终都是个体的全部遗传密码受到影响。如果群体生活带来的好处，低于独居生活的好处，演化则会倾向于使个体脱离或欺骗群体。从长远看，社会终将瓦解。而如果个体从群体获得的收益足够多，或者自私的首领有能力让群体成员甘愿奉献或牺牲他们的个人利益，那么成员们往往就会倾向于利他和从众。人类社会中，所有正常成员都至少拥有繁殖的能力，因此，在个体水平的自然选择与群体水平的自然选择之间，人类社会具有无法调解的固有冲突。

在决定个体生存与繁殖的过程中，有利于个体成员生存和繁殖的等位基因总是与相同的等位基因有冲突，也与那些有利于利他主义和形成凝聚力的等位基因有冲突。自私、怯懦和不道德竞争会助长个体选择性等位基因的利益，并减损利他的群体选择性等位基因所占的比例。有些等位基因会使个体有意做出帮助群体中其他个体的英雄行为和利他行为，对抗自私等有损于群体的习性。在与敌对群体相冲突时，群体选择性性状一般会让人采取奋不顾身的激烈行动。

因此，决定现代人社会性行为的遗传密码不可避免的是一种嵌合体。其中一部分决定了有利于个体在群体内竞争中获胜的那些性状，另一部分决定了有利于群体在与其他群体竞争中获胜的那些性状。

个体水平的自然选择在演化历史中始终占据优势，它制定的策略是繁殖尽可能多的成熟后代。这通常会使有机体的生理和行为适合于独居生活，或顶多适合形成松散的群体。而真社会性有机体的行为模式与此完全相反，真社会性的起源在生命历史中非常罕见，因为这意味着群体选择必须特别强大，强大到足以松开个体选择的钳制。唯有此时，才能调整个体选择的保守效应，并将高度合作的行为引入群体成员的生理和行为中。

蚂蚁等膜翅目的真社会性昆虫（蚂蚁、蜜蜂、白蚁）的祖先面临着和人类祖先一样的难题。而它们的特定基因发展出了极端可塑性，巧妙地解决了这个问题。所以，利他的工蚁们有着和蚁后一样的生理和行为基因，尽管它们的生理和行为与蚁后大相径庭，彼此之间的性状也不相同。个体水平的选择留存在了在蚁后和蚁后之间。然而昆虫社会在群体水平的选择，仍在群体间的竞争中继续。这看起来似乎存在矛盾，其实不难理解。就大多数社会行为的自然选择而言，群体实际上只是蚁后及其表型的延伸（表现为机器人般的助手）。同时，群体选择会促进工蚁基因组中其他方面的遗传多样性，可以使群体免受疾病的困扰，保护群体。这种多样性由与蚁后交配的雄蜂提供。也就是说，个体的基因型是遗传嵌合体，既包含了群体成员间无差别的基因——同样的基因可以产生不同的等级，也包括了群体成员之间有差异的基因，作为抵御疾病的屏障。

而哺乳动物却不可能使用这种妙招，因为它们的生命周期与昆虫截然不同。在生命周期的关键繁殖步骤中，雌性哺乳动物会固守其所属的领地，无法独自离开它出生的群体，除非进入相邻的群体——在动物和人类中普遍存在但受控制严格的一种情况。相反，雌性昆虫能够在交配后带着受精囊像移动方便的雄性携带着精子一样去到很远的地方。它光靠自己就能够在远离出生巢穴的地方建立新的群体。

在哺乳动物和其他脊椎动物中，非但很少出现群体选择胜过个体选择的情况，而且群体选择也从来没有可能完全压倒个体选择。因为哺乳动物的生命周期和群体结构不允许这种现象发生。在哺乳动物的社会性演化舞台上，无法产生类似于昆虫那样的社会系统。

可以预想，人类演化发展的结果如下：

- 群体之间竞争激烈，产生各种争端，如侵犯领土。
- 群体构成不稳定，因为有两种互相矛盾的趋势，一方面移民、信仰改变和征服会带来群体规模扩大的优势，另一方面群体内部篡权夺位和分裂也会带来坏处。
- 群体选择的产物（忠诚、善良、负责）和个体选择的产物（自私、怯懦、虚伪）之间的冲突永远无法解决。
- 能够迅速准确地理解他人的意图，这在人类社会行为的演化中至关重要。
- 人类文化尤其是艺术作品中，有很多内容源于个体选择和群体选择之间避不开的冲突。

总而言之，人类的处境显现出有别于其他物种的一团乱麻的局面，这植根于创造出人类的演化过程。我们的天性中，最坏的部分和最好的部分共存，并将永远如此。而如果可以抹掉坏的部分，那我们也就不足以称为人了。

第 7 章

部落意识是人类的基本性状

想要成群结队，从相熟的人际关系中获得安心和尊严，想要保卫集体不惜与敌群激烈战斗——这些都属于人类天性中的绝对共性，因而也是文化的绝对共性。

一个群体尽管基于某个特定的目标而建立，但其世界是可延展的。家庭通常被看作亚群体，可一个家庭效忠于哪个群体却时有变化。同样，同盟成员、征召的新人、皈依者、获荣誉称号的人、投诚的人等也无不如此。身份和某种资格会被授予群内的每个成员。反过来，一个人所获得的声誉和财富也可以给他的追随者带去身份和权力。

现代人组成的群体在心理作用上与古代和史前人类的部落无异，可以说，他们的群体都直接来自前人类的聚落。本能将他们维系在一起，而这种本能是群体选择的产物。

部落的产生是必然的。它给了人们姓氏，以及人们在尘世中的个体意义与社会意义。有了部落，周遭环境就不再那么令人迷惘，不再意味着危险重重。每一个现代人所处的社会都不是单一的部落，而是由多个相互联系的部落组成的系统，你往往很难在其中划出某个独立的范围。人们乐于与志趣相投的朋友做伴，期盼跻身一流的团体，比如说一个海军陆战队、一所精英大学、一个公司的执行委员会、某个教派、大学兄弟会、园艺俱乐部，凡此种种可以正大光明地与他人、对手、同类群体互相竞争的集体。

当今世界，人们对战争愈发谨慎，对战争的后果深怀恐惧，因而现代人把古人对战争的热衷渐渐转移到了较为文明的战争等价物——团体运动上。人们渴望成为集体的一员，渴望自己所属的集体超过别人所在的集体，而在仪式化的“战场”上，己方斗士的胜利能够满足人们的这些热望。就像美国内战时期，穿戴整齐的华盛顿特区市民兴高采烈地冲出家门观看第一次奔牛河之役（又称第一次马纳萨斯战役），人们也会兴致勃勃地观看体育比赛。当看到球队的制服、徽标与装备，看到冠军奖杯和飘扬的横幅，看到啦啦队的姑娘，球迷们就像打了鸡血。一些人穿着奇装异服，脸上涂着油彩，向自己支持的队伍致敬。球队获胜，球迷便投身庆典。很多人会抛下一切束缚，让自己尽情地被战斗情绪感染，并在比赛结束后嬉笑着大搞破坏，尤以热血沸腾的青年人为甚。当波士顿凯尔特人队击败洛杉矶湖人队拿下 1984 年的 NBA 总冠军时，在那个 6 月的夜晚，球队欣喜若狂，喊出了“凯尔特至高无上！”的口号。社会心理学家罗杰·布朗（Roger Brown）见证了赛后的情景，并对此评论说:“感到至高无上的并非球队而是他们所有的球迷。狂喜的情绪弥漫在波士顿北区。球迷们冲出花园球馆和附近的酒吧，在街上大跳霹雳舞，点燃的烟，挥舞的手臂，到处是欢呼尖叫声。一辆汽车的引擎盖被压扁了，因为有大约 30 个兴奋的球迷叠在上面，而同样是球迷的司机就在那儿大笑。汽车鸣着喇叭，自发地排成一列在街上缓缓绕行。在我看来，那些球迷并不只是和他们支持的球队发生了共鸣。他们的个人体验正在飞升。那一夜，每个球迷的自尊都得到了极度放大，这是因为社会认同带来了强烈的个人认同。”

接着，他补充了重要的一点：“支持同一支体育队伍带来的认同感具有小群体的那种随意性。要成为凯尔特人队的球迷，你不需要出生在波士顿，也不需要住在波士顿，要成为该队球员同样如此。或许球迷和球队成员都会反感某些风头太劲的个人，但只要凯尔特人队够醒目，所有人就都与有荣焉。”

社会心理学家多年的实验表明，人以群分的实现过程非常迅速干脆，而且人们会很快开始支持自己所属的群体。即便实验者只是随意分组，仅仅让被试知道彼此是否同组，甚至实验中指定的组内交流没有什么实质内容，这种偏好也会很快在人群中出现。无论组队是为了赢钱还是基于共同中意的某个抽象派艺术家，参与者无不认为组外人比组内人要差劲一些。根据他们的判断，“对手们”普遍不太讨人喜欢、有失公平、不怎么值得信任、能力欠佳。被试就算知道分组是随意决定的，也还是持有偏见。比如在一组实验中，被试要给两个组分薯条，尽管两组成员都是匿名的，被试也还是给出了上述评价。仅仅是把一些人标为“自己人”，人们就会一再表现出明显的偏袒，即便他们没有其他动机，过去也毫无接触。

人类普遍有成群结伙并偏袒自己人的倾向，并且表现得相当明显，这种倾向看起来是种本能。当然有人会争辩说，对自己人的偏袒是因为我们从小被教育要和家族成员保持密切联系，要和邻居家孩子一起玩。但就算是这些经历起了一定作用，我们仍然可以把这看作“先备学习”（prepared learning）的一个例子，也就是心理学家所说的生来就有迅速、果断地习得某些东西的倾向。如果偏袒自己人的倾向满足上述标准，那么它很有可能是可遗传的，我们也有理由认为这可能是在演化过程中经由自然选择产生的。人类先备学习的典型案例包括语言、避免乱伦和习得恐惧。

假如集体主义者的行为真的是遗传的先备学习所表现出的本能，那我们不妨假设在很小的孩子身上就可以找到些端倪。事实确实如此，认知心理学家发现，新生婴儿最敏感的是他们最先听到的声音、妈妈的脸和家乡话。稍大一点，婴儿们喜欢看向他们听到过的讲自己家乡话的人。学龄前儿童倾向于选择讲相同方言的人做朋友。这种偏好在他们理解讲话内容之前就已经有了，甚至在他们已经完全能够理解另一种语言所讲的内容后依然如此。

让人类形成集体且以身为集体中的一员而感到愉悦的基本驱动力很容易转化成更高水平的同族意识。人有种族中心主义的倾向，尽管这句话听来不舒服，却是事实：个人即便是在做免罪选择时仍乐意和同样民族、国籍、宗族和或信仰同一宗教的人在一起。人们觉得这样的人更值得信任，在商业和社会事务中和这样的人相处更轻松，并且更喜欢选择他们作为自己的配偶。人们在面对外部群体行为不公或无功受禄的证据时更容易动怒，对任何外族侵犯本族领土资源的行为更容易产生敌意。

有一组实验是给美国黑人和美国白人分别闪放一些对方种族的人的图片，结果发现他们大脑中主管恐惧和愤怒的脑区——杏仁核被激活了。由于杏仁核的反应迅速且微妙，大脑的意识中心都未察觉，受试者实际上是情不自禁地起了反应。而另一组实验在图片中加入了一些特定的内容，比如走近的黑人是个医生，而白人是他的病人，结果发现，与高级学习中枢整合的另两个脑区，扣带回皮层和背外侧皮层，会活跃起来并抑制杏仁核的信息输入。

由此可见，群体选择演化发展出了不同的脑区来创造集体感。

这些脑区调节着人们贬低其他群体的固有倾向，要不就是反过来抑制那些不受意识控制的直觉反应。在观看激烈的体育比赛和战争片时，倘若杏仁核主导了行为，战胜对手或消灭敌人的情节就变得大快人心，我们也很少会因为看得高兴而感到内疚。

第 8 章

战争是人类代代相传的诅咒

群体之间的战争是人之所以为人的重要驱动力。在史前时代，群体选择把已经成为领地性肉食动物的人科物种提升到了新的高度，让他们团结、机智、进取，还懂得了恐惧。因为每个部落都明白，如果不武装自己、做好准备，部落的存续就会受到威胁。古往今来，大量技术的发展都以赢得战争为核心目的。攫取大众支持的最佳办法莫过于渲染战争并由此激发起他们同仇敌忾的情绪，而人脑中的杏仁核最擅长调动这种情绪。我们时不时会发现自己在为阻止石油泄露而“战”，为遏制通货膨胀而“战”，为治愈癌症而“战”。无论是哪里的敌人，无论是有生命还是没有生命，我们都必须打一场胜仗。我们一定要在前线取胜，无论后方会付出多大的代价。

只要让大家认为有必要为保护本部落一战，似乎任何借口都可以用来发动一场真正的战争，就算记得战争导致的悲惨状貌也无法阻止。1994 年 4 月到 6 月，在卢旺达占多数的胡图族对当时占有统治地位的少数派图西族及胡图族温和派痛下杀手。经过 100 天肆无忌惮的刀砍枪杀，共有 80 多万人遇难，其中大部分是图西族人。大屠杀导致卢旺达总人口减少了一成。屠杀结束后，有 200 万胡图族人因为害怕图西族的报复而逃离卢旺达。这场惨剧的直接原因是两族人在政治和社会上的宿怨，但根本的原因只有一个：卢旺达是非洲最拥挤的国家。随着人口不停增长，人均可耕地面积不断减少，谁能拥有和控制全国的所有耕地成为引发致命争端的导火索。

在大屠杀之前，图西族人一直占据着统治地位。当年的比利时殖民者认为图西族是两个种族中较为优秀的一方，于是给予了他们特权。图西族人自然也这么认为，尽管两族说着同样的语言，但胡图族明显低人一等。而在胡图族人看来，图西族人却是侵略者，是在几代人之前从埃塞俄比亚迁来的。许多胡图族人对邻居痛下杀手是因为有人向他们保证，说杀了隔壁的图西族人，死者的土地就归他们所有。他们把图西族人的尸体丢进河里，并戏言这是把死者赶回了埃塞俄比亚。

某个群体一旦被孤立，被剥离了人的特性，那么任何残忍的行径，无论其程度如何、受害者如何众多（甚至包括整个民族和国家），人们都能为这些暴行找到借口。

事实向来如此。根据修昔底德的记载，雅典人曾在伯罗奔尼撒战争中要求独立的米洛斯人不再支持斯巴达，转而臣服于雅典的统治。双方使节与会探讨时，雅典人这样解释了众神为人类制定的命运："强者有权要求，弱者必须服从。"米诺斯人宣布他们绝不为奴，还说要到众神面前讨个公道。雅典人答道："无论是我们信仰的神还是我们了解的人，能够统治者必然统治，这是天性。这律法并非我邦所定，也非我邦第一个施行。我们只是奉命而为。我们也知道，你们，以及全人类，只要如我邦一般强大，一定也会如我邦一般征服。不必搬出众神，我邦已经声明，我们在他们心中的地位是和你们相当的。”米诺斯人坚决反抗，很快就被赶到的雅典军队征服。写到米诺斯人的下场时，修昔底德的笔触像希腊悲剧一般从容淡定：“随后，希腊人把已满参军年龄者悉数杀尽，妇孺皆收为奴，继而殖民全岛，派 500 希腊人定居。”

有一则著名的寓言，专门用来讽刺人性中残酷无情的黑暗面：蝎子请青蛙驮它过小溪，青蛙起初是拒绝的，说害怕蝎子会蜇自己。蝎子向青蛙保证自己不会。它说：“如果我蜇你，那我们不是都要淹死了吗？”青蛙听后应允。游到中途，蝎子蜇了它。“为什么你要这么做？”双双沉入水下之际，青蛙问蝎子。蝎子答：“这是我的天性。”

我们不能把往往伴随着屠杀的战争看作少数几个社会的文化的产物。它也不是历史的歧路，并非人类在演化路上的阵痛。第二次世界大战结束后，国与国之间的暴力冲突已经大幅减少，部分原因是几个大国之间的核武器对峙，就像一只大号瓶子里装着两只蝎子。然而，内战、叛乱以及由国家支持的恐怖活动却并未消退。总的来说，在全世界，大规模战争已经让位于小规模战争，其类型和级别在狩猎采集社会以及原始农耕社会更加常见。各个文明社会都为消除酷刑、处决和谋杀平民的暴行做出过努力，但小规模战争就是无法禁绝。

各地的考古遗址中满是大规模冲突发生过的证据。有大量震撼人心的历史建筑都是出于防御的需要修建的，其中包括中国的万里长城、英格兰的哈德良长城、欧洲及日本的宏伟城堡、阿那萨吉人[①]在峭壁中凿出的房屋，还有耶路撒冷和君士坦丁堡的高耸城墙。就连雅典卫城，起初都是一处被城墙包围的要塞。

---

① 北美洲的原始印第安人。——译者注

考古学家还发现，被屠杀者的墓葬很常见。新石器时代早期的工具中有明显是用来打斗的武器。1991 年，有研究者在阿尔卑斯山发现一具“冰人”，据考证有 5 000 年历史，这具冰尸就是被扎进胸口的箭头夺去了性命。他被发现时带着一张弓、一囊箭以及一把像刀子或匕首的铜质利器，可以想见那是在狩猎活动中佩戴和使用的。但同时他的身上还有一把短斧，斧头为铜制，上面没有伐木者劈砍树木和骨骼的痕迹，因此更有可能是一把战斧。

常有人说，少数存续至今的狩猎采集社会，尤其是在非洲南部的布须曼人和澳大利亚的原住民，其社会组织形式很接近我们的狩猎采集者祖先，他们没有战争，这证明大规模暴力冲突是较晚才出现的。但是，这些社会都已经受到了欧洲殖民者的排挤和削弱，其中的布须曼人更是在那之前就遭遇了祖鲁人与赫雷罗人的侵略。布须曼人曾经人口众多，生活的土地也比今天的灌木丛林地和沙漠要辽阔、肥沃得多。那时，他们的部落之间还相互征战。现存的岩画，以及早期欧洲探险家和定居者的陈述，都描绘了布须曼人群体之间持械激斗的场面。当赫雷罗人在 19 世纪侵略布须曼人的领地时，一度被布须曼人的战士驱赶了出来。

那么，遥远的史前时代又如何呢？战争的出现会不会在某种意义上成为农业和村庄扩张、人口密度升高的原因？事实证明并非如此。在尼罗河谷和巴伐利亚发现的旧石器时代晚期和中石器时代的觅食者墓葬中，有几处大墓里埋葬着整个宗族的成员。许多成员是被棍棒、长矛和箭杀死的，死状惨烈。从旧石器时代晚期的 4 万年前到大约 1.2 万年前，零散的人类骸骨上不时会出现打杀的印记，有的头部遭受重击，有的骨骼上留着砍痕。而这段时期正与著名的拉科斯岩画及其他岩画的创作时间相符，其中一些岩画描绘了人类被长矛刺杀的场面，被刺者有的已死去倒下，还有的在死亡边缘挣扎（见图 8-1）。

图 8-1　战争中的玛雅人

对于玛雅人来说，战争似乎是生活的常态，如公元 800 年左右墨西哥博南帕克的壁画所示。

图片来源: Thomas Hayden, "The roots of war", *U.S. News & World Report*, 26 April 2004, pp. 44-50. Photograph by Enrico Ferorelli, computer reconstruction by Doug Stern. National Geographic Stock.

这也可以证明剧烈的群体冲突曾经在人类历史上普遍存在。考古学家已确认，智人在大约 6 万年前走出非洲、向外迁徙，他们中的第一批到达了今天的新几内亚和澳大利亚。这些先行者的后代在那些偏远地带定居，保持着狩猎采集或原始的农耕社会形态，直到后来欧洲人前来殖民。起源很早并保留至今的远古文化还留存在印度东海岸安达曼群岛上的土著、中非的姆布蒂俾格米人以及非洲南部的昆族布须曼人的文化中。所有这些民族，在历史中都有过或如今正发生着侵占领地的行为。

在人类学家研究的全世界数千种文化中，铜地和因加利克的因纽特人（Copper and Ingalik Eskimo）、巴布亚新几内亚的格布西族、马来半岛的塞芒人、亚马孙流域的西里奥诺人、火地群岛的雅甘人、委内瑞拉东部地区的瓦劳人、澳大利亚塔斯马尼亚西海岸的土著等可以被认为是少有的“和平”的群体。不过这些文化中，有些还是有着较高的凶杀率。例如新几内亚格布西族人与铜地和因加利克因纽特人，成人有 1/3 死于凶杀。人类学家史蒂文 · A. 勒布朗（Steven A. LeBlanc）和凯特丽 · E. 雷吉斯特（Katere E. Register）曾在文章中分析过:“这些小型社会中，人与人之间多多少少都有亲属关系，这一点或许可以用来解释凶杀率高的事实。这自然也引发了一些令人费解的问题，比如到底谁算是群体内的自己人，而谁又算是外人？杀人行为在什么情况下算作凶杀而在什么情况下可称为战斗？诸如此类的问题及其答案颇有些含混不清。因此，这些所谓的和平文化，有一些与其说是真实情况，不如说取决于我们对凶杀和战斗的定义。实际情况是，在这些社会中也时有战争发生，但通常被认为规模很小，可以忽略不计。

关于人类遗传演化的动力，存疑的关键问题是：群体水平的自然选择是不是比个体水平强有力的自然选择还要强劲？换言之，促使个体本能地对其他成员做出利他行为的力量能否强有力地抑制个体的自私行为？ 20 世纪 70 年代建立起来的几个数学模型显示，如果缺乏利他基因的群体灭绝或衰退的相对速率非常高，那么群体选择会占有绝对优势。其中一类模型说明，当群体内利他成员的增殖速率超过了自私个体的增加速率，那么基于遗传的利他性就会在群体内扩散。2009 年，理论生物学家塞缪尔 · 鲍尔斯（Samuel Bowles）得出一个更真实的模型，与观察数据十分吻合。他采用的方法回答了下面这个问题：若合作性群体在与其他群体发生冲突时更可能拥有绝对优势，群体间的暴力程度是否足以影响人类社会性行为的演化？表 8-1 显示了从新石器初期至今，狩猎采集群体中因战争导致的成年人的死亡率，结果支持上述观点。

表 8-1　考古和人种学研究揭示的成年人死于战争的比例

遗址	考古证据（2008 年以前）	战争造成的成年人死亡率	人口及地区	民族志证据（日期）	战争造成的成年人死亡率
英属哥伦比亚（30 处遗址）	距今 5 500 ～ 334 年	0.23	巴拉圭东部阿切	本地人与外来文化接触之前的时期（1970 年）	0.30
努比亚（117 号遗址）	距今 1.4 万～ 1.2 万年	0.46	委内瑞拉 – 哥伦比亚几维	本地人与外来文化接触之前的时期（1960 年）	0.17
努比亚（接近 117 号遗址）	距今 1.4 万～ 1.2 万年	0.03	澳大利亚东北部墨林根	1910 ～ 1930 年	0.21
乌克兰瓦西里夫卡	距今 1.1 万年	0.21	玻利维亚 – 巴拉圭阿约里奥	1920 ～ 1979 年	0.15
乌克兰沃洛斯克	晚旧石器时代	0.22	澳大利亚北部蒂维	1893 ～ 1903 年	0.10
加利福尼亚南部（28 处遗址）	距今 5 500 ～ 628 年	0.06	加利福尼亚州北部莫多克	土著时代	0.13
加利福尼亚中部	距今 3 500 ～ 500 年	0.05	菲律宾卡西古兰阿哥塔	1936 ～ 1950 年	0.05
瑞典斯坎特霍尔姆	距今 6 100 年	0.07	澳大利亚北部安巴拉	1950 ～ 1960 年	0.04
加利福尼亚中部	距今 2 415 ～ 1 773 年	0.08			
印度北部沙劳伊 · 纳哈尔拉伊	距今 3 140 ～ 2 854 年	0.30			
加利福尼亚中部（两处遗址）	距今 2 240 ～ 238 年	0.04			
尼日尔戈贝罗	距今 1 6000 ～ 8 200 年	0.00			
阿尔及利亚卡拉马塔	距今 8 300 ～ 7 300 年	0.04			
法国伊莱特维采岛	距今 6 600 年	0.12			
丹麦博格巴肯	距今 6 300 ～ 5 800 年	0.12			

数据来源：Samuel Bowles, "Did warfare among ancestral hunter-gatherers affect the evolution of human social behaviors," *Science* 324: 1295 (2009). Primary references are not included in the table reproduced here.

由此看来，部族侵略大可追溯到新石器时代以前，但具体是多久以前还不清楚，或许在以腐肉和猎物为主食的能人时代就已开始。也可能这是一份更为古老的“遗产”，从600万年前现代黑猩猩与现代人类走上分岔路时就已出现。从珍·古道尔起，一系列研究人员记录下了黑猩猩群体内部的谋杀行为，黑猩猩群体之间还会发生致命的突袭。结果发现，无论是黑猩猩还是狩猎采集者、原始农民，族内或群体间暴力冲突导致的死亡率是差不多的。不过，在黑猩猩中，非致命的暴力冲突要远远多过人类，大约是人类的成百上千倍。

黑猩猩会组成群体一起生活，用灵长类生物学家的话说，它们组成的“社会”最多可容纳150个个体，领地达方圆38千米，密度达到每平方千米5个个体。在每一个这样的黑猩猩群体中，又会形成小的亚群。每个亚群的平均个体在5～10个，它们一起行动、进食和睡觉。雄性终其一生生活在同一个集体中，而大部分雌性会在年轻时就离开出生的群体并加入邻近的群体。雄性比雌性更爱群居，它们的等级意识非常强，常常因为争夺地位发生打斗。它们会与其他同类结盟，使用各种花招或欺骗手段利用或完全逃避统治秩序。年轻雄性黑猩猩之间的群体暴力，形式与年轻男人之间的群体暴力非常相似。除了不断为争夺个体和帮派的地位而激烈斗争，它们往往会避免与敌群展开大规模公开对抗，而多采用突袭的方式。

已有证据表明，雄性黑猩猩帮派突袭邻居的主要目的在于杀死或驱逐对方的成员并抢占地盘。乌干达基巴莱国家公园的约翰·米塔尼（John Mitani）与其合作者见证了自然环境中黑猩猩之间的战斗。在长达10年的时间里，他们观察到黑猩猩种群之间的战争与人类战争极其相似。每隔10～14天，由多达20只雄性黑猩猩组成的巡逻队会去敌方领地刺探。它们排成一列纵队，静悄悄地从地面爬到树顶，一旦周遭有响动就谨慎地停下来。如果遇到战斗力更强的黑猩猩，巡逻小队会立刻解散并逃回自己的地盘；如果遇到的是一只落单的雄性黑猩猩，它们会一拥而上，把对方揍死；如果遇到的是一只雌性黑猩猩，通常它们会放它一马；如果雌性黑猩猩带着幼儿，它们会把小黑猩猩抢过来杀死并吃掉它。最终，经过长时间连续不断的入侵，研究者重点观察的黑猩猩群体侵占了对方的地盘，使本社群的领地扩大 22%。

我们现在还无从断定，黑猩猩和人类中都存在的这种侵略领地的行为究竟是从共同祖先那里继承而来的，还是在非洲“老家”由于各自面临的自然选择压力和机遇而独立演化得来的。但从两个物种在行为细节上惊人的相似性来看，如果要用最简单的假设来解释，那这种行为最有可能从共同祖先那里继承而来。

我们可以用种群生态学的原理深入探讨人类部落本能的根源。人口以指数级增长，如果种群中每有一个个体死去，却伴随有更多的后代出生，哪怕后者是前者的一个非常小的倍数，比如 1.01，整个种群的数量也会增长得越来越快，就好像利滚利。在资源充沛的条件下，无论是黑猩猩还是人类，种群数量都会出现指数级增长的趋势，但在几代之后，就算是在最好的时代，增长速率也会被迫减缓。在某种限制因素的干预下，种群规模会在一定时间之后达到峰值，随后保持稳定，或在某个范围内上下起伏。偶尔也会发生整个种群崩溃的情形，结局是该物种在当地消失。

那“某种限制因素”是指什么呢？它可以是自然界中随种群规模变化的任何因素。举个例子，狼对于其猎物驯鹿和马鹿的种群来说就是限制因素。随着狼群的繁衍，驯鹿和马鹿的数量就会停止增长或开始下降。反过来，驯鹿和马鹿也是狼的限制因素：当猎物减少或消失，比如现在所说的驯鹿和马鹿，捕食者种群也会衰落。再举个例子，导致疾病的病原体及其感染的宿主，两者的关系同样如此。当宿主种群规模扩大，数量越来越多、密度越来越大，病原体种群也随之增大。历史上曾多次发生传染病在人或动物之间大肆传播的现象，直到宿主种群大幅度下降或有相当比例的宿主对病原体免疫，疾病才会消退。病原体相当于捕食者，只不过它不会把猎物“一口吃掉”。

除此之外，限制因素还是分层级的。假设人类把狼杀掉，替马鹿去除了主要限制因素，就会出现另一个限制因素：迁徙。因为它们的个体数量会越来越多，食物出现短缺，只有离开此地迁去别处才会有更高的存活概率。出于种群压力而迁徙是旅鼠、蝗虫、帝王蝶和狼群等动物高度发达的本能。如果不让它们迁徙，其种群规模或许会扩大，但届时又会出现其他限制因素。对于很多物种来说，这个限制因素就是领地防卫，毕竟领地是重要的食物来源，不能使之落入旁人之手。为了宣布自己占有着地盘并要求同物种的竞争对手离远点，狮子会咆哮，狼会嗥叫，鸟会鸣叫。人类和黑猩猩更是有着强烈的领地意识，显然这种控制种群的手段深植于我们的社会体系。在黑猩猩和人类这一支起源时——在600万年前黑猩猩与人类分道扬镳以前，肯定发生了什么事，但目前我们只能猜测。不过我相信现有的证据最符合下列假设顺序：一开始的限制因素是食物，随着为获取动物蛋白而采用集体狩猎的方式，这一因素的限制性减弱。为了保障食物供应，它们演化出了领地意识。通过战争和吞并扩张领土，也有利于传播那些促进团结合作、结成同盟的基因。

几十万年来，领地意识和保护领地的行为给小规模、散布的智人社会带来了稳定，也为今天尚存的小规模、散布的狩猎采集群落带来了稳定。这段漫长的时期里，环境里随机出现的极端条件轮番影响着领地内可容纳的种群的规模。这些“人口冲击”导致智人被迫迁徙或以侵略战争的方式扩张领土，有时甚至两者兼而有之。与此同时，为了征服邻近群体，同没有亲缘关系的外族结成同盟的做法也变得更有价值。

一万年前，新石器时代的变革使人类可以通过培育农作物和驯养家畜获得远比过去多得多的食物，人口因此迅速增长，但这一进步并未改变人的本性。人口数量只不过是在丰富的新资源可容纳的范围内增长。当食物不可避免地再次成为限制因素时，人口变化仍与领地密切相关。他们的后代也从未改变。现在的我们从本质上讲依然是和狩猎采集者一样的，只不过我们有了更多的食物和更大的领地。近期的一些研究表明，多地的人口规模已到达食物供给和水供给所支持的极限。这正是每一个之前的人类部落都经历过的处境，不同的是，以前发现新领地后，当地原住民会在很短时间内被赶尽杀绝。

人类一如既往地争夺着重要资源，整体态势愈演愈烈。这个问题主要源于人类未能在新石器时代早期抓住良机。他们原本可以在那时停下脚步，使人口增长低于环境设下的最低限度。然而，人类这一物种的所作所为却恰恰相反。我们无法预见一开始的增长会产生怎样的后果，只是有什么拿什么，盲目遵循着受尽环境制约的旧石器时代祖先遗传给我们的本能，不断繁殖，不断消耗。

第 9 章

大迁徙

200 万年前，非洲的南方古猿还漫步在热带稀树草原上，它们的基因散布在多个物种体内。它们靠后腿直立行走，不同于之前的所有灵长类动物。它们的头部和猿类相仿，牙齿也是。它们的大脑很小，和栖息在附近的几种类人猿相差无几。它们的种群小而分散，随时可能灭绝。实际上，在 50 万年之后，它们也的确几乎全都灭绝了。

南方古猿中只有一支活了下来，命运的推手促使它们的后代统治了整个世界。起初，比起它们的近亲，这批现代人类的祖先也说不上有多么光明的前途，但是到了距今 200 万年前，南方古猿的这一支开始展现出得天独厚的一面，它们的脑容量增大，开始朝直立人转变。虽说直立人的大脑与今天智人的大脑相比还是显小，但它们已经能够制造出粗糙的石质工具，还会在营地里生火。其中的部分种群甚至离开非洲，有的向北迁徙到了亚洲东北部，有的则向南挺进到印度尼西亚。作为灵长类动物，直立人的适应能力是空前的。其中一部分直立人扛住了北地的严寒，还有一部分直立人则在爪哇热带雨林的酷热中坚持了下来。在这个无比宽广的陆地范围内，考古学家已经找到了直立人骨骼化石的完整构件，并将它们反复拼合。在肯尼亚北部特坎纳湖附近的两处沉积层里，考古学家还找到了与头骨和大腿骨有同样价值的东西——直立人的足迹化石。150 万年前，某个直立人带着一脚泥水踩过地面，到今天，这些印坑几乎没有变化。

和猿类祖先相比，直立人的文明要先进得多，也更加适应艰苦的新环境。它们不断扩张领地，终于成为第一种走遍五湖四海的灵长类动物，只有孤悬海外的大洋洲、美洲和太平洋上的偏僻群岛没有涉足。广泛的扩张使这个物种逃过了灭绝的命运。它们中的一支演化为智人，并由此繁衍生息、绵延不绝。那些古老的直立人的基因还在延续，那就是我们。

在直立人踏足的一处边陲，它们演化出了一支运气欠佳的旁系——弗洛勒斯人。这种古人类的身材和大脑都很小，他们生活在弗洛勒斯岛——爪哇东部小巽他群岛里一个中等大小的岛屿上。他们的遗骨化石和石质工具已经出土，远的有 9.4 万年历史，近的才 1.3 万年。弗洛勒斯人高仅一米，大脑容量和南方古猿相差无几，现在也常被称作“霍比特人”[①]，弗洛勒斯人的存在至今还是一个引人遐想的谜。他们最有可能是直立人的极端变种，是在与印度尼西亚的直立人种群隔离期间形成的。他们娇小的体形符合岛屿生物地理学上一条不大严谨的定律：岛屿上的孤立动物物种，体重小于 20 千克的容易演化出较大的体形，加拉帕戈斯群岛上的巨龟就是一例；体重超过 20 千克的反而会演化成侏儒，比如佛罗里达群岛

① 小说《魔戒》中虚构的矮人。——译者注

上的矮子鹿。如果弗洛勒斯人确实像目前所认定的是一种独特的古人类，那他们就能向我们透露许多信息，使我们了解直立人是如何穿过复杂的演化迷宫，最终变成今天的我们的。弗洛勒斯人曾经存在了很久，直到不久之前才灭绝，这说明他们有可能和我们的姊妹种尼安德特人一样，是在智人征服世界的过程中被消灭的。

我们要是置身事外地对智人考察一番，就会发现直立人的这支成功后裔其实比弗洛勒斯岛上的小矮人更加怪异。除了额头隆起、大脑容量大、手指修长且指头变细之外，这个物种还有一些显著的生物学特征，生物分类学家称之为“鉴定特征”。也就是说，综合来看，智人的一些性状在众多生物中独一无二。

- 语言含义丰富，以约定俗成的词语和符号为基础，通过排列组合产生无穷的意义。
- 发明了音乐，包含大量声音，同样可以产生无数种排列组合，能够奏出不同曲调以唤起情绪，曲调富有节奏。
- 漫长的童年期，保证了人类后代在成人指导下拥有更长的学习期。
- 女性的生殖器在解剖上对外隐蔽，排卵期也无法通过外表识别。这两点都和持续的性活动息息相关。后者更是加强了男女之间的纽带，促成双方共同抚养幼儿，这对人类后代漫长无助的幼年尤为必要。
- 在发育早期，大脑迅速生长，显著膨胀。从出生到成年，人脑体积会增大 3.3 倍。
- 体形相对修长，牙齿较小，下颌肌肉较弱，这表明智人属于杂食动物。
- 消化系统专门用来消化在烹饪中变软的食物。

大约在 70 万年前，直立人中的部分种群演化出了较大的大脑。由此推断，他们也获得了上述智人的鉴定特征中的一部分雏形。但是在这个演化的早期阶段，直立人的颅骨还远远谈不上现代。和现代智人相比，古代直立人眉弓隆起，面部凸出，颅骨的侧面没有多大变化。但是到了距今 20 万年前，我们的非洲祖先已经在解剖学上和现代人类较为接近了。不仅如此，这部分直立人还用上了更加先进的石质工具，可能也学会了用一些方式埋葬死者。不过，它们的颅骨仍比现代人坚实。要一直到大约 6 万年前，当智人走出非洲向全世界扩散时，他们才有了与现代人相同尺寸的骨骼。

那些走出非洲、征服世界的人类祖先是遗传学意义上非常多元的混合群体。在此前数十万年的演化之路上，他们一直靠狩猎和采集生活。他们组成小型部落，规模和留存至今的部落相似，成员少则 30 人，最多不过百十来人。这些部落零散分布。关系比较近的部落，每一代都会交换一小部分成员，主要是女性。他们在遗传上差异极大，在所有部落组成的群体（生物学家称之为“复合种群”）中，其基因差异远比最终走出非洲的那些人类差异大。

这种差异延续至今。科学家早就知道，撒哈拉以南地区的非洲人，遗传多样性远远超过世界其他区域的土著。这一点在学术界 2010 年发表的一项研究中显露无遗。该研究分析了基因组内编码蛋白质的遗传序列，比较了 4 名狩猎采集的布须曼人和 1 名班图人的基因组，前者来自喀拉哈里沙漠的不同区域，后者来自沙漠边上的一个农耕部落。奇妙的是，虽然外形十分相似，但是从基因上看，这 4 名布须曼人彼此之间的差异却比一个普通欧洲人和一个普通亚洲人之间的差异还要显著。

这一点没有逃过人体生物学家和医学研究者的眼睛。他们意识到，现代非洲人的基因是全人类的一座宝库，是人类物种遗传多样性的宝库。对这座宝库的深入挖掘将使我们对人类身心的遗传产生新的认识。了解了这一点，再加上人类遗传学的其他进展，我们或许就应该考虑对种族和遗传的变异采取一套新的伦理观，更重视多样性的整体，而不是构成多样性的那些差异。这样会让我们正确认识到人类物种的遗传多样性是一项资本，能使我们在越来越不确定的未来面前提升对环境的适应能力。正是由于变化繁多的基因，人类才得以学习新的技能，对疾病产生新的抵抗力，甚至学会观察现实的新方式。无论是出于科学的还是道德的理由，我们都应该推崇生物多样性本身的价值，而不是将其当作歧视和挑起对立的借口。

智人种群从非洲出发来到中东，再由那里迁徙到更远的地方，他们的漫长旅程充满艰辛，虽然在现代的旅行者看来微不足道。历经一代又一代，他们小心翼翼地跋涉于陌生的山水之间。他们的行进似乎有个规律：先冒险前进几十到一百多公里，然后安顿下来，休养生息，再分成两队或多队人马，各自朝着新的领地进发。显然，人类最初就是以这个方式挤挤挨挨地向北沿着尼罗河谷来到黎凡特的，再从那儿向北部和东部扩张。很可能，进入这条走廊的先头部队只是一群或少数几群人。但是在接下来的几千年里，他们的后裔却形成了一张由联系松散的部落组成的大网，几乎遍布整个欧亚大陆。

少数人先行迁徙，继而在当地繁衍，这种假设已经得到了两方面证据的支持，分别由不同的研究者独立搜集获得。一方面是现代非洲南部居民在遗传上的多样性——这说明当时的非洲人中间只有一小部分参与了走出非洲的迁徙。另一方面，对现存人类不同种群间的遗传差异所做的分析和数学建模显示，那些先民创造了一种“连续开拓效应”。也就是说，少数个体从既有的成熟群落中迁出，接着再成为下一次迁徙的发起者。这最终形成了通向四面八方的迁徙之路，人类的数量也不断增长。

今天的科学家结合地质学、遗传学和古生物学的数据，以期更详细地了解人类是怎样开始走出非洲的。在距今13.5万至9万年前，处于热带的非洲经历了一段干旱时期，其严重程度是此前数万年中从未有过的。早期人类因此被迫退守到比以前小得多的领地上，人口也衰减到岌岌可危的地步。造成人类死亡的饥馑和部落冲突在后来有史可查的时期中都是家常便饭，在史前时代也相当普遍。非洲大陆上的整个智人种群锐减到了区区几千人，在很长的时间里，这个现今称霸地球的物种，都徘徊在灭绝的边缘。

后来，大干旱终于结束了。距今9万至7万年前，热带雨林和热带稀树草原渐渐恢复到了干旱之前的规模，人口也随之增长、扩散。与此同时，非洲大陆的其他地区却变得愈加干旱，中东也是如此。由于非洲大部分地区的降水量都趋于平稳，人口扩大的先民们迎来了一个特别有利的机会，可以彻底离开这块大陆。具体来说，这段间隔期足以形成一条适合人类定居的走廊，沿着尼罗河一路向北，一直通到西奈以及更远的地方，它将干旱的陆地一分为二，给一波波人类移民开辟出北去的道路。除此之外，还有一条向东的迁徙之路，它穿过曼德海峡，止于阿拉伯半岛南部。

接下来，在距今约4.2万年之前，智人迁徙的脚步到了欧洲。这时的人类在解剖学上已经和现代人相同，他们沿着多瑙河向上游扩散，最终进入了其姊妹种尼安德特人的大本营。尼安德特人也是很早以前从早期人科物种中演化而来的，虽然在遗传上和智人相近，但他们是一个独立的物种，偶尔才和智人杂交。尼安德特人的生计完全依赖大型猎物，他们的装备也很粗陋，而智人既捕杀大型猎物，也以其他许多种动植物为食，他们比尼安德特人更有技巧，在竞争中胜过了尼安德特人。到了距今3万年前，智人已经完全取代了尼安德特人。此外，智人还取代了另外一个和尼安德特人有亲缘关系的人种，那就是不久之前才在西伯利亚南部发现的丹尼索瓦人。这处古人类的遗迹是在阿尔泰山脉的丹尼索瓦洞穴中找到的，并因此得名。

人类种群规模在迁徙中不断壮大，根据化石和遗传学证据对其迁徙之路做出的推断是，在大约 6 万年前，他们沿着印度洋海岸进入了亚洲。这些“殖民者”先是抵达了印度次大陆，然后来到马来半岛。接着，他们不知用什么法子渡过海峡，登上了安达曼群岛，直到今天，这些岛屿上还生活着一代一代繁衍至今的原住民。不过，他们应该没有登上临近的尼科巴群岛。从基因组成来看，尼科巴群岛岛民的祖先可能是在更晚近的 1.5 万年前从亚洲迁徙来的。在印度尼西亚，迄今发现的最早的人类遗迹出现在婆罗洲的尼亚岩洞，有 4.5 万年的历史。澳大利亚的早期遗迹发现于蒙哥湖，距今 4.6 万年。与之相比，新几内亚有人类定居的时间点可能更早。澳大利亚的动物群曾发生过剧烈变化，这多半是由于人类捕猎和燃烧矮生植被驱赶猎物的做法造成的，由动物群的变化可以推断，人类“入侵”大洋洲至少发生在距今 5 万年前。因此，新几内亚和澳大利亚的土著是真正的原住民，他们都是第一批到达当地的现代智人的直接后裔。

现代智人抵达美洲（同时给当地动植物带来了灾难）的时间，多年来一直是人类学家研究的焦点。就像一幅照片浸在了作用非常缓慢的显影液里，时光流逝，照片上的图像终于清晰起来。在西伯利亚和美洲展开的遗传学和考古学研究显示，有一支西伯利亚先民在不早于 3 万年前到达了白令陆桥，这个时间可能是 2.2 万年前。那段时间，大陆冰川里冻结了大量海水，这一方面使得白令陆桥露出水面，另一方面也关闭了通向阿拉斯加的门户。距今约 1.65 万年前，冰川消退，扫清了向南的道路，人类开始全面向阿拉斯加进发（见图9-1）。根据南美洲和北美洲的考古发现，到了1.5万年前，人类对整个美洲的探索已经相当深入。根据遗迹判断，最初一批移民可能是沿着解冻不久的太平洋海岸迁徙的。当时冰川尚未完全消融，这些土地刚刚裸露出来，如今它们基本上都没入了水下。

图 9-1 新大陆的第一批“殖民者”

图中展现了距今约 4 万年前澳大利亚东南部芒戈的早期澳大利亚土著的葬礼，他们把红色的赭石粉末倒在尸体上。早在智人的历史中，部落就有了丧葬仪式，这是原始宗教信仰出现的先兆或伴随物。

图片来源：John Sibbick. From *The Complete World of Human Evolution*, by Chris Stringer and Peter Andrews, London: Thames & Hudson, 2005, p. 171.

到了大约 3 000 年前，波利尼西亚人的祖先开始往太平洋群岛殖民。他们从汤加出发，坐上专为远航设计的大型独木舟，一步步向东迈进。公元 1 200 年，他们到达了波利尼西亚的最远端，一片以夏威夷群岛、复活节岛和新西兰为顶点构成的三角海域。随着这些波利尼西亚航海家完成了迁徙的壮举，人类征服地球的事业终于大功告成。

第 10 章

创造力大爆发

拥有了足以征服世界的大脑，智人走出非洲向外扩张，繁衍生息、连绵不绝，最终遍布整个旧大陆。起先，他们在世界各地以难以察觉而又不断加快的速度创造着形式更复杂的文明。接着，人类社会的方方面面都出现了巨大进步，这些进步按地质标准来说都是在突然之间爆发的。在新石器时代早期的多个地点，以狩猎采集为生的人类发明了农业并形成了村庄，这段时间出现了酋长和大酋长，最终形成了国家和军队。这一时期的文化演变有一个特点，借用化学术语来说叫“自催化”，意思是每一次进步都催生了其他的进步。到了有历史记载的几个世纪，创新在旧大陆和新大陆迅速激荡。不过，最终改变世界的创新高潮发生在欧亚大陆的腹地。

人类学家提出了三种假说来解释文化的爆发。第一种假说认为，在非洲智人进入欧亚大陆的那段时间，人群中出现了革命性的基因突变。支持该观点的证据来自我们的姊妹种尼安德特人。生活在欧洲和黎凡特的尼安德特人存在了 10 万年左右，但直到他们在约 3 万年前消失之时，他们制作石器的技术几乎没有出现过大的进步。他们也从未发展出美术和装饰品。奇怪的是，尽管他们的历史一成不变，尼安德特人却拥有着比智人还大的大脑，并且生活在不断发生着巨大变化的艰难环境中。从解剖特征和 DNA 来看，尼安德特人很有可能是会说话的，甚至可能拥有复杂的语言。他们可能会出于氏族生存的考虑而照顾受伤的族人，哪怕伤者上了年纪也不例外，因为几乎所有成年尼安德特人都因为他们赖以为生的大型狩猎活动受过伤（从骨骼化石推断）。然而，几千个世代过去，尼安德特人的文化却毫无建树。而起源于非洲的智人中却发生了一些非常重要的事件。

不过，单个改变思维的基因突变就导致人类发生变化似乎不太可能。更切合实际的看法是，创造力大爆发并非单一的遗传事件，而是一个渐进过程累积的结果，这个过程从智人出现后就开始了，最早可以追溯到 16 万年前。这是人类学家提出的第二种假说。支持这一观点的证据是最近发现的 16 万年前的颜料以及个人装饰品，还有距今 7 万年到 1 万年前用赭石刻划在骨头上的抽象图案。

人类学家提出的第三种假说是，文化创新及其兴衰起落的时期也是气候变化剧烈的时期，气候对人口规模和发展产生了极其重要的影响。有些创新一度消失，后来又再次出现；有些创新则一直持续到了大迁徙时期。支持这一观点的证据来自最早一批考古记录。从考古记录来看，非洲人工制品，包括贝壳珠串、骨制工具、抽象岩画、改进形状的石制矛尖等，在距今 7 万～ 6 万年前漫长而严酷的气候恶化时期出现断层，难觅其踪，而到了大约 6 万年前，也就是大迁徙发生的大致时期再度现身。有人认为，气候恶化期间，人口变得更少而且更加分散，因而社会网络遭到破坏，造成某些文化现象的缺失。随着气候改善，人口再度繁荣，旧发明重见天日，新发明层出不穷，时间正赶上人类走出非洲开始全球迁徙。这就像现代文明中（尽管原因不同）新发明此起彼伏，但只有少数会落地生根、开枝散叶。

以上三种假说其实并不相互排斥，完全可以共存。遗传演化显然在人类走出非洲散布旧大陆的整个时间范围内一直发生着。有一项研究显示，新的遗传突变出现的速率曾经相当低，而且很稳定，从大约 5 万年前开始提升，到距今 1 万年前时，也就是新石器时代革命开始时达到顶峰。同一时期，人类数量也在加速增长。结果是，遗传突变也变得更多了。由于人口数量的增长，人类也取得了更多文化创新成就。

遗传学家对比了现代黑猩猩和现代人的基因组，即全部遗传密码，推断出这两个物种自 600 万年前从共同祖先那儿分开，大约有 10% 的氨基酸变化是适应性的，也就是说，这些变化受到自然选择的驱动，有利于世代生存。许多其他研究也证实，人类在走出非洲期间确实发生了演化。总的说来，人的体形略微变小了一点，大脑和牙齿所占的体积比也相对变小了一点。现代人类的其他性状则是在欧亚人群和美洲人群中演变而来的。这种演化模式是完全可以预期的。有了种群内和种群间丰富的多样性，自然选择就可以起作用。在种群发展的过程中，随机抽样也引起了差异，即不依赖于环境适应的“遗传漂变”。遗传漂变是偶然的产物，为了直观地理解什么是遗传漂变，你可以把它想象成丢硬币的游戏，假如正面朝上就增加一枚硬币，假如反面朝上就把这枚硬币丢掉。如果一个突变基因并不会对携带它的生物的生存和繁衍造成影响，这个突变基因的命运最终就以类似于这个硬币游戏的方式随机定了下来。最有可能造成这种遗传漂变的原因是“创始者效应”，因为种群扩张过程中同一个社群中的不同部族有不同的机遇，结果就是一群人朝这个方向迁移，而另一群人留在原地或朝另一个方向迁移，他们分别携带的一大套基因是当时整个社群基因的一个子集。最终，仅仅相隔几百千米的两群人也会在肤色、身高、血型以及其他一些不明显的性状上偏向不同的方向。

突变，指的是DNA的随机变化。DNA链上一个“字母”变了，也就是碱基对[①]发生了变化，例如一对AT变成了一对GC或一对GC变成了一对AT；或是原有的“字母”重复出现，比如AT变成了ATATAT；或是有些“字母”移动了位置，到了染色体上的其他位置甚至到了另一条染色体上，基因都会发生突变。每个基因大致上都是由数千个这样的“字母”组成的。同时，它们的数量也差异明显。举例来说，在人的19号染色体上，每100万对碱基包含23个基因，而在人的13号染色体上，每100万对碱基只包含5个基因。

随着人类走出非洲，种群规模大大扩增，不可避免地会带来新一轮突变高潮。人类走过了两个演化阶段。在第一个阶段，突变发生的概率非常低，为十亿分之一到一万分之一。在突变水平如此之低的情况下，大部分突变还会消失不见，或是因为携带突变的个体适合度降低，或是因为遗传漂变，或是两种情况兼而有之。不过，新突变基因的基因频率一旦达到了30%，就很有可能继续提高。最终，在第二个阶段，基因的突变形式（即突变的等位基因）可能会完全取代旧的基因（原来的等位基因），成为该等位基因的有力

---

① A、T、G、C为组成DNA的四种碱基，分别代表腺嘌呤、胸腺嘧啶、鸟嘌呤、胞嘧啶。在DNA双链上，A与T结合形成一对碱基，C与G结合形成一对碱基。——译者注

竞争者。又或者，这两种等位基因在同一个人身上组合（又叫杂合子）。此时，突变基因的基因频率会与原基因的基因频率达到平衡，低于其中任何一个等位基因的固定频率。教科书上经常用到的一个例子就是镰状细胞贫血，相关基因的突变型发现于非洲及印度的疟疾传播地区。同时携带两个镰状细胞基因的人会患严重贫血，死亡率很高；同时携带两个正常基因的人感染疟疾的概率很高；而同时携带一个镰状细胞基因和一个正常基因的人（杂合子）可以同时对这两种疾病免疫。因此，在疟疾传播地区，这两种基因的频率都很高，疟疾的选择压力让这两种基因大致上保持了平衡。

人类祖先与黑猩猩分开后，遵循的发展模式与其他动物的普遍模式应该是一致的。这一模式若得以证实，将为我们理解人类处境的形成提供至关重要的线索。人类的编码基因，控制着酶等各种蛋白的结构变化，从而决定了特定组织表达的性状，比如免疫反应、嗅觉、精子生产等。相反，非编码基因在神经系统的发育和功能中更为活跃，调节着由编码基因决定的遗传发育过程。尽管这种区别是基于一些粗略的分析，但很有可能非编码基因的突变在认知的演化过程中起着重要作用。换言之，人之所以成为人很可能是非编码基因的突变所致。

究竟有哪些认知性状是因为编码基因和非编码基因的突变以及自然选择而发生了演变？答案很有可能是：全部。双生子研究，是将同卵双胞胎之间的差别与异卵双胞胎的差别进行比较。研究显示，诸如内向、外向、害羞、冲动等性格特征很大程度上受基因的影响。在给定的人群中，基因差别造成的变异量往往介于 1/4 到 3/4 之间。

对于人类和其他生物的高级社会性行为的演化起源，还有一个因素可以说同样重要，那就是基因对社会网络差异的影响。或许遗传在一定程度上起着控制作用，就像埃里克·特克海默（Eric Turkheimer）的行为遗传学第一定律所说的那样，人类的任何一种特征所具有的不同程度的差别都是因为基因的差别（他的另两条定律是，“人在同一个家庭环境中成长所受到的影响不及基因的影响大”，以及“人类的复杂行为特征中，大部分变异不是由基因对家庭的影响所致”）。尤其是，在很多个人行为中都有合作的倾向，这些个人行为都很有可能表现出遗传变异，要说它们叠加在一起，结果对社会网络毫无作用那就太令人惊奇了。事实上，个人网络的规模和强度差异极大，而遗传在其中起了重要作用。最近一项研究发现，一个人有多少联系人或者说拥有多少社会关系一半取决于遗传，其传递性大小（即任意两个联系人互相也有联系的可能性）也是如此。而其他群体中被视为朋友的个体数却不受遗传影响，至少不在常规统计区间内。

参考遗传学和考古学目前取得的证据（这类证据越来越多），我认为，人类大迁徙以及其后的扩散路线大致如下所述。为了更好地说明，我想先借生物地理和生态学做个类比。文化创新相当于一个正在建立的生态系统，好比刚形成的池塘、杂树林或小岛，而这个系统中的物种正在逐渐增多。人类群体中的文化特征发生更替，就跟生态系统中的物种发生更替一样。有些文化创新在传播扩散之后在非洲部落中留存下来。还有一些文化创新则逐渐消失了，这一点可以从人体装饰品和投掷物的矛尖等考古学证据中了解到，它们往往会在后来被再次发明或在与其他部落接触后再度引进。起先，非洲大陆上的人类部落小而分散。部落的数量和人口规模随气候变化及领地的大小而起伏。人类走出非洲之前，环境逐渐变得宜居并在大迁徙时继续保持良好，于是部落的数量增加、人口规模变大。最后，人类创新的速率也提高了。

在这段关键的史前时期，也就是距今 6 万到 5 万年前，文化发展变成了自催化模式。就像我之前所说，一开始的发展是缓慢的，后来慢慢加快，变得越来越快，就像生物的自催化反应一样。其原因在于，一项创新被采纳，会让另一些创新更有可能被采纳，如果是有用的创新，还更有可能被传播。较好地采纳了文化创新的部落与部落联盟会变得更高产，在竞争和战争中拥有更好的装备。而竞争对手要么向他们学习，要么被取而代之，就连领土也被夺走。因此，我们可以说，群体选择驱动着文化的演变。

在相当早的一段时期内，从旧石器时代后期到整个中石器时代，人类文化演化的步伐缓慢而坚定。新石器时代开始，也就是在距今 1 万年前，伴随着农业和村落的出现以及食物的富余，文化演化很快加速。接着，由于交易扩大和军队武装加强，文化创新不仅速度加快而且传播得更远。但文化创新仍有覆灭的可能，不过考虑到那么多人与部落在发明创造，所以还是有一些足够新颖与极具效能的文化创新产生了巨大的影响。这类革命性的进步，例如书写、天文导航、枪支等，起初都很罕见、有缺陷且易出问题。有些创新消失了，后来却又再次出现，就像从火堆中迸出的火花，每一个火星都有可能爆燃并发展成燎原之势。

考古学家向我们描述了一些关键的心智概念，它们在距今 10 000 年至 7 000 年前产生并广为传播。

- 完全掌握石器的制作。人们不再像中石器时代那样只是简单地敲砸现成的石头，而是有了复杂的制作过程。新石器时代发明的斧子和锛子需要经过一系列加工步骤才能制成。制作刀刃，首先要从一整块质地较细的岩石中凿出合适的形状，再进一步削成更小的薄片，接着以精密的凿法或研磨方法去除表面粗糙的地方。这样得到的最终成品就是一把表面光滑、刀刃锋利、满足实际需求的、或扁或圆的刀片。

- 新石器的工具制作者发明了空心结构的概念，也就是既有外表面又有内表面。他们设计出了各种不同形状的容器，分别可以用木头、羽毛、石头或陶土等不同的材料制成。
- 工具制作者还推翻了前辈的生产步骤，改为制作较小的零部件，再将其组装为较大的物件。用这种方法制造的纺织机出现后，还出现了更为复杂和宽敞的居所。
- 一个关键性的转变是，新兴农民和新兴村民的头脑中形成了新的环境概念，这一点无论是对人类来说还是对其他生物来说都极其重要。人类的自然栖息地不再是可以打猎和采集食物且偶尔地上会着火的野地，而是那些可以耕作的土地。荒地可被开发的概念成为今天全世界大多数人脑中根深蒂固的观念。

农业的根源可追溯至大迁徙或稍晚一些时候，起码是在 4.5 万年以前，那时候迁徙和狩猎活动都要用到火。就像今天的澳大利亚土著人那样，当时有一部分人类部落想必注意到了，地表出现大火之后，稀树草原和干旱的森林里会长出更多可作为食物的新鲜植物，富有营养的地下根茎等一时之间也变得更容易发现和挖掘。近年来对原产于墨西哥的玉米所做的详细研究表明，人类长期定居的生活方式的形成为人类社会下一步的发展创造了条件。墨西哥和中美洲其他地方的居民开始栽种高产的树木及其他植物，比如龙舌兰、仙人掌、葫芦和银合欢属的豆科树木。说是栽种，其实只是在居所四周保留这些植物，而不让其他植物生长。有趣的是，有少数几种蚂蚁也会这么做。接下来的事情也非常巧，这批最早的庭院物种中，正好有一些相似的物种在偶然的机会下杂交了，抑或是染色体成倍增加了，也可能两者兼有，总之最后产生了更适合作为食物的新品种。人们收获时看到或尝到了新品种，就把它们单独挑选出来，于是就有了人工选择培育植物的方式。几乎是同时，也可能更早，人类开始试着驯化野生动物使其成为宠物和家畜。在距今 9 000 年前到 4 000 年前的这段时间里，这一势头持续发展，在新大陆和旧大陆发展出了至少 8 个中心，人类培育出许多新的动植物品种，农民因此发展成为人类最初的职业。

过去的 1 万年对于人类和生物圈内其他成员来说都是改变异常之大的时期。文化演化的速度依然在不断加快，并引出了一个根本问题：我们的基因还在演化吗？医学研究以及对人类基因组 30 亿碱基对的深入分析显示，演化确确实实仍然在人群中发生着。鉴于与人类遗传相关的医学问题最受关注，迄今为止鉴定为自然选择产物的基因绝大部分是有抗病能力的基因。最近几千年里出现并扩散的突变基因的名单越来越长：CGPD、CD406、镰状细胞基因……每个都有一定程度的抵抗疟疾的效果。CCR5 抵御天花，AGT 和 CY3PA 抵抗高血压，ADH 抵抗对醛敏感的寄生虫。还有一些出现不久的基因突变可以影响人的生理性状，包括经典的成年乳糖耐受基因，使人可以消化牛奶和奶制品。青藏高原的人生活在低氧环境中，他们携带的 EPAS1 基因可以让细胞产生更多的血红蛋白，这对于在高海拔地区生活非常关键。这些例子让我们知道，人类仍在演化，且必将持续演化下去。

人类遗传学家一致认为，大多数解剖和生理上的地区差异，如果局限于某个地理区域以至可以被认定为种族差异，那它们就并不是因为局部自然选择，而是因为不同基因型的迁徙和当地基因频率的随机涨落导致“遗传漂变”。肤色是个例外，这一地区差异应归因于紫外线防护：离赤道越近，紫外线越强。还有一个例外是格陵兰岛因纽特人和西伯利亚布里亚特人特别宽阔扁平的脸，这种特征可以使面部接触空气的表面积最小化，抵御极端严寒的环境。

一个基因或一组基因（不一定是同一条染色体上的一组基因）层面上的演化引起的基因频率的改变，生物学家称之为微演化。这种自然进程将来还会继续，不知何时才会结束。不过就近期而言，移民和不同种族通婚已成为微演化现象的主要推动力，其使全世界的基因分布变得更为均匀。整个世界范围内，局部人群的遗传多样性正在前所未有地大幅增加，虽然目前还处于早期阶段，却也影响着人类整体。与之对应，是人群与人群之间的差异在缩小。理论上来讲，人口流动如果持续得足够久，瑞典的斯德哥尔摩人与美国芝加哥或尼日利亚拉各斯的人在基因上会变得趋于一致。总体而言，会有更多基因型在地球的各个角落产生。这种人类演化史上特有的变化将使全世界的人更多元化，类型大大增多，并由此创造出外形俊美、智能超群的人。

智人的地理同质化似乎一直在进行，不过它最终还是会被演化的另一种力量，也可能是终极力量盖过，那就是人类的自主选择。利用生物工程给胚胎替换基因很快或已然在实验中实现，继而应用于遗传病的防治。这会成为医学领域的常规治疗方案。紧接着，在经过无疑会很激烈的全新伦理之争后，给正常胎儿做基因改造可能会也可能不会成为生物医学领域的主流产业。当然，这取决于伦理之争的结果。这种形式的优生操控必然会带来裙带关系与特权的社会腐化效应。为了避免这样的后果，同时基于道德考虑，我认为这种形式的优生操控绝不应该被允许。

此外，我也不太认同机器智能会在不久的将来超过甚至替代人类，虽然很多人相信这一点。当然，在无经验的记忆、计算、信息综合等方面，机器确实要优于我们。迟早有人能够用程序来激发机器的情感反应和类似于人的抉择过程。这样的产品哪怕已经是登峰造极、效率极高，仍然只是机器。要说我们可以从用科学描述的人类处境中看出什么来，那就是经历漫长演化历史而来的人类物种，无论在情感还是理智上都十分特殊。这段穿越演化迷宫的旅程在沿路每个重要台阶上都打上了我们的 DNA 记号。尽管今天的我们在地球上显得独特，然而生物圈在几十亿年里或许曾出现过许许多多约略呈现人形的物种，我们在精神上也无非只是其中之一。

潜意识对感觉、思想和选择施加着影响，而科学家才刚开始探索潜意识的神经通路和内分泌调节机制。此外，意识不仅包括内心世界，也包括从身体各个部分输入头脑以及从头脑向身体输出的感觉和信息。从机器人发展到人，这中间无疑有着巨大的技术障碍。但为什么我们还是希望试一试呢？即便机器在某些方面远远超出了人类，它们依然无法和人类大脑相提并论。不管怎样，我们不需要也不想要那种机器人。生物意义上的人脑为我们独有。尽管它有怪癖，会失去理智、产生危险的念头，并且冲突不断、效率低下，人的大脑仍然是人类处境变化的关键和意义所在。

第 11 章

向文明冲刺

人类学家把人类社会按复杂程度分成了三级。第一级是最简单的社会，以狩猎和采集为生的群体与小型村落。其中的个人凭借智慧和勇敢获取领导者地位，年老或去世后传给他人，继位者并不一定是其近亲。在遵循平均主义的社会中，重要决策是在公共宴会、节日、宗教庆典中完成的。如今仍有少数以狩猎采集为生的群体零星分布在南美洲、非洲及澳大利亚的一些偏远地区，他们的社会形式还是这样，接近新石器时代之前盛行了几千年的组织架构。

第二级是由酋长管辖的更复杂的部落，又叫阶级社会，首领地位由精英阶层占据。首领年老力衰或死亡后，取代其位置的是家族中的其他成员或至少具有相同继承地位的人。这是有记载以来全世界范围内最普遍的社会形式。首领，或者大人物的统治靠的是威望、施舍、下级望族的支持，以及对反对者的打压报复。

他们累积部落的剩余物资作为生存之本，并以此收紧对部落的控制、规范贸易、与邻邦作战。首领的权威只对身边或附近的村民有效，因为他和这些人每天都需要打交道。这实际意味着，只有那些半天路程之内可以接触到的人会成为他的臣民，因此，最大范围也就方圆 40 ～ 48 千米。对首领来说，部落规模小的好处是可以微观管理领域内的事务，不必下放权力，从而减少发生叛乱或分裂的可能。他们常用的手段包括压制下属和煽动对敌方首领的恐惧。

第三级是社会文明演变的最高阶段，也就是国家。中央集权的统治者的权威不仅涉及首都内外，还广布村、省和其他超出一天步行距离的从属领域，尽管这些领域的人不能与统治者即时沟通。对于个体而言，国家的统治范围太过辽阔，相应的社会秩序和通信系统也太过复杂，因此，权力被下放给总督、亲王等各种仅次于最高统治者的次级领导者。国家还是官僚制的，职责分散给了各项专职人员，比如士兵、建筑工人、文书、神职人员等。有了一定量的人口和财富后，艺术、科学、教育等公共服务也随之出现，它们首先服务于精英阶级，然后才向下惠及普通百姓。国家首领高坐王位——有些真有一个王座，有些则是象征意义的。最高统治者会赋予自己最高神职，在敬神仪式上授予自己权力（见表 11-1）。

从奉行平均主义的部落到阶级社会再到国家，文明进程是通过文化演化而非基因变化实现的。这是一种弹簧伸缩式的变化，其实现方式类似于昆虫群体从聚集在一起到形成家族，再到形成具有等级和分工的真社会性群落，当然人类社会的变化远比昆虫群体要宏大。

表 11-1　已知最早的独立演化的新世界国家的起源

时期	社会层级	宫殿	多室庙宇	远距离征服	中央集权
公元 200 年—公元前 100 年	4	有	有	有	是
公元前 100 年—公元前 300 年	4	有	有	有	否
公元前 300 年—公元前 500 年	3	无	无	无	否
公元前 500 年—公元前 700 年	3	无	无	无	否

数据来源：表中数据基于墨西哥瓦哈卡山谷的人类学考察资料，改编自 Charles S. Spencer, "Territorial expansion and primary state formation," Proceedings of the *National Academy of Sciences*, U. S. A. 107(16): 7119-7126 (2010)。

人类学家中的流行理论认为，各部落一有机会就会通过侵略和其他技术手段扩大领地，并以此获得更多资源。此后若有能力，他们还可能继续扩张，最终发展壮大为帝国，或是分裂为多个相互竞争的新国家。疆域扩大，复杂性随之增加。而伴随着物理系统、生物系统的复杂性增加，社会为获得长期稳定、避免很快瓦解，则必然增加等级控制。国家是由若干个相互关联的子系统构成的系统，子系统中还有层级之分，每个子系统由更低一层的子系统构成，逐级向下，直到最底层的子系统，也就是国家中的公民个体。可分解的系统才是真正的组织系统，它能拆分为彼此关联的子系统，比如步兵连和市政府。子系统 A 中的个体 a 无须和子系统 B 中等级相当的个体 b 交流。以这种方式构建的组织系统能更好地运作。从理论上来讲，理论数学家赫伯特·西蒙（Herbert A. Simon）在其具有开创意义的论文中这样写道："我们可以预见，在由简单演化到复杂的世界中，复杂系统是分层级的。近似可分解性是分层组织的动力学特征，大大简化了分层组织的行为。近似可分解性同样还简化了对复杂系统的描述，便于我们理解系统开发或复制所需要的信息是如何在一定范围内储存的。”

换成从简单社会到国家的文化演变这个问题，赫伯特·西蒙的理论说明，分层组织会比无组织的聚合体运作得更好，更便于统治者了解和管理。换句话说，如果让流水线工人在高管会议上投票或让士兵制定作战计划，你觉得行得通吗？

为什么说人类社会的文明进程是文化的演变而非基因的演变呢？这里有多方面的证据，下面这一事实尤其有力地支持了上述结论：出生在狩猎采集社会中的婴儿，被技术先进的社会中的家庭收养后，会成长得与后者的社会成员同样能干。比如澳大利亚土著的孩子被生活在现代化社会中的家庭收养，尽管这个孩子的祖先与其养父母的祖先早在 4.5 万年前就分开了。这一时间长度足以经由自然选择和遗传漂变使人群间产生基因差别。然而，正如我们所见到的，遗传上发生了改变的那些性状主要体现在对疾病的抵抗力和对当地气候、食物的适应能力上。研究者并未在整个人群中发现影响杏仁核等控制情绪反应的回路中心有统计学上的遗传差别。目前已知的遗传变化也没有导致不同人群在语言、数学推理等高级认知处理上存在平均差异，尽管也可能是尚未发现此类情况。

不同国家、城市、村庄的居民往往各有其典型特点，或许这也有一定遗传基础。不过证据显示，这种差别源于历史和文化因素而非基因。不同文化中确实存在一些遗传变异，但放到遗传演化的时间尺度来看，这种遗传变异就显得微不足道了。或许有人注意到意大利人普遍比较健谈、英国人普遍比较保守、日本人更有礼貌等诸如此类的差异，但是以这些人格特质划分人群的话，人群与人群之间的平均差异要远小于同一群体内个体之间的差异。因此，不同人群之间的差异实际上相当接近。美国心理学家理查德·罗宾（Richard W. Robins）居住在西非布基纳法索的某个偏远村子时就观察到了上述现象：

> 我无比惊讶地发现，那里的每一个人看上去都完全不同却又非常熟悉。尽管文化习俗和生活习惯迥异，布基纳法索人表现出的爱恨情仇却又和世界上其他地方的人没有什么两样，他们出于和其他地方的人同样的原因彼此相爱、仇恨邻人、关心孩子。实际上，人类的心理状态和社会性行为有个核心，这个核心是无关乎国家、文化和种族的。即便是像布基纳法索和美国这样两个差别极大的国家，其国民性格特征总体上也没有本质差别……
>
> 人类具有普遍共性，也无疑存在个体差异：布基纳法索人或美国人中有的害羞、有的奔放，有的亲切、有的漠然，有的渴望出人头地、有的则完全没有这种想法。

心理学家研究了多种多样的人格特质后，将其中大多数归为五大模式[①]：开放性、公正性、外向性、宜人性和神经质。人群当中，一个人属于哪一大类很大一部分是由遗传决定的，基本上占 1/3 ～ 2/3。也就是说，每一大类的得分差异，有 1/3 到 2/3 是由于个体基因导致的。所以在布基纳法索的村子里，单是村民的基因可

① 即人格五因素模型（Five-factor model），由 R. R. 麦克雷（R. R. McCrae）和 P. T. 科斯塔（P. T. Costa）提出的以开放性（openness）、公正性（conscientiousness）、外向性（extraversion）、宜人性（agreeableness）和神经质（neuroticism）五个因素建构的人格模型。——编者注

能就有显著的差异。更何况每个人的阅历不同，尤其是塑造每个人人格的童年经历不同，个体差异就更大了。而在不同的村庄之间、不同的国家之间比较的话，则人群中人格特质的分布应该是基本相同的。

这种显著差异是否普遍存在，在不同人群之间比较也会得出类似的结果吗？没错，跨人群比较同样发现了普遍而巨大的差异。2005 年发表的一项研究验证了上述结果，由 87 人组成的研究队伍开展了这项不同寻常的研究。他们测量分析人格得分，发现 49 个不同文化中的人都有类似的个体差异，不同人群在五大模式的主要分布上没有显著差别，并不符合外人对相应人群所持有的典型特征的看法。

之所以怀疑遗传差异是否大范围存在，是因为相对于人类解剖结构上的巨大地理差异，全世界的六大著名地区几乎同时出现了以国家为基础的文明起源现象。几大文明随后很快步入了驯化庄稼和家畜的阶段，尽管在世界其他地区这些创新并没能催生国家级别的社会。埃及地区最早的原始国家（在各自演变形成的国家中最早的一个）在公元前 3400 年到前 3200 年之间建立于希拉孔波利斯[①]，位于上埃及和下努比亚之间。位于巴基斯坦的印度河流域和印度西北部的哈拉帕定居点在公元前 2900 年发展成熟并演变为国家。中国最早的原始国家大约在公元前 1800 年到 1500 年出现在二里头。[②]美洲大陆第一个有历史记录的原始国家出现在墨西哥的奥哈卡河谷，时间在公元前 100 年到公元 200 年。秘鲁北部的贫瘠海岸是莫

① 现名考姆艾哈迈尔，位于埃及阿斯旺省，为史前上埃及政治、宗教和历史中心，是埃及早期历史中最重要的遗址。——译者注

② 据考证，我国最早的原始国家为夏朝，时间为公元前 21 世纪至公元前 17 世纪。——编者注

切王国的所在地，它独立发展于公元 200 年到 400 年。

原始国家在世界各地出现不大可能是基因趋同演化的结果。几乎可以肯定地说，这些国家之所以自发出现，是因为创建它们的人都有相同的遗传倾向，这种倾向性来自共同的祖先，可以追溯至大约 6 万年前人类走出非洲之时。夏威夷茂宜岛上原始国家迅速崛起的历史就是一个例证。从现有资料来看，公元 1400 年前后，史前居民来到了这个岛，并带来了农业。到 1600 年时，岛上人口已显著扩增，建起了寺庙，原先独立的两个村子后归同一个统治者统治。相比于形成第一个村庄后经过 1 300 年才建起第一座国家寺庙的奥哈卡河谷的原始国家，茂宜岛的发展速度要快得多。

人类走出非洲时，已经会在作为容器的鸵鸟蛋壳上刻画图案。而在更早之前（距今 10 万～ 7 万年前），他们就已开始使用赭石、穿孔的贝壳珠子和先进的工具。其中最古老的人工制品几乎和解剖学意义上的现代智人同时出现，而它们的复杂、精致程度并不输于以狩猎采集为生的现代人的一些制品。

文明的萌芽也紧随农业的出现而出现，甚至可能比农业出现得更早。哥贝克力石阵是位于土耳其幼发拉底河流域的一处遗迹，考古学家在那里挖掘出了大约有 1.1 万年历史的神庙。那里的许多柱子和石板上刻有我们熟悉的动物，大多是鳄鱼、公猪、狮子和秃鹰，还有蝎子。除此之外，上面还有一些不知道是什么但看起来非常凶猛的生物，其面貌或许源于噩梦或药物引发的幻觉。一些研究哥贝克力石阵的科学家认为，由于附近没有发现任何其他村落的遗址，所以石阵应该是游牧的狩猎者偶尔汇集于此并进行宗教活动的场所。不过另一些研究者认为，该石阵周围迟早会发掘出规模足以容纳很多工匠生活的村庄。

有一条准则对于考古学家和古生物学家都适用：已知最早的化

石或最早的人类活动证据无论有多早，他们总会找到证据说还有某个地方或某个遗址要更早一点。文字就是这条准则的一个例证。最早的文字出现在两河流域的苏美尔文化和早期埃及文化中，距今6 400 年之久，那时候新石器时代开始才 4 000 多年。随后，位于现今巴基斯坦的印度河文明（距今 4 500 年）、中国的商朝（距今3 500 ～ 3 200 年）、中美洲的奥尔梅克文明（距今 2 900 年）[①] 出现了最早的书写系统。但这些古代书写系统大多神秘难懂，我们现在已经搞不清楚各种楔形符号和象形符号在多大程度上代表抽象意义，又在多大程度上反映真正的实体，它们是否对应语言的音节、发音，或者对应某种业已消失的语言中字词指称的概念。然而，一旦有完整的文字记录，就会给发明文字的人们带来巨大的进步，这一点没有学者会怀疑。

如果说从酋邦到国家的发展是弹簧式的，是文化的演化，那么现今世界各国的差距是由什么造成的呢？各国情况天差地别。如果以人均收入水平给各国排序，那么排在前 10 位的国家几乎要比后 10 位的国家平均富裕 30 倍，最富裕的国家比最穷困的国家富裕 100 倍。人们的生活水平差异之大令人震惊。有超过 10 亿人口住在最贫穷的那些国家，约占世界人口的 15%，按照联合国的标准，这些人的生活属于绝对贫穷，没有适当的住所、卫生设备、干净的水、医疗保健、教育和稳定的食物来源。而富裕国家（有些就在最穷国家的周边）的居民，可以享受到所有这些福利，他们还可以乘飞机旅行和度假。根据贾雷德·戴蒙德的著作《枪炮、病菌与钢铁》，以及瑞士经济学家道格拉斯·希布斯（Douglas A. Hibbs）、欧拉·奥尔森（Ola Olsson）等人的分析，我们可以从地理上找到

① 以上文明的起源时间为大致推测时间。——编者注

令人信服的答案。1 万年前，就在农业起源之前，各种条件综合起来给了欧亚大陆上的人一个巨大的机会来推动文化革新。广袤的大地，从东到西的巨大跨度，再加上地中海周边具有丰富生物多样性的土地，让欧亚大陆上的人比其他大陆和岛屿上的人更有条件驯养更多的动植物物种。有关农作物、家畜的知识以及建造技术、储存剩余物资的技术越来越快地从一个村庄传播到另一个村庄，随后遍及早期国家不断扩张的领土。导致新石器革命的不是哪个地方出现了特有的人类基因组，而是欧亚中心地带辽阔的领土及其富饶。

第三部分

社会性昆虫如何征服无脊椎动物世界

THE SOCIAL CONQUEST OF EARTH

第 12 章

真社会性的产生

要追寻人类处境的发端，光从人类这一物种入手是找不到答案的，因为整个过程并非自人类起、由人类终，而要去看社会生活在动物中是如何演化的才行（见图 12-1）。

如果不再仅盯着人类所代表的那一小部分物种，而是放眼整个动物界的社会性行为，那么我们会清楚地看到一幅图景。过去的演化生物学家很少会想到，这里包含了分别可以归结为原因和结果的两种现象。第一种现象是，社会制度最复杂的物种统治着陆地上的动物。第二种现象是，这样的物种在自然界中非常稀少。它们是在上百万年的时间里一步步演化而来的，人类就是其中一种。

最复杂的制度就是具有真社会性的制度，真社会性的意思是建立了真正的社会。真社会性动物的群体中，譬如蚂蚁群体，成员由好几代组成。它们有分工，而且起码表面看起来是以利他的方式来分工的。一些成员负责干活，它们或是寿命较短，或是后代数量较少，或是这两方面的牺牲皆有。有了它们的牺牲，负责繁殖的其他成员就可以活得更久，相应地，生下的后代也更多。

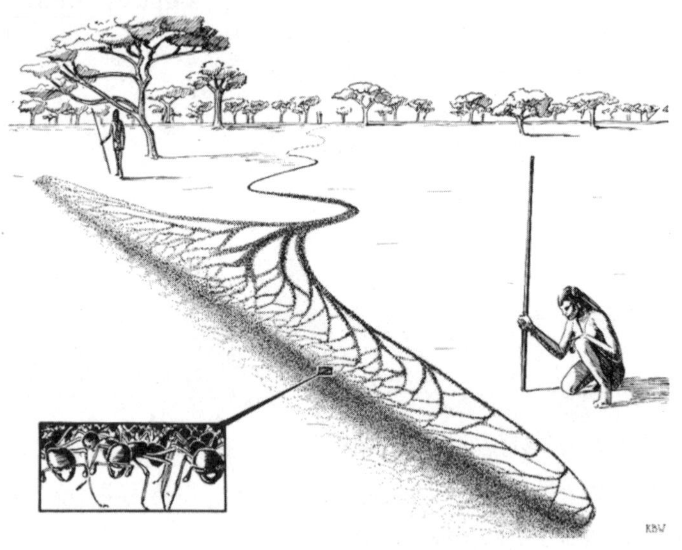

图 12-1 两种地球的征服者

社会性昆虫统治着昆虫世界。这里展示的是一个非洲行军蚁群落，其中包括 2 000 多万只工蚁，图中描绘的是行军蚁在觅食探险。

图片来源：Edward O. Wilson, *Success and Dominance in Ecosystems: The Case of the Social Insects,* Oldendorf/Luhe, Germany: Ecology Institute, 1990.

高等社会中，牺牲远远不只出现在父母和子女之间，还延伸到了旁系亲属，包括兄弟姐妹、侄子侄女、外甥外甥女以及各种堂兄弟和表姐妹，有时连没有遗传关系的个体也会被波及。

真社会性群体在与独处个体争夺同一片小生境时具有明显优

势。群体中的一部分成员可以在同伴保卫巢穴时外出寻找食物。而单枪匹马的竞争对手要么只能觅食、要么只能守巢，无法同一时间做两件事。对于群体来说，完全可以既有成员在家同时又派出多名觅食者，在巢穴的里里外外形成监督网。一旦有成员找到食物，它会通知其他成员，然后大家从四面八方汇聚到食物发现地。巢穴内的同伴则可以集合成队与对手交战。它们能够赶在竞争对手到达之前迅速地运走大量食物。因为有多个个体担任建筑工作，群体能很快建起更大的巢穴，其建筑结构更为高效，入口也更易守难攻。它们巢穴内的气候在某种程度上还是可以调控的。非洲筑蚁冢的白蚁、美洲的切叶蚁，它们的巢穴代表了最高水平：自带空调功能，居住者无须额外的活动就能让巢穴内的空气保持新鲜、自动循环（见图12-2）。

某些物种的大型群体还能采用类似于军队的形式，发动大规模攻击，斩获那些单打独斗的个体无从下手的猎物（见图12-3）。非洲的狩猎蚁（或称行军蚁）便是非常典型的代表。它们会形成几千万列的蚂蚁大军，沿途的小型动物基本上都会成为它们的食物。狩猎蚁以及其他行军蚁的移动军队还能够打败并消灭大群白蚁、胡蜂和其他种类的蚂蚁，在昆虫中唯有它们能够办到这一点。

已知的真社会性昆虫共有2万种，主要是蚂蚁、蜜蜂、胡蜂和白蚁，在已知的大约100万种昆虫中仅占2%。然而，这些少数派无论是数量、重量还是对环境的影响，都压倒了其他昆虫（见图12-4）。真社会性昆虫之于无脊椎动物，正如人类之于脊椎动物，而无脊椎动物世界可要比脊椎动物世界广阔得多。在大过微生物和寄生虫的生物中，真社会性昆虫只不过是些小不点，可它们却主导着陆地世界的运行。

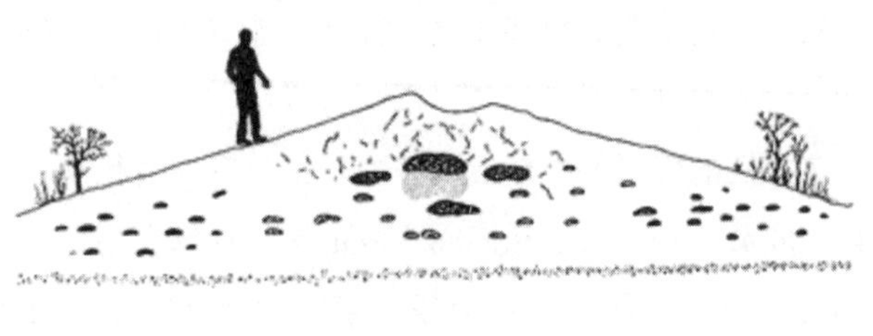

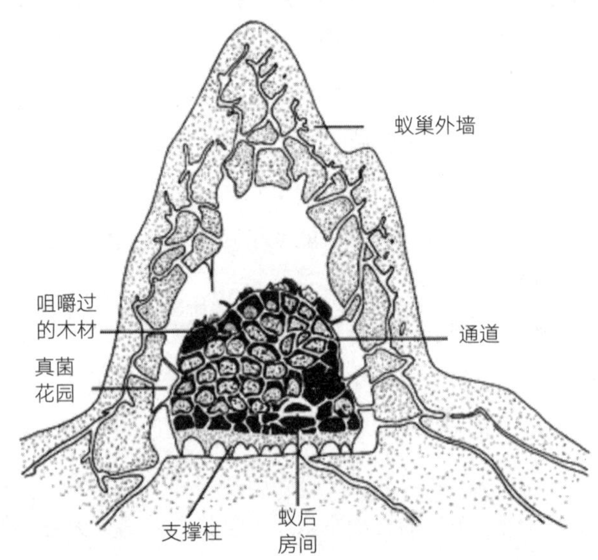

图 12-2 非洲大白蚁属的蚁巢及截面图

巢穴直径约 30 米，蚁巢内气候可以自动调节，巢内核心部分的空气因为白蚁的新陈代谢被加热、上升，并从上层土堆中的出口排出，而新鲜空气则从位于巢穴边缘的地下通道流入。恒定的气流量使得有 100 万只白蚁的蚁巢内的温度、氧气和二氧化碳水平可以保持不变。

图片来源：Edward O. Wilson, *The Insect Societies* (Cambridge, MA: Harvard University Press, 1971). Based on research by Martin Lüscher.

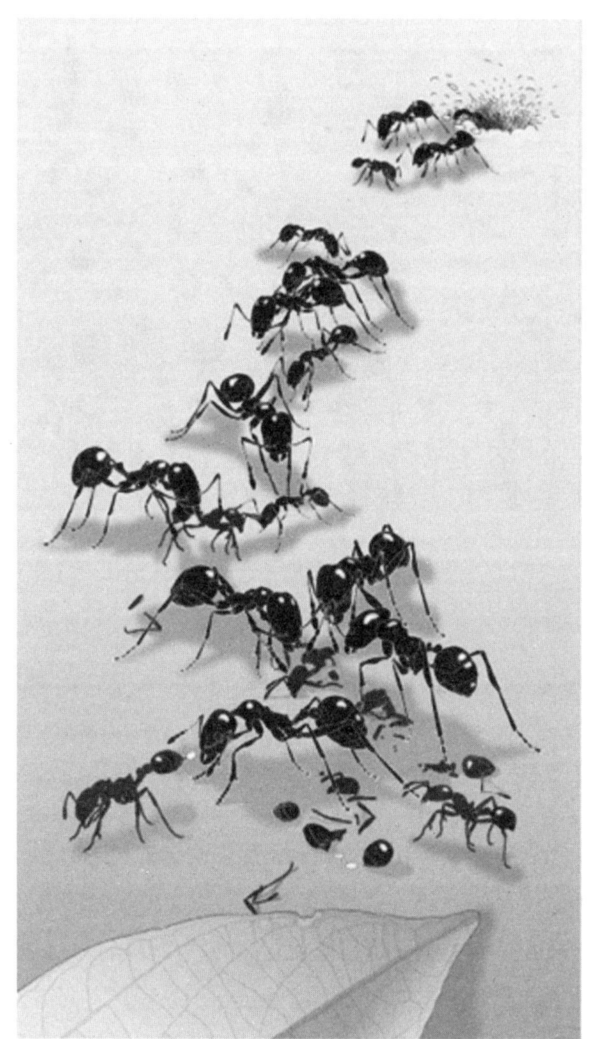

图 12-3　蚁群之间的战斗

来自巢穴（右上角）的侦察兵——齿突大头家蚁，发现了入侵红火蚁（*Solenopsis invicta*）并与它们交战。最厉害的是齿突大头家蚁中的大头兵，它们会用强大的下颌骨摧毁入侵者。

图片来源：Illustration © Margaret Nelson.

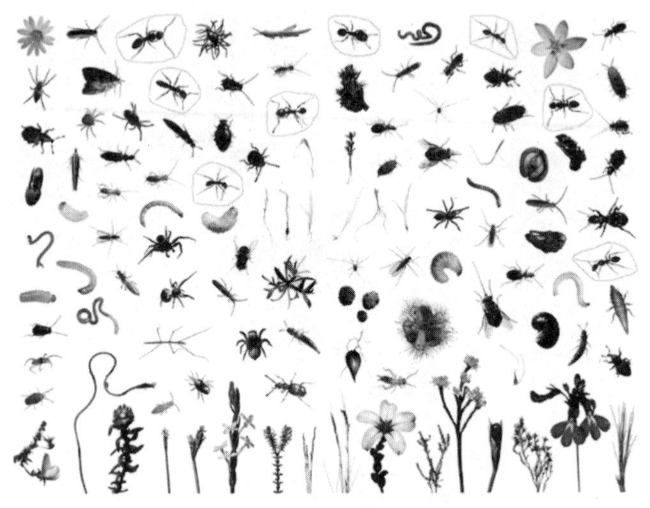

图 12-4 无处不在的蚂蚁

这里展示的是在哥斯达黎加蒙特韦尔德 1 立方英尺[①] 的土壤和枯叶上发现的各种各样的小生物，所有发现的 100 个生物个体中有 8 个是蚂蚁。图片来源：Edward O. Wilson, "One cubic foot," David Liittschwager National Geographic, February 2010, pp. 62-83. Photographs by David Liittschwager. David Liittschwager / National Geographic Stock.

从非洲到亚洲，再到澳大利亚，热带雨林的树冠层中，数量最多的一种昆虫是织叶蚁（见图 12-5）。它们会用躯体搭成“蚁桥”，把相邻的枝叶拉到一起，用来作为它们的巢穴外墙。另一些织叶蚁则利用幼虫吐丝器吐出的丝固定那些枝叶。最后，它们还会用丝将足球大小的巢整个儿裹起来。一个织叶蚁蚁群由一只蚁后及其产下的数十万只工蚁组成，它们会筑起上百个空中巢穴，同时占据好几棵树（见图 12-6）。

① 英制单位，1 立方英尺约等于 0.028 立方米。——编者注

图 12-5　织叶蚁

澳大利亚织叶蚁中的工蚁在树梢上筑巢，它们采用的方法是将树叶拉在一起形成小室，然后用脏兮兮的幼虫吐出来的丝线将树叶裹起来。

图片来源：Bert Hölldobler and Edward O. Wilson, *The Superorganism: The Beauty, Elegance, and Strangeness of Insect Societies,* New York: W. W. Norton, 2009. Photo by Bert Hölldobler.

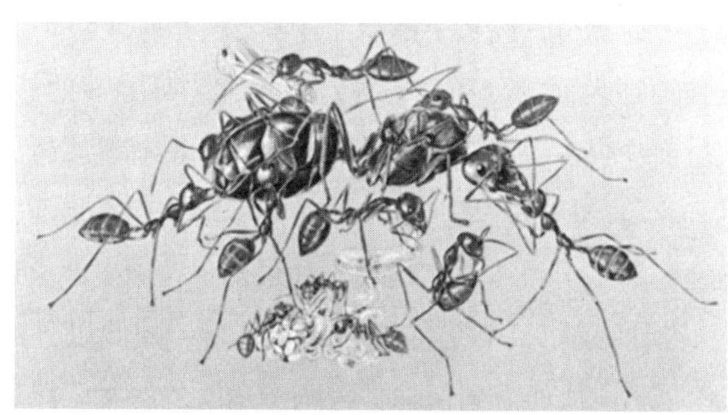

图 12-6　非洲织叶蚁群体

织叶蚁蚁群中主要有蚁后、负责喂养和照料蚁后的大工蚁，以及照料幼虫、卵和蛹的小工蚁，其他工蚁则负责用幼虫提供的丝线搭建蚁巢。

图片来源：George F. Oster and Edward O. Wilson, *Caste and Ecology in the Social Insects,* Princeton, NJ: Princeton University Press, 1978. Painting by Turid H. lldobler.

切叶蚁可以说是除人类之外最复杂的社会性生物（见图 12-7）。从北美洲的路易斯安那州到南美洲的阿根廷，都有切叶蚁建筑的“城市”和它们从事“农业生产”的印记，蚁群数量极其庞大。工蚁们会切下树叶、花瓣和细枝，运到自己的巢穴，把这些东西嚼烂，并把粪便浇在上面。这种肥料被它们用来生产粮食：一种我们在自然界其他地方都没有发现的真菌。切叶蚁的“种植”工作井井有条，从切割植物原料到收获分配真菌，生产材料在“流水线”上从这一级工种的蚂蚁传给下一级工种的蚂蚁。

有两名德国研究人员在亚马孙热带雨林完成了一项工程量巨大的任务，他们划出一块边长为 100 米的正方形区域，称量其中所有动物的重量。结果发现，蚂蚁和白蚁的重量加起来几乎占所有昆虫总重量的 2/3。真社会性蜜蜂和胡蜂的重量则占昆虫总重量的 1/10。单单蚂蚁的重量就是包括哺乳类、鸟类、爬行类和两栖类在内的所有陆地脊椎动物总重量的 4 倍（见图 12-8）。另外有研究者在亚马孙地区的另一处测得，高冠层的昆虫中有 2/3 是蚂蚁。

蚂蚁在地球表面的分布并不算广。南北半球寒冷的针叶林中，蚂蚁的数量要少得多。北极圈以北和热带高山的林线附近，蚂蚁越来越少见。冰岛、格陵兰岛、马尔维纳斯群岛、南乔治亚岛以及其他亚南极地区岛屿上根本没有蚂蚁。如果你想在南美洲火地岛寒冷的海岸上寻找蚂蚁，只会是徒劳一场。不过，除此以外的地方就“蚁丁兴旺”了，从沙漠到密林，再到湿地、红树林沼泽和海滩的边缘陆地地带，各种类型的陆地栖息地中，蚂蚁都是占据优势地位的昆虫。我在新罕布什尔州华盛顿山的林线以上研究过北极的三种主要蚂蚁。它们在那儿广泛分布，为了吸收太阳的热量，它们在岩石底下筑巢。9 月急剧下降的气温会重创蚁群规模，为此它们会在 9 月来临之前加快速度完成一个幼虫生长周期。

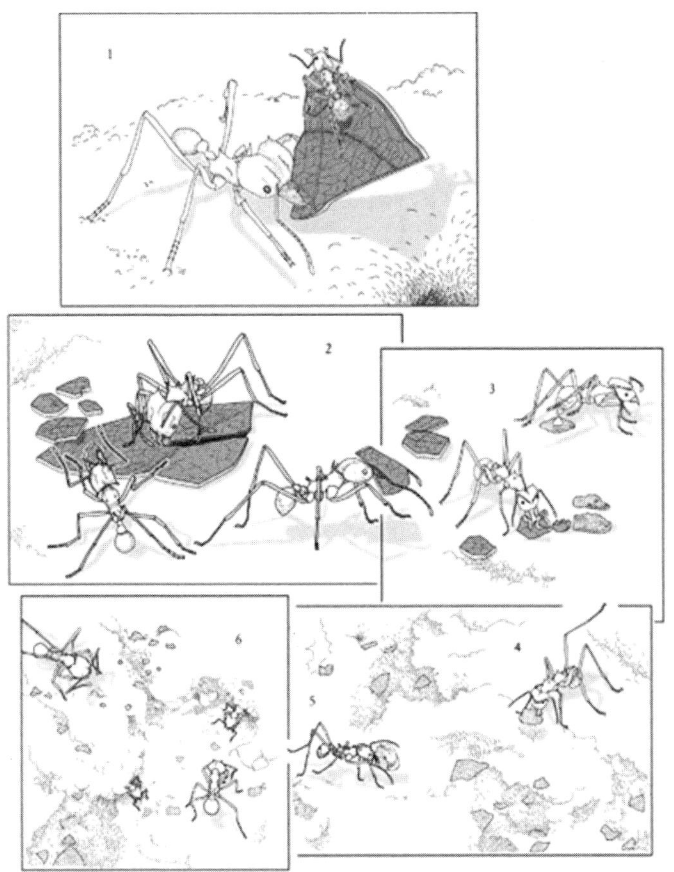

图 12-7　切叶蚁

切叶蚁是美国热带地区的主要昆虫，目前我们已知除人类以外的所有动物中最复杂的社会性行为是它们构建的“流水线”：（1）大型工蚁负责发现新鲜植被，将其切块并带到巢穴；一些迷你的小型工蚁会爬在大型工蚁的背上，以保护它们免受寄生蝇的侵害；（2）在巢穴内，小型工蚁负责将这些块状植物切成 1 毫米宽的碎片；（3）更小的工蚁负责将这些碎片咀嚼成浆，并将粪便浇在上面；（4，5）工蚁还会分泌抗生素来保护菌圃。

图片来源：“Bert Hölldobler and Edward O. Wilson, *The Leafcutter Ants: Civilization by Instinct,* New York: W. W. Norton, 2011.

图 12-8 蚂蚁的重量与脊椎动物重量的比较

在一个典型的亚马孙地区，所有蚂蚁的重量是所有脊椎动物（这里用美洲虎来代表）的 4 倍。

图片来源：Edward O. Wilson, *Success and Dominance in Ecosystems: The Case of the Social Insects*, Oldendorf/Luhe, Germany; Ecology Institute, 1990. Based on E. J. Fittkau and H. Klinge, "On biomass and trophic structure of the central Amazonian rain forest ecosystem," *Biotropica* 5(1): 2-14(1973).

我还曾在新几内亚萨拉瓦吉德山的林线以上找过蚂蚁，但最终一无所获。那是个十分不利于生物生存的地方，只有少数苏铁。任何试图待在那里的生物，无论是人还是蚂蚁，都会遭遇每天如约而至的冷雨。

真社会性昆虫的历史比人类更为久远。蚂蚁，还有它们那啃食木头的伙伴白蚁，起源时间都接近于爬行动物时代的中期（距今超过 1.2 亿年）。而最早的形成了有组织的社会，并与旁系亲属和同盟者实行利他的劳动分工的原始人起码是在 300 万年前才出现的。①

① 关于最早的原始人出现于何时尚无定论，此处为作者方考证结论。——编者注

为了说明这个差距，请大家设想一下，我们有一个存在时间非常久远的祖先，它是灵长类中日后会成为人类祖先的一只小小的哺乳动物，它在早白垩世森林中急匆匆地寻找着恐龙蛋。它爬上某种针叶树的一段原木，后足踢破了树皮。原木露出的内部已经有一部分是空心的了，心材成了碎片。降解木材的是真菌、甲虫以及一群原始的湿木白蚁。木头空腔已经成了一群蚂蚁的巢穴，它们是形似胡蜂的蜂蚁。受惊发狂的工蚁们一拥而上，围攻不速之客的后腿，在它皮肤上有伤痕或较柔软的地方狠狠地蜇咬。而我们的祖先，也就是这只哺乳动物，跳下松木，用力抖动它的后腿，试图用爪子把腿上的东西扫下去。倘若占据树洞的是单单一只和蜂蚁一样大的胡蜂，这只哺乳动物几乎不会注意到它。

现在，我们从一亿年前来到现代。你，那只曾被蚂蚁攻击的哺乳动物的后裔，一脚踩在一小段松木上，这段朽木正是当年白垩纪森林中那棵针叶树留下来的。白垩纪白蚁蚁群的后裔们赶紧钻进阴暗的木头腔洞中，那是它们在朽木中占领的一块地盘，它们的行为一如与之相似的中生代祖先。而远古蚂蚁蚁群的后裔们则从这段朽木的另一处蜂拥而出，叮咬你，驱赶你，也同它们的中生代前辈如出一辙。今天的我们和它们是陆地世界两大盟主的代表，有所不同的是，白蚁和蚂蚁已独占盟主之位一亿年，其地位直到人类慢慢走入真社会性阶段才有所动摇。

最早的蚂蚁由长有翅膀、独居的胡蜂演变而来。最初的蚁群中的工蚁逐渐演变成擅长在地面和杂物堆里钻进钻出并爬上植株的生物，于是工蚁不再飞行。未交配过的蚁后仍然会飞，但也只是短暂的飞行：高高飞入空中，释放出性信息素吸引带翅膀的雄蚁并与之交配。随后它们会着陆并繁殖新的蚁群，永不再飞。经由长久的演化，中生代的蚂蚁凭借本能持续建立着它们的社会文明，在地表以上和土壤深处的腐烂植被中拓展领地。

千万年中蚂蚁不断繁殖，随着新种类的出现，它们变得日益复杂。许多蚂蚁变成了捕食者，成为捕猎昆虫、蜘蛛、鼠妇和其他地表无脊椎动物的最佳猎手，这些动物的后裔今天仍然和我们住在一起。蚂蚁还担任了最重要的殡葬师的工作，清理那些病死或意外死亡的小动物的尸体。对于整个陆地生态系统来说，还有一点非常重要，蚂蚁还是卓越的土地整理者，它们所做的工作甚至超过了蚯蚓。

我粗略地估计了一下现在活着的蚂蚁的数量，大约为 10^{16} 只。如果将蚂蚁的平均体重算作人类平均体重的百万分之一，而蚂蚁的数量是人类数量（10^{10}）的 100 万倍，可见地球上所有蚂蚁的重量和人类的总重量差不多。这听起来也许并没有那么令人震惊。那再看看这个：假如可以把所有的活人像堆木头一样堆起来，可以堆成一个边长约 1 600 米的立方体。而如果把所有的蚂蚁堆起来，总体积与人类的大致相当。这两个立方体都可以轻松塞进大峡谷的某个角落。光看那么一堆细胞质，可能看起来也没什么大不了。那么，这两个征服地球的物种到底有什么了不起？就让我们来观察和比较一番吧。

第 13 章

推动社会性昆虫进步的发明

接下来要为大家讲述的，是我过去半个世纪的研究所力图阐明的问题：社会性昆虫是如何崛起成为陆生无脊椎动物中的佼佼者的？这些小小的征服者并不是像外来入侵者那样爆发式增殖的，它们是在漫长的演化史中一步一步走到今天的，每一步都花费了数百万年时间。起初它们普普通通，在中生代的森林和草原中只是微不足道的一分子。后来，它们的行为和生理偶然间出现革新，如同人类社会出现技术发明。每一步革新都帮助它们开拓了新的生境。它们对环境的控制能力提高了，个体数量也增多了。到距今 5 000 万年前的始新世中期，它们已成为陆地上所有中型到大型无脊椎动物中最繁盛的物种。

蚂蚁出现之初，也就是晚侏罗纪到早白垩纪那段时间，同一生态系统中白蚁早已繁荣了数千万年，只不过白蚁扮演着全然不同的角色。白蚁的祖先是一类与蟑螂相近的昆虫，可以再往前追溯一亿年，直至古生代（说个题外话，有人不知道如何区分白蚁与真正的蚂蚁，这其实很简单，白蚁没有腰）。白蚁具有消化枯木以及各种植物的能力，这是因为白蚁肠道内寄生有能消化木质素的原生动物和细菌，白蚁与它们形成了共生关系。很长时间之后，演化表现最突出的一些物种通过生产食物和修建带有“空调”的巢穴建立起了真正的“城市”，比如切叶蚁在腐殖质上构建了真菌花园。它们根据不同生理特点形成复杂的等级，不同等级之间有明确分工。

某种意义上，蚂蚁最终会成为这两条演化路线上更具优势的物种，成为昆虫双雄中的王中王，是因为蚂蚁中有不少种类专以白蚁为食，而没有一种白蚁会以蚂蚁为食。然而，尽管受命运青睐前途无量，蚂蚁并没有一出现就声名鹊起。在中生代最后 50 万年的大部分时间里，蚂蚁在周围无数种独居动物中始终表现平平。我跟其他昆虫学家在数千件中生代树脂化石（又称琥珀）中寻找最古老的蚂蚁，在美国新泽西、加拿大阿尔伯塔、西伯利亚和缅甸等地相应年代的化石床中发现了一些。我们找到的蚂蚁个体不足 1 000 只，在以同样方式保存至今的其他昆虫中仅占极小比例，而且这些样本的时间跨度有几百万年。

科学家起先对如此古老的蚂蚁化石一无所知。对于我们来说，中生代完全是一片空白，而这种昆虫的早期历史无疑在这一时期已经拉开帷幕。后来在 1967 年，我收到了一块水杉琥珀，那是两名业余爱好者在新泽西的晚白垩世地层中收集来的，大约有 9 000 万年历史。这块透明的琥珀中完好地保存着两只工蚁。这两只工蚁的年龄几乎是此前人们所知最古老的蚂蚁化石的两倍。捧着这块琥珀，我看到的是地球上最成功的两个昆虫群体之一的悠久历史，并且我属于第一批看到的人。那一刻是我生命中最兴奋的时刻之一。

当然，如果读者无法感同身受我当时对昆虫化石的情感，我也能够理解。当时我实在太兴奋了，还笨手笨脚地失手把这块琥珀摔了下去。它掉在地上摔成了两半，我吓傻了，惊恐地盯着地面，那情形就像我刚意外得到一件价值连城的明朝花瓶却又失手将它摔成了碎片。好在那天幸运之神仍然保佑着我。摔成的两半中，每一小块里都有一只未受损的蚂蚁，再打磨一下就没问题了。细看这两块珍宝后我发现，它们的解剖特征介于现代蚂蚁和胡蜂之间，而胡蜂的某一支必定是蚂蚁的祖先。这种杂交特性十分接近于研究员威廉·布朗（William Brown）和我过去的预测。我们给这一新物种命名为蜂蚁（*Sphecomyrma*）。今日的蚂蚁在全世界享有盛名（归根结底，环境有赖于蚂蚁），蜂蚁因此具有重要的科学意义，其地位相当于始祖鸟（最早发现的介于鸟类与恐龙之间的化石）和南方古猿（最早发现的现代人与古猿之间“缺失的一环”）。目前科学界正在积极搜寻更多中生代蚂蚁化石，以便将这种社会性昆虫的历史填充得更为完整。

此后的密集搜寻帮助我获得了更多标本，我们从中了解到过去外界环境所发生的变化，正是这些变化使蚂蚁有可能最终崛起并占尽优势。在距今 1.1 亿～ 0.9 亿年前，蚂蚁居住的森林环境开始发生剧烈改变，这为蚂蚁的扩增提供了机会。那时的树和灌木以裸子植物为主，主要有形似棕榈的苏铁类、银杏类（现今仅有一个种存在，往往作为观赏树木），数量最多的是针叶类，包括松树、冷杉、云杉、红杉等结松果的树，今天它们仍旧广泛分布在世界各地。蚂蚁和白蚁踏上历史舞台之际，植食恐龙正在大嚼裸子植物，而白蚁就在下面等着吃剩下的残渣，蚂蚁很有可能就是在裸子植物的原木中、地表的枯枝落叶中、土壤的腐殖质中开挖它们的巢穴的。它们会在地表寻找食物，也会爬上蕨类植物和树冠层寻找食物。今天，昆虫学家研究的不少标本是被中生代繁茂针叶林中水杉流出的树脂所“捕获”的。其中一些化石保存得十分完好，解剖结构上的细节一清二楚，正因为如此，我们才能够重构出蚂蚁演化的早期历史。

我与其他研究者根据很多其他种类的动植物遗迹重构出了接下来的故事。大约在距今 1.3 亿年前开始，并于 1 亿年前达到顶峰，生物历史上辐射性最强、最重要的一大转变发生了：被子植物，又叫开花植物，大规模取代了裸子植物，成为今天陆地环境的主要统治者。红杉和它们的亲戚让位给了木兰、山毛榉、枫树和其他我们熟悉的树种的祖先，苏铁和蕨类则把它们占领的地盘让给了草类植物和地表的草本被子植物与灌木。

这段时期内有两大演化创新为被子植物的革命创造了条件（见图 13-1）：首先是种子（我们食用的部分）的胚乳不仅可以让种子挺过困难时期，还能够保障种子长距离传播并存活；其次是花借由鲜艳色彩、诱人芬芳吸引大批蜜蜂、胡蜂、蝇、蛾、蝴蝶、鸟、蝙蝠等生物，专门携带花粉从一棵植物的花飞到另一棵同种植物的花。这也解释了为什么开花植物可以相对快速地传播开来（这个相对快速是以地质标准来说的）。数百万时间里，随着总体范围扩大、数量增加，开花植物填满了它们可以到达的各个生境。与此同时，复杂的众多植物还创造出了很多新的成员。现如今，地球上生活着的开花植物超过 25 万种，组成了 300 多个科，其中有我们最熟悉的蔷薇科（玫瑰等）、山毛榉科（也称壳斗科）、菊科（向日葵等）。它们欣欣向荣地生长在路边、牧场、果园、庄稼地，尤其是多样性最为丰富的生态系统——热带雨林中。

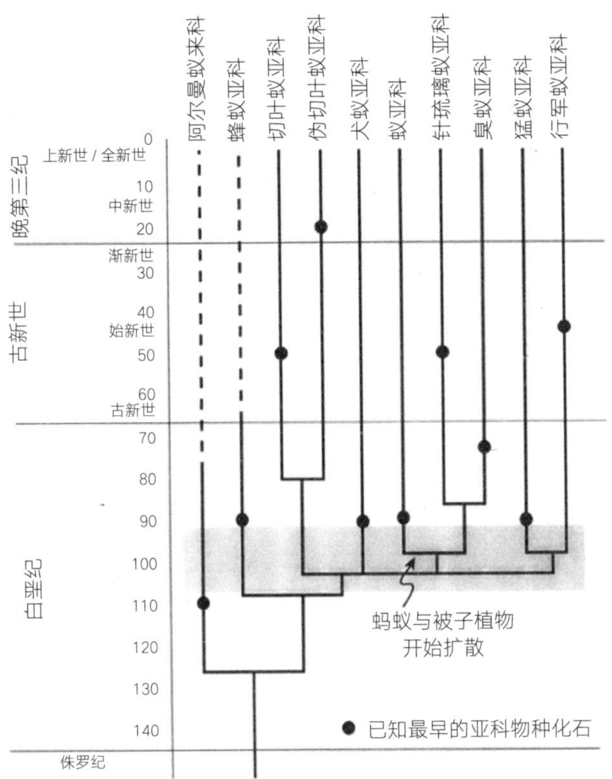

图 13-1　蚂蚁的兴起

在爬行动物繁盛的白垩纪，蚂蚁的兴起和多样化与开花植物（被子植物）统治地球植物群的时间相吻合。

图片来源：Edward O. Wilson and Bert H. Ildobler, "The rise of the ants: A phylogenetic and ecological explanation," *Proceedings of the National Academy of Sciences*, U. S. A. 102[21]: 7411-7414 [2005].

蚂蚁就是被开花植物演化大潮卷上浪头的。我确信，共同演化是因为被子植物森林在物质上更丰富、在结构上更复杂，因此这里适合更多种类的小型动物生活。过去的裸子植物森林，也就是蚂蚁起源的环境，其林下层和枯枝落叶层的结构相对简单。结果就是，提供给昆虫以及可能来到森林的其他小型动物的生境比较少，栖息于森林的昆虫、蜘蛛、蜈蚣等节肢动物的多样性也相应少得多。存活至今的裸子植物森林依然有上述不足。而新森林的枯枝落叶层和开花植物底下的土壤给节肢动物提供了复杂得多的环境，其中也包括作为蚂蚁食物的那些节肢动物。有很多种类的蚁群把它们的巢穴安在枯枝落叶层，被子植物森林的枯枝落叶层有多种多样的腐烂细枝、树木枝条、成堆落叶和种皮籽壳，可供蚂蚁在里头挖掘孔穴和坑道。被子植物森林中从上到下的温度和湿度差也更大，因此可作为食物获得的节肢动物种类也更丰富。总的结果就是蚂蚁开始了全球性适应辐射，世界各地出现了越来越多不同种类的蚂蚁，它们有不同的食性和筑巢特点。因为有了越来越多可供蚂蚁居住的生境，蚂蚁种类也成倍增加。到了 6 500 万年前的中生代末期，现有的 24 个蚂蚁亚科中的大多数种类都已出现。

然而，尽管蚂蚁适应了不同的地区，蚁群的向外扩张却并不是在短期内取得现今在个体数量和群落数量上的优势的。昆虫学家搜集到的化石中，无论是琥珀还是岩石，保存至今的最古老的蚂蚁与其他昆虫的化石比起来，其丰富程度并不突出。大约是到了接近中生代（即“爬行动物时代”）末期，并且一定在不晚于新生代（即“哺乳动物时代”）的最初 1 500 万年内，蚂蚁实现了另两大演化创新，奠定了它们统治世界的基础。

创新之一是，不少蚂蚁种类与以植物汁液为生的昆虫建立了奇特的伙伴关系（见图 13-2）。蚜虫、介壳虫、粉蚧等被列为同翅亚目的昆虫[①]，利用口器刺入植物吸取汁液或其他液体。每只小虫都必须摄取大量汁液来获取生长和繁殖所必需的足够营养。它们的取食方法有一个限制，那就是需要排出大量的排泄物和多余液体。这些小昆虫会让渗出或喷射出的液体落到地面或周围的植物上，避免自己被这些黏糊糊的东西包围。而这些“蜜露”对于绝大多数种类的蚂蚁来说便是天赐之物，对于不少种类的蚂蚁来说也是主要的食物来源。

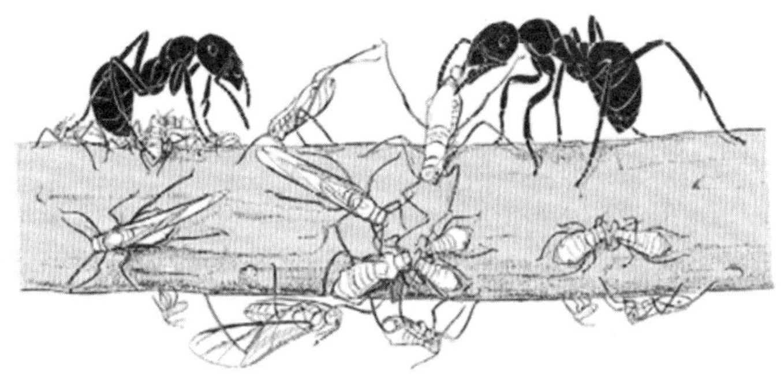

图 13-2　多栉蚁蚁群与共生蚜虫

蚂蚁地位上升的关键一步是它们与吸取汁液的昆虫建立了伙伴关系，它们从蚜虫那里摄取营养丰富的液体排泄物，同时帮助蚜虫抵御捕食者和寄生虫。

图片来源：Edward O. Wilson, *The Insect Societies, Cambridge, MA: Harvard University Press, 1971*, Drawing by Turid H. Ildobler.

蚂蚁的出场也为它们的伙伴提供了同等的促进作用，这种共生关系保持至今。蚜虫等汁液吸取者在把口器刺入植物表皮时，完全

① 根据维基百科，同翅目现在已成为无效名称，与半翅目属于并系群。——译者注

是把自己锚定在它们的食物上。它们柔软的小身子对于大批捕食者与挤在树叶上的寄生虫来说就是小点心。胡蜂、甲虫、草蛉、蝇、蜘蛛等完全可以一口气把植株上的蚜虫群等一扫而空。这些吸取汁液的小虫需要坚定的保护者，而与渴望得到它们排泄物的蚂蚁结成同盟便是获得保护的最佳途径。有不少种类的蚂蚁会把取之不尽的丰富食物来源看作自己的领地，哪怕这个领地离巢穴有相当远的距离。蚂蚁会放牧这些吸取汁液的小虫，把它们当作自己的所有物，替它们赶走天敌。

经过几百万年的演化，蚂蚁进一步将蚜虫等吸取汁液的合作者培养成了“奶牛”。或者反过来说也一样，吸取汁液的小虫把蚂蚁变成了它们的放牧者。对共生的吸液小虫来说，它们不再把排泄物喷离所在的植物，而是憋着等蚂蚁过来，当蚂蚁用触角轻触它们，它们会挤压出一大滴并保持一个合适的姿势供蚂蚁饮用。合作共生的双方在演化过程中取得了双赢。不过其他生物就没那么好运了：植物可以说是失去了大量“血液”，而以蚜虫等为食的捕食者往往只能挨饿。不过，它们也都活了下来，这就是我们所说的自然平衡的一个例子。

有一次，我在新几内亚的热带雨林里徒步，突然见到一大群体形硕大的昆虫正在林下层吸食灌木。它们的躯体外裹着海龟壳似的坚硬几丁质甲壳，直径将近 10 毫米。旁边放牧的蚂蚁窜来窜去寸步不离，正在收集蜜露。在我看来，这种个头的昆虫已经很大了，大到足以让我来扮演一下蚂蚁的角色。同时，在守卫的蚂蚁面前，我又足够庞大，不至于被它们赶走，尽管它们很想那么做，这可真走运呀。我拔下一根头发，用发梢儿轻轻碰了下其中一只大个儿昆虫的后背，就跟蚂蚁用触角碰它们一样。果然如我所愿，一大滴排泄物噗地一下就出来了。我用随身带的一把精细眼科镊将其夹起来，尝了尝，味道有点甜。假如我是一只蚂蚁的话，这一口还让我获得了有益健康的氨基酸。而在那只大个儿昆虫看来，我显然就是一只蚂蚁。

若以地质学的时间尺度来看蚂蚁与吸取汁液的小虫形成的关联，这两类昆虫的合作关系可说是极其漫长的。有很多现代的蚂蚁会把它们“管辖”的六足“奶牛”当作多功能家畜，遇到蛋白质短缺的时期会直接把它们吃掉。有少数几种蚂蚁甚至会带着“家畜”从已经被吃光的牧场搬到有新鲜植物的新牧场。马来西亚的一种蚂蚁甚至成了游牧一族，整个蚁群押解着手下吸取汁液的小虫们周期性地搬来搬去，以获得源源不断的高产量蜜露。

与蚂蚁形成共生关系的不仅有同翅亚目吸取汁液的昆虫，还有灰蝶科（蓝灰蝶）分泌蜜露的毛毛虫，这种共生关系可不是什么小怪癖，而是在全世界到处可见，是连接陆地生态环境的食物链中的重要环节。对人类来说，这些昆虫是令人厌恶的农业害虫。而对它们自身来讲，共生关系让蚂蚁能够占领陆地环境中的全新维度。过去，它们曾向上行进到热带森林的常绿区域，再返回到地表或地面附近的巢穴。现在，它们能够一直住在地面以上很高的地方。在很多热带地区，蚂蚁成了树冠层中数量最丰富的昆虫。

蚂蚁是如何获得树栖生活统治权的，这个问题长久以来困扰着生物学家。这种卓越的食肉动物如何维持那么大的种群？它们以如此巨大的数量待在食物链的顶端，这一点似乎违背了生态学的基本原理。我们一般认为，食肉动物的每克体重需要消耗许多克食草动物（按照粗略的估算，约为 10 倍重量），譬如人吃牛肉，而食草动物则相应地要吃掉更加多的植物，譬如牛吃草。

最终，当年轻大胆的生物学家爬上热带雨林的树冠层，亲眼观察蚂蚁群落时，他们获得了惊人的发现！蚂蚁们只是部分食肉动物，很大程度上它们还是食草动物。更确切地说，它们是间接食草动物。树栖蚂蚁依然无法像毛毛虫、介壳虫那样直接消化植物，除非它们的消化系统来个大变样。不过，树顶上生活着大量半翅目昆虫，它们吸取植物汁液，排出富有营养的蜜露，蚂蚁便以此为生。蚂蚁们小心翼翼地保护和管理着巢穴内外积聚起来的“家畜”群。有一些共生生物被蚂蚁豢养在“蚂蚁花园”，花园里有大团的兰科、凤梨科、苦苣苔科等附生植物。花园既是共生生物的家，也是它们的牧场。

我曾在亚马孙河流域和新几内亚的雨林里研究过这些花园蚂蚁，不过都是在低矮的树枝上研究，不需要爬树。我被它们的进攻特性吓到了，每次我一干扰蚁巢，守卫的工蚁们就蜂拥而出对我又叮又咬，还释放出有毒的分泌物，我身上凡它们能爬到之处无不受到攻击。全世界生活在地表和地面以上的蚂蚁中，有一种中等体型、在南美洲雨林中很常见、与北半球的大黑蚁是亲戚的弓背蚁（*Camponotus femoratus*），很有可能是最凶猛的蚂蚁。我遇到的建花园的弓背蚁甚至连巢穴也没让我靠近。我从下风处接近蚁巢，在离着还有几米远的地方，巢内的蚂蚁就闻到了我，数以百计的工蚁冲出来，蚁巢上顿时像盖了一层毯子，群情激奋的蚂蚁朝我所在的方向喷射蚁酸，形成一层薄雾。由于我执意前行，它们便降落到离我更近的植株上展开近距离攻击。任何一个爬上过弓背蚁栖息树的人，对蚂蚁的生态统治地位都不会存有异议。

生活在非洲和亚洲赤道地区的织叶蚁，其凶猛程度与亚马孙河流域的弓背蚁不相上下。织叶蚁蚁群在用树叶修建巢穴时，会由工蚁组成长链，把树叶拉拢，并用大量“丝线”缝合，而丝是由群落中像蛆一样的幼虫一根一根吐出来的。成熟的织叶蚁蚁群会在一棵树或几棵树间的树冠上修建上百个丝质帐篷。任何擅自闯入织叶蚁领地的家伙都会遭遇无所畏惧的防卫大军喷射的蚁酸以及它们的咬噬。我以前在哈佛大学养过一群织叶蚁，工蚁们逃出塑料箱后，有些爬上了我的书桌，用大张的下颚向我发出威胁，还翘起腹部，打算用蚁酸喷我。而它们在野外的凶猛表现更是传奇。据说第二次世界大战期间，所罗门群岛上那些爬过树的美国海军陆战队狙击手，对织叶蚁的恐惧不亚于对日本人的恐惧。尽管这个说法有点夸张了，但这无疑是对与人类一起统治地球的昆虫的一种赞扬。

这些年来，我渐渐得出一个结论：修建巢穴越是需要花时间，越是殚精竭虑，蚂蚁守卫巢穴就越凶猛。这个结论有助于我们理解蚂蚁及其他社会性昆虫的演化起源，后面我将把这个概念与真社会性本身的起源联系起来。

好些种类的蚂蚁在树冠上完善着它们与产蜜露的昆虫之间的伙伴关系。几乎在同一地质时期，另一些蚂蚁则在朝着完全不同的方向扩张它们的栖息地，它们在原本列有动物和腐肉的基础菜单上添加了种子。这一创新让最初出现蚂蚁蚁群的森林中有了更多的蚂蚁个体，蚁群密度也变得更大，还让许多种蚂蚁得以挺进干旱的草原与沙漠。

今天，各种各样以种子为食的蚂蚁中有不少还会建仓库储存种子。这一现象仅在林地有限的范围内出现，但直到 19 世纪博物学家开始在较为干旱的黎凡特地区、亚洲南部、北美洲西部等地研究蚂蚁，人们才注意到有这回事。那些自然学家挖开土壤中的蚁巢（蚁巢主人后来被称为“收获蚁”），发现巢穴内堆满种子，都是附近草本植物的种子。此时，所罗门的智慧终于得以体现：“懒惰的人呐，你去观察蚂蚁会获得智慧，它们没有元帅、官长、君王，它们会在夏天预备食物，在收割时聚敛粮食。”

有一次，我去拜访耶路撒冷的圣殿山，挨着一个收获蚁巢穴坐了下来，这种收获蚁是当地的优势蚂蚁物种之一。我看着携带种子的工蚁们爬进通往地下粮仓的入口，思绪不禁飘远，很有可能所罗门所说的就是这种蚂蚁，或许这里还离他曾经观察蚂蚁的地点很近呢。

3 000 年之后，科学家开始向蚂蚁等社会性昆虫求取一种新的智慧。尽管这些小生命在很多方面与人类完全不同，可它们的起源和历史却为我们了解人类的起源和历史带来了启发。

第四部分

社会性演化的力量

THE SOCIAL CONQUEST OF EARTH

第 14 章

科学难题：罕见的真社会性

真社会性，指生物群体由多个世代重叠组成并按利他方式进行劳动分工，这是生物史中的重大创新之一。真社会性创造了生物复杂性比有机体还要高一层的超级有机体，其影响力堪比呼吸空气的水生动物对陆地的征服，重要性不亚于昆虫和脊椎动物掌握了动力飞行。

然而，真社会性的成就却给演化生物学出了一个尚未解决的难题，那就是为什么真社会性的发生率非常低？假如说一群幸运的胡蜂能够演化为蚂蚁，另一群幸运的像蟑螂模样的食木虫可以演化成白蚁，接着它们还都成了陆地无脊椎动物中的优势物种，那么为什么真社会性的起源没能在生物史中变得更常见呢？为什么在生物史上要经过那么长的时间才出现真社会性呢？

蚂蚁、白蚁以及社会性蜜蜂、胡蜂还没有在地球上出现时，昆虫就曾经历过两次大规模、长时间的演化。第一次演化开始于距今4亿年前的泥盆纪，终止于1.5亿年后，即二叠纪结束时。当时的大灭绝导致地球上绝大多数动植物消失，这也是地球历史上规模最大的一次生物灭绝。这次生物灭绝也意味着古生代的终结，通常我们也可以把古生代叫作两栖动物时代。随之而来的是中生代，即爬行动物时代，从此无论陆地还是海洋，开始由爬行动物占据主导地位。

古生代是成煤时期，当时有大量树状的蕨类和高大的乔木组成的森林。这些森林及周围其他类型的陆地栖息地中都生活着大量昆虫，其物种多样性与今天地球上存在的昆虫物种多样性不相上下（见图14-1）。数量较多的昆虫有蜉蝣、蜻蜓、甲虫和蟑螂。这些耳熟能详的名称中包括一些现今已消失的昆虫种类，只有研究化石的专家认识它们，例如古网翅目，还有一些没有中文名称甚至根本叫不上名字的昆虫，比如diaphanopterodean等。

这类古昆虫化石因为被压在纹理细密的岩石里，往往保存状况相当好，足以让研究者将它们的外部结构细节与现代昆虫进行比较。通过比较从世界各地搜集来的生物样本，研究人员重建出了其中一些物种的生活史，甚至还推断出它们以什么为食。然而直到今天，科学家还没有发现任何与真社会性昆虫有关的线索。

之后出现了终结二叠纪、开启三叠纪的大灭绝事件，中生代——爬行动物时代由此开始（见图14-2）。当时地球上有90%的物种彻底消失。大部分专家认为是像山一样巨大的陨石撞击地球导致了这一历史上最严重的灭绝事件发生，也有一些专家倾向于认为这一事件是地球自身的板块构造或地球化学变化所导致。无论是何种原因，这一事件几乎给这颗行星上的所有动植物带来了灭顶之灾。前面提到的那些名字陌生的动物种类被毁灭了，不过有一小部分甲虫、蜻蜓以及其他一些不太为人所知的昆虫种类逃过了此劫。

图 14-1　各种在地球上繁衍生息的昆虫

在距今约 4 亿～ 2.5 亿年前的古生代中期至晚古生代，地球上出现了繁衍生息的各种昆虫。图中展示的是在一棵蕨类植物上发现的一系列物种，包括甲虫、蟑螂和其他已灭绝物种。此时还没有哪个昆虫物种具有社会性。

图片来源：Conrad C. Labandeira, "Plant-insect associations from the fossil record," *Geotimes* 43(9): 18-24 (1998). Drawing by Mary Parrish.

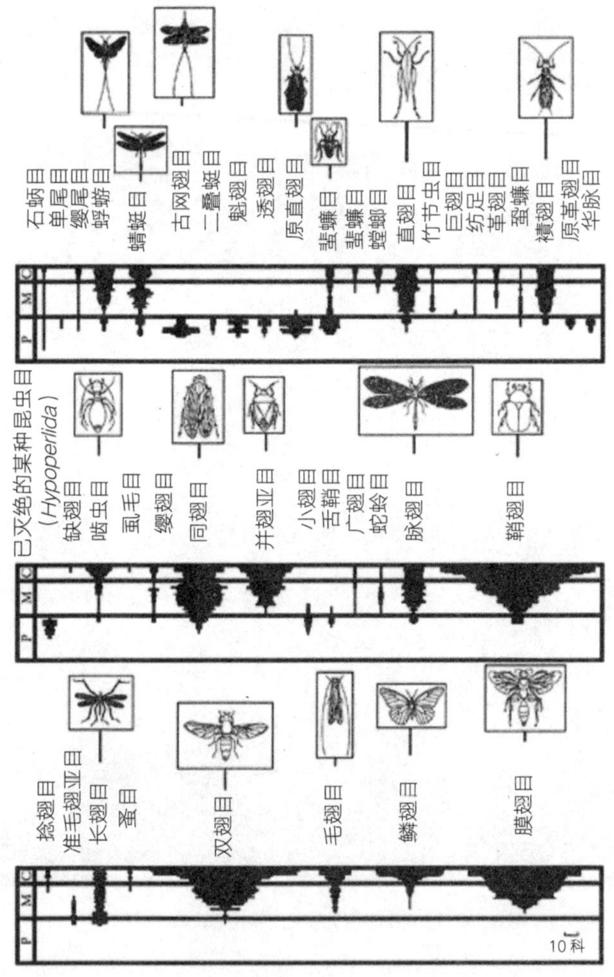

图 14-2 昆虫的真社会性起源

在跨越古生代、中生代和新生代的演化历史中，虽然昆虫物种繁多，但真社会性昆虫极其罕见。有研究表明，真社会性昆虫直到中生代早期才开始出现。图表的宽度代表了在一段时间内每个昆虫目中的科数。

图片来源：Conrad C. Labandeira and John Sepkoski Jr., "Insect diversity in the fossil record," *Science* 261: 310-315 [1993]. Illustration prepared by Finnegan Marsh.

从地质学角度来说，经历二叠纪末期大灭绝而侥幸活下来的昆虫迅速扩张，重新占领了地球的陆地环境。它们的种类成倍增长并辐射出很多新的生活方式。在几百万年的时间里，幸存者中演化出一大批新物种，重新填补了大灭绝造成的生物多样性缺损，昆虫世界再一次变得生机盎然。接着，又过了 5 000 万年，经过了三叠纪的大部分时期，此时恐龙的演化辐射已经开始，但社会性昆虫还未登场，至少我们还没找到任何有关它们的记录（见图 14-3）。

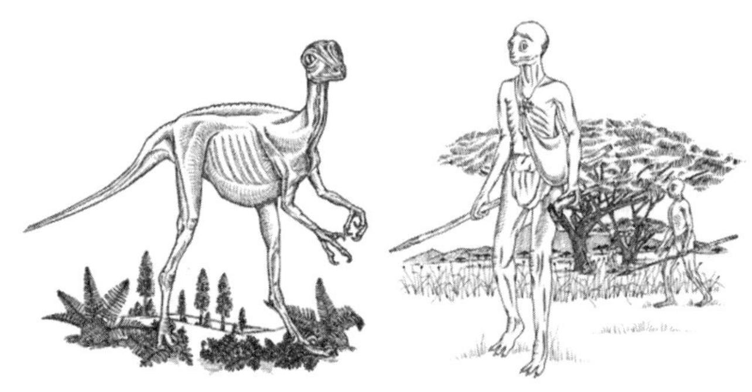

图 14-3　剑龙复原图及设想中的“恐龙”

左边是两足恐龙剑龙的复原图，它生活在中生代末期，具有一些被认为是高级智能起源的特征。右边是古生物学家戴尔·拉塞尔（Dale Russell）设想的“恐龙人”。这种想象中的生物可能比人类早一亿年前从狭喙龙进化而来，但根据戴尔·拉塞尔对狭喙龙的复原，我们知道这种猜测并不准确。

图片来源：Charles Lumsden and Edward O. Wilson, *Promethean Fire: Reflections on the Origin of Mind*, Cambridge, MA: Harvard University Press, 1982.

最终，在侏罗纪末期，大约 1.75 亿年前，第一批白蚁，也就是生理结构和蟑螂相似的原始白蚁出现了，而蚂蚁则需再过 0.25 亿年才会出现。从那时算起，一直到现代，都很少出现其他社会性昆虫或社会性动物。今天的地球上，按生物分类学，已知的昆虫等节肢动物大约有 2 600 个科，比如普通果蝇属于果蝇科（Drosophilidae），园蛛属于园蛛科（Argiopidae），陆方蟹属于方蟹科（Grapsidae）等。而这 2 600 个科里，我们只知道有 15 个科是包含真社会性物种的。其中 6 个科为白蚁，并且它们似乎源自相同的真社会性祖先。真社会性在蚂蚁中出现了一次，在胡蜂中出现了三次，在蜜蜂中出现了至少四次，也可能更多但还不确定。就拿集蜂科（Halictidae）现存的真社会性汗蜜蜂来说，它有好几支非常接近于真社会性组织的初级阶段：种群小，蜂后几乎没有分化，这几支蜂群具有在独居性和社会性早期两种形式间来回转换的趋势。这些汗蜜蜂个头很小，比蜜蜂、熊蜂还要小好多，夏季，我们常可以在菊科紫菀属等植物的花丛中见到它们。它们色彩鲜艳，有些是带金属光泽的蓝色或绿色，有些则带有黑白条纹。

菌蠹虫中有真社会性的独例，另外研究人员在蚜虫和蓟马中也发现了几个真社会性例子。有趣的是，枪虾科（Alphaeidae）合鼓虾属（*Synalpheus*）中有三个种类出现了真社会性。这几种合鼓虾在海绵中筑巢。这种真社会性罕见或相对不稳定的起源很难在化石中得到有效记录。合鼓虾的多重真社会性起源是研究者近来才发现的。海尔特·弗尔梅伊（Geerat J. Vermeij）提出过真社会性的另一个类似起源，他根据的是大部分非社会性生物的 23 项独特创新。然而，就算我们还没办法拿出确凿证据，可我们的的确确注意到了很多高级的、数量丰富的真社会性昆虫以及它们独特的分工等级。

脊椎动物中出现的真社会性比在非脊椎动物中还要罕见，生活在地底下的非洲裸鼹鼠中出现过两次真社会性。在后来演变为现代人的一支人猿物种中也出现了一次真社会性，与无脊椎动物的真社会性起源相比，其出现时间相当晚近，近到只有 300 万年。一些种类的鸟具有接近于真社会性的行为，年轻的鸟会留在鸟巢内与父母共处一段时间，但随后它们就会选择继承鸟巢或离开去另建自己的鸟巢。非洲野犬的行为更接近于真社会性，在集体外出捕猎时，会有一只雌性守在兽穴内喂养幼崽。

过去的 2.5 亿年内，真社会性有无数机会可以出现在大型动物当中。中生代时期的恐龙有许多条演化支线满足了产生真社会性的必要条件中的某几项：体型与人类相差不大、具有迅速移动能力、杂食动物、集体狩猎、两足行走解放双手，但最终没有一支进入哪怕是原始的真社会性阶段。在接下来的 6 000 万年内，基本上是整个新生代，同样的机会又摆在了物种不断增多的大型哺乳动物面前。哺乳动物不但具备上述条件，而且每一个新子代的出现平均只需要短短 50 万年，这些加快了哺乳动物适应全新环境的速度。然而当时地球上所有哺乳动物中只有裸鼹存活了下来，而热带和亚热带地区生活了几百万年的所有灵长类动物中只有非洲大猿的一个分支——智人的祖先，迈过群居社会的门槛走入了真社会性。

第 15 章

如何解释昆虫的利他行为和真社会性

人类起源于生物世界中的一个生物物种，在这个严格的意义上，人类和那些社会性昆虫并没有多少不同。当年是什么样的遗传演化力量把人类的祖先推到了真社会性的门槛前并推着他们跨了过去？这个难题，直到不久前才有生物学家开始探索。我们可以在其他动物，尤其是社会性无脊椎动物的演化史中找到重要的线索，因为它们远在人类之前就已经跨过了真社会性的门槛。研究者发现，要回答这个问题，关键不是对真社会性昆虫和其他无脊椎动物的起源做种种假设，然后再根据这些假设做逻辑推演，也不是用数学方法建构出有关各种可能性的理论模型。正确的做法，是把在野外和实验室中观察到的实际发生的事情汇总到一起。到今天，经过了一步一步的谨慎探索，我们已经从实际的证据中拼凑出了结论。下一步是运用从中得出的遗传学和演化论的基本原理，本着科学精神，对人类演化问题做试探性研究。

对无脊椎动物，尤其是昆虫的真社会性演化史的扎实建构，始于 20 世纪中叶，首开风气的是三位伟大的昆虫学家：威廉·惠勒（William M. Wheeler）、查尔斯·米切纳（Charles D. Michener）和霍华德·埃文斯（Howard E. Evans）。我在年轻的时候就与米切纳和埃文斯有了良好的私交。不幸的是，惠勒 1937 年就过世了，虽然那时我还年幼，但因为从小就研读他的著作，对他的生平也多有耳闻，所以感觉和他也很相熟似的。这三位都是名副其实的博物学家，正是今天生物学前沿十分需要的人才。他们都将毕生心血奉献给了研究，都希望对自己研究的生物群体了如指掌。他们每一位都是世界级的权威——米切纳之于蜜蜂，埃文斯之于胡蜂，惠勒之于蚂蚁。他们把激情都灌注在分类学上，但也都进一步探索了各自研究对象的生态学意义、解剖学结构、生命周期、演化关系以及行为。他们真是什么都想知道。如果你有幸和这三位中的任何一位一同去野外考察，米切纳肯定会把沿途所见的所有蜜蜂，埃文斯会把沿途所见的所有胡蜂，惠勒会把沿途所见的所有蚂蚁的科学名称随口报上，还会热情地向你传授关于这些物种的一切新知。他们对自己研究的生物充满热爱，而这正是开展研究的关键所在。

多亏有许多像他们这样的科学博物学家在野外和实验室中积累起大量生物学知识，今天的我们才得以渐渐明白真社会性这种最高级的社会性行为为何产生、如何产生。真社会性的产生分为两个步骤。首先，获得真社会性的动物物种，成员之间会互助合作，以确保巢穴持久安全、不受敌人侵扰，敌人可以是猎食者、寄生虫或竞争者。这一点在我们已知的所有真社会性物种当中都是如此，没有例外。其次，一个真社会性群体会容纳不止一代的成员，成员间彼此分工，个体会为了群体利益而牺牲自身的部分或全部利益。如果这一步达到了，真社会性就可以出现。

为了具体说明这个过程，我们来看看一只独居的胡蜂是如何筑巢养育幼蜂的（见图 15-1），这也是鸟类和鳄鱼都能达到的阶段。在普通胡蜂的生命周期中，幼蜂成熟后就会离开巢穴，然后繁衍后代，建立自己的巢穴。反过来，如果下一代中有一部分成员仍然待在原来的巢穴而不离开，那么这个群体就已经靠近了真社会性的门槛。要跨进这个门槛并不困难，但是之后的维持却不简单。对一些独居的蜜蜂以及那些虽然同居一巢，但是始终各自构筑蜂窝的群居蜂而言，其中至少有几种是可以转换到初级真社会性状态的，只要把两只这样的蜜蜂放到一处极为狭小的空间，使它们只构筑一间蜂巢就行了。这一对蜜蜂会自动形成权势等级，就像原始的真社会性蜜蜂的自然种群一样，强势的那只雌蜂变成“蜂王”，在蜂巢内繁衍后代、守护蜂巢，而弱势的那只雌蜂则成为“工蜂”，负责外出寻找食物。

自然状态下，遗传编码可以塑造出同样的分工：昆虫母亲在子代的守护中留守巢穴，于是母亲成为虫后，子代则成为职虫。要发展到最后这一步，需要的遗传变化仅仅是获得一个等位基因，即单个基因的新形式，这个等位基因的作用是关闭虫脑中的离巢程序，防止昆虫母亲和其子代离开旧居另筑新巢。

一旦形成这样的团结群体，自然选择就开始在群体层面上发挥作用。也就是说，个体在能够繁衍的群体中，比起在同样环境中独居时，境遇会有所不同。至于演变情况更好还是更坏，就要看群体成员在相互作用时形成什么性状了。这些性状包括成员在各种工作中的合作，比如扩张领地、保卫和扩建家园、获取食物、养育幼虫等（见图 15-2）。而所有这些工作，都是那些独居、有繁殖能力的昆虫需要凭借一己之力完成的。

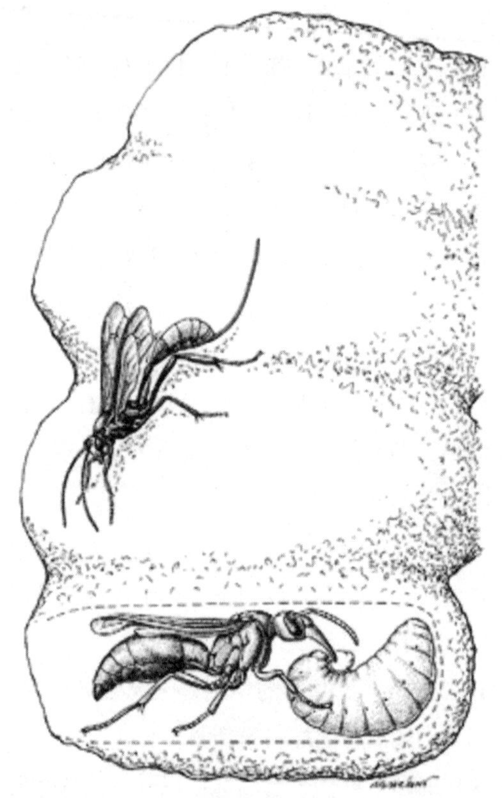

图 15-1 一只独居胡蜂在喂食幼虫

蜂巢的剖面图显示，一只雌性胡蜂正在用毛虫的碎片喂养幼虫。一种寄生的胡蜂潜伏在巢外，等待合适的时机攻击幼虫。

图片来源：David P Cowan, "The solitary and presocial Vespidae," in Kenneth G. Ross and Robert W. Matthews, eds., *The Social Biology of Wasps*, Ithaca, NY: Comstock Pub. Associates, 1991.

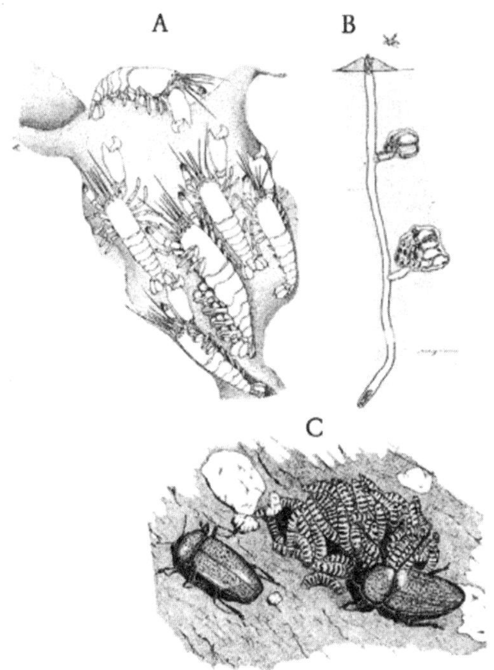

图 15-2　处于真社会性门槛附近的物种

（A）占据海绵洞的一群原始群居的合鼓虾；（B）在土壤中筑巢的一群原始的群居蜜蜂；（C）引导其幼虫寻找真菌食物的大蕈甲的成虫。这种水平的亲代照顾在昆虫和其他节肢动物中广泛存在，但研究者从未发现这种行为会使物种出现群居性。这三个例子说明的是真社会性的起源需要预适应构造和守卫巢穴。

图片来源：J. T. Costa, *The Other Insect Societies*, Cambridge, MA: Harvard University Press, 2006; J. Emmett Duffy, "Ecology and evolution of eusociality in sponge-dwelling shrimp," in J. Emmett Duffy and Martin Thiel, eds., *Evolutionary Ecology of Social and Sexual Systems: Crustaceans as Model Organisms*, New York: Oxford University Press, 2007; S. F. Sakagami and K. Hayashida, "Biology of the primitively social bee, Halictus duplex Dalla Torre II: Nest structure and immature stages," *Insectes Sociaux* 7: 57-98 1960.

决定合群性状的等位基因一旦压倒决定离巢性状的等位基因，自然选择对基因组中其他基因发挥的作用就会催生出更加复杂的社会组织形式。在一个物种刚刚开始朝着真社会性演变的时候，自然选择会首先助推两种现成的倾向：社会阶层和劳动分工。接着，基因组，即全部遗传密码中的其他基因就能在群体的层面上参与对物种的改造，并由此创造出更加复杂的社会结构来。

在过去的传统观点里，也就是按照亲缘选择和“自私的基因”理论，群体是由彼此合作的相关个体所组成的联盟，个体间之所以彼此合作，正是因为它们的亲缘关系。虽然彼此之间也会发生冲突，但是个体都愿意为了群体的需要采取利他行为。群体中的职虫愿意为同伴放弃自己的全部或部分繁殖潜力，因为大家都是亲戚，有共同的基因，这意味着“你的后代也是我的后代”。因此，帮助群内同伴继承与自己相同的基因，也就等于促进了自己的“自私的基因”的延续。因此职虫即便是为了母亲或姐妹献出生命，共有基因的基因频率还是会提高。而由此传下来的基因中则包含了产生利他行为的基因。如果群体中的其他成员也都表现出类似的利他行为，那么整个群体就能击败那些由完全自私的个体所组成的群体。

表面上看，“自私的基因”理论似乎是完全合理的。大多数演化生物学家也的确曾把它奉如圭臬，至少在2010年前是如此。那一年，我和马丁·诺瓦克、科丽娜·塔尼塔一起证明了广义适合度理论，也就是一般所说的亲缘选择理论，在数学和生物学上都是不正确的。它的一个基本错误，在于将虫后与后代的分工误以为是一种“合作”，并将后代离开母巢的行为看作一种“背叛”。而我们认为，真社会性群体中的忠诚和分工并不是演化博弈的结果，职虫也不是博弈中的玩家。在已经稳固建立真社会性的群体当中，职虫只是虫后表型的延伸，换句话说，是虫后个体及与它交配的雄虫这两者基因的另一种表现形式。职虫可以理解为机器人，是虫后按照自己的形象创造出来的，目的是生产出比它独居时更多的虫后和雄虫。

我认为无论从逻辑还是从实证的角度来看这个观点都是正确的，如果真是这样，那么真社会性昆虫的起源和演化就可以看作由个体层面的自然选择所驱动的进程。要研究它，最好的办法是追踪一代又一代的虫后，并且把每一个群体的职虫都看作虫后表型的延伸。虫后及其后代往往被合称为“超个体”，但是现在看来，称作“有机体”也可以。在你骚扰胡蜂群或蚁群的巢穴时，那些攻击你的职虫是蜂群或蚁群所在巢穴虫后的基因组的产物。保卫家园的职虫是虫后的表型，就像牙齿和手指是人类的表型。

粗看起来，这个比喻似乎有些漏洞：真社会性群体中的职虫除了有母亲当然还有父亲，因此它们的基因型和作为母亲的虫后并不完全相同。每个昆虫群体都包含了多个基因组，每个传统意义上的生物个体中，组成有机体的每一个细胞都是一个克隆，包含与受精卵里完全相同的基因组。然而，自然选择的过程，和它作用其上的生物组织层次，运作原理其实是一样的。正如我们每一个人都是一个有机体，由紧密团结的双倍体细胞构成，真社会性昆虫群体同样如此。你的身体组织在增殖时，身体每一个细胞里的分子开关或被打开或被关闭，由此“制造”出指头或牙齿。同样，真社会性群体中的职虫，在同伴释放的信息素和其他环境因素的影响下，慢慢发育成了成体，并且在这个过程中被编入某个特定的等级。接下来，根据职业集体大脑中编好的全部程序，单个职虫会完成其中的一项或一系列任务。职虫会在一段时间里担当士兵、建筑工、护士或全能职虫的角色，不过这些角色很少会终生持续。

当然，在真社会性群体中，职虫间确实存在着可遗传的性状多样性，而且这些不同的性状也确实会为群体服务，比如在业已被证明的抵御疾病、控制巢内气候等方面。但根据亲缘选择理论这一点能否说明群体是由个体组成的，而每一个个体都在设法最大化自身基因的适合度呢？我们只要观察一下虫后的基因组，就会明白事实未必如此：虫后的基因组由不同的基因组成，其中一些等位基因，也就是同一个基因的不同形式之间差异相对较小，它们表达的性状可塑性较小；而同一个基因组中的另一些基因，等位基因之间差异较大，这些基因表达的性状可塑性较大。遗传稳定性对于职虫的等级体系、等级体系的构成方式以及个体在体系内的劳动分工，都是必不可少的。相反，遗传可塑性在有些方面是有利的，比如职虫在抵御疾病方面如果有较大的遗传可塑性会对群体有利，在巢内气候调节上有较大可塑性也有好处。一个群体中存在的基因型越多，在疾病席卷巢穴时，小部分个体幸存下来的可能性就越大。而对巢内温度、湿度和空气成分的变化越是敏感，就越是能够将巢穴环境的这些参数保持在最佳状态，以确保群体的生存。

就可能归属的等级而言，虫后和其女儿们在基因上并没有本质差别。每一颗受精的虫卵，从虫后和雄虫的基因组结合的那一刻起，都既有可能成为虫后，也有可能成为职虫。它的命运取决于各个群体成员在发育过程中的具体处境，比如它出生时的季节、它吃的食物、它接收到的信息素等。从这个意义上说，职虫都是“机器人”，它们由虫后生产出来，作为虫后表型的活动版本。

有些膜翅目社会性昆虫的群体，比如蚂蚁、蜜蜂和胡蜂，显得原始而简单，也就是说，虫后和其职虫后代之间几乎没有解剖学上的差别。在这种情况下，职虫如果想要繁殖自己的后代，就会引起冲突。其他职虫一般会阻止这个僭越者，以此维护虫后的特权。它们会在职虫试图产卵时将它逐出育卵室，有时会压到它身上以示惩罚，甚至把它打伤或者杀死。就算僭越者成功地把自己的卵偷偷带进了育卵室，其他职虫也会嗅出其中的不同，并把僭越者的卵搬出去吃掉。许多研究指出，这类冲突的激烈程度与僭越者和虫后的基因差别程度相关。上述冲突或许可以这样解释：僭越者的卵和虫后的卵有着由基因决定的气味差异，而气味差异的程度决定了敌对的程度。即便如此，有一个问题依然存在：这类冲突能否作为证据来否定职虫与虫后之间个体水平的自然选择？如果我们将僭越者比作哺乳动物体内的癌细胞，答案就是否定的。哺乳动物体内有着复杂的细胞防御机制，包括招募T细胞、T细胞抗原受体、B细胞制造、主要组织相容性复合体等，其作用是抵御感染、抑制失控的细胞生长。从这一点上看，虫后后代中具有遗传多样性的职虫也发挥着同样的作用。

群体是成功还是失败，取决于由虫后和职虫“机器人”后代组成的集体在与独居个体及其他群体竞争中的表现，在这个意义上，群体选择出现了。遇到虫后以及围绕着虫后的群体与其他虫后竞争的情况，群体选择不失为一个有用的概念，可以帮助我们准确地判断自然选择的目标。不过，多层次选择将群体演化看作单个职虫与整个群体的利益冲突，因此我们不能根据多层次选择来建立社会性昆虫的基因演化模型。

此外，昆虫群体中的利他行为，这个说法虽然是个不错的比喻，但它在科学中却并没什么分析价值。如果我们感兴趣的“利他行为”是指个体牺牲自己的繁殖机会，那么运用多层次选择理论来解释这种行为就可能是一个空想。个体选择筛选出了虫后的基因，虫后有能力创造职虫来提高自己的适合度。一旦丧失这种能力，虫后就失败了。

值得一提的是，达尔文在《物种起源》里也提到了“利他行为”，尽管形式较为粗浅。对于没有繁殖能力的工蚁是如何在自然选择中演化出来的，达尔文在很长的时间里都百思不得其解。他曾苦恼地写道，对于这个难题，“我最初认为是无法解答的，它对我的整个理论是致命的打击”。后来，他用一个概念解决了这一难题，这个概念我们现在叫“表型可塑性”（phenotypic plasticity），也就是将虫后及其后代合起来当作外界环境选择的对象。达尔文提出，蚁群是一个家族，而“自然选择既可以作用于个体，也可以作用于群体并达到预期的结果。因此，一棵美味的蔬菜被煮熟了，个体随之消亡，但园艺家却播下了这棵蔬菜的种子，并且确信会收获同样的品种……”所以我认为社会性昆虫也是如此。虽然身体结构或者本能上有了些微变异，群体中一定数量的雄虫和雌虫丧失生殖能力，但是这些变化对于整个群体来说是有利的：同一群体中剩下那些能够繁殖的雄虫和雌虫继续繁衍生息，并且传给它们的可育后代一个倾向，那就是要产生携带同样变异的不育个体。

“美味的蔬菜”比喻巧妙。超个体就是虫后，而它的奴仆女儿们在它周围忙碌着。我相信，有了现代生物学知识，我们已经可以解释这样一种生物是如何产生的了。

第 16 章

昆虫前进的一大步

接下来，我要讲的是科学上的一项争议，虽然我的讲述为了追求通俗易懂进行了简化，但论述的过程也适用于其他那些正在迅速发展、某些方面仍具挑战性的技术议题。

从达尔文时代至今，对真社会性起源和演化的物种研究主要集中在膜翅目昆虫，包括蚂蚁、蜜蜂和胡蜂。还有一些亲缘关系略远的膜翅目昆虫，比如寄生蜂和非寄生的叶蜂、树蜂，它们出没在人类周围，只不过很少被我们注意到。纵观数千种此类昆虫的自然史，昆虫学家利用掌握的已有证据拼凑出了物种从独居个体一步步发展为高等真社会性群体的具体步骤。按导致真社会性出现的逻辑顺序来梳理我们目前所知，你会发现这些具体步骤里不仅有遗传变化的线索，还有推动每一步骤达成的自然选择的动力。

基于对膜翅目昆虫以及其他昆虫的分析，科学家有确凿证据得出以下原则。第一条原则是，所有获得了真社会性的物种，正如我所强调的，都生活在设有防护的巢穴中。第二条原则有待完善，不过可能同样具有普遍意义，那就是防御敌人，包括掠食者、寄生虫、竞争者。第三条原则是在所有条件都相同的情况下，无论从寿命长短来说还是从固定巢穴周围获取生存资源来说，小型社会群体都比亲缘物种中的独居个体更占优势。

在通向真社会性之路的早期阶段，由职虫等工作者守卫并在觅食范围内有可靠食物来源的巢穴是群体赖以为生的资源（见图 16-1），目前已知的真社会性物种无不如此。这也是真社会性物种的第一个特征。我们来看已经被研究透彻的一个现象，很多蜇人胡蜂，比如泥蜂和蛛蜂的雌蜂会建筑巢穴并为幼虫准备好被“蜇晕”的猎物供幼虫食用。全世界目前已知的 5 万到 6 万个带刺物种中，至少有 7 条独立发展的生物线获得了真社会性。反观寄生和无刺的膜翅目昆虫，它们的雌虫产卵时会从一个寄主换到另一个寄主，尽管它们的物种数量超过 7 万，却无一具有真社会性。同样，在叶蜂和树蜂中，为人所知的物种达 5 000 个，虽然非常多样化，但目前已知均不具备真社会性。甚至有很多其他广腰细目的物种尽管形成了相互协作的聚群体，却不具有真社会性。这些物种看似即将步入真社会性门槛，似乎只差一个简单的突变，可是关键一步偏是欠缺，它们无一具有虫后和职虫的等级之分。

膜翅目昆虫以外，再来看分类学上属于小蠹科（Scolytidae）和长小蠹虫科（Platypodidae）的食菌小蠹，目前已知的物种有几千个，它们均以枯木为食，用枯木防身。这些小虫中有很多还会挖洞并在洞里养育幼虫。有极少数的食菌小蠹能够在活树树芯中挖洞，洞里同时生活着好几代。这些极少数的食菌小蠹中只有一个物种，即澳大利亚一种在桉树上打洞的长小蠹虫，发展出了真社会性。鉴于这一物种的栖息地稳固长存，它们挖掘的居所估计已经一代一代地保留了很长时间，据推测可以长达 37 年，并且里面住的是同一家族。

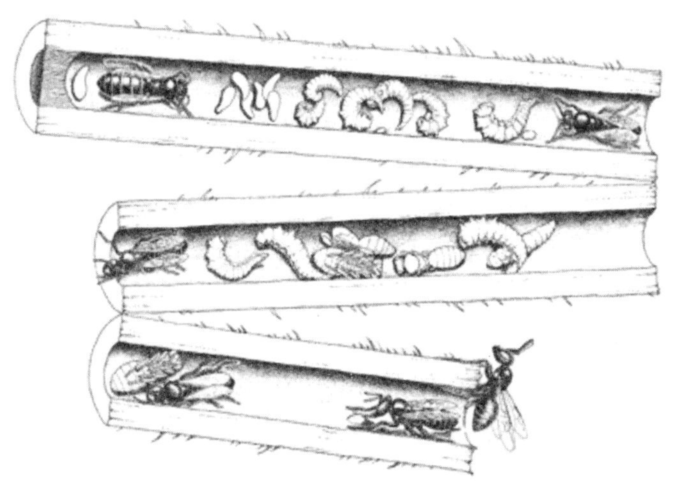

图 16-1　一群原始的真社会性蜜蜂

一群原始的真社会性蜜蜂在中空的兰塔纳树干上筑巢。带着巨大卵的蜂王在上图的左侧，工蜂用花粉喂养幼虫，这些花粉黏在茎腔壁上。

图片来源：Edward O. Wilson, *The Insect Societies*, Cambridge, MA: Harvard University Press, 1971. Drawing by Sarah Landry, based on an illustration by Kunio Iwata in Sakagami, 1960.

少数几种蚜虫和蓟马是具有真社会性的，而它们都会以寄生的方式造成虫瘿。虫瘿是植物体上鼓胀的瘤状物，很多植物上都有。假如你对虫瘿好奇，不妨找棵活的植物，切开一个新鲜虫瘿看看，一般来说你会发现里面有制造虫瘿的昆虫。蚜虫群和蓟马群住在虫瘿的空腔里，在它们自己造出的安乐窝里享用着丰富的食物。相反，大约 4 000 种其他蚜虫和亲缘关系极近的球蚜，以及 5 000 多种蓟马，尽管常会形成密集的群落，但它们既不制造虫瘿也无劳动分工。

热带美洲的浅海中，有几种合鼓虾进入了真社会性阶段，这在全世界已知的大约一万种甲壳纲十足目动物中是唯一的例子。合鼓虾还是十足目中罕见的会在海绵体内挖洞和守洞的动物。

第二个特征起源于独居祖先，它使物种具有了演化出真社会性的倾向，证据来自分类学上被归为集蜂科的汗蜜蜂。研究人员在实验中人为地把分别属于集蜂科芦蜂属（*Ceratina*）和隧蜂属（*Lasioglossum*）的两种蜜蜂混在一起。结果，被迫混居的这两种蜜蜂在筑巢、觅食、防卫等各项事务中发展出了分工的特性。此外，至少有两种隧蜂的雌蜂既被其他蜜蜂追随又追随着它自己的头领。而这种互动方式是初级真社会性物种的特征。

社会化行为的征兆出人意料地出现在独居蜜蜂身上，这似乎没有明显的达尔文理论依据，反倒像来自指导独居物种劳动与生命周期的前定计划。在这一计划中，独居个体倾向于完成一项工作后再去做另一项工作。而在真社会性物种中，这种简单的劳动规则变了，变成要避免去做那些已被或快被同巢伙伴完成的工作。劳动规则演变的结果便是有了满足开放群体所需要的更加分散的劳动分工。

因此，逐渐演变的独居蜜蜂因其本身有转变的倾向，这一特点好比蓄势待发的弹簧，只等真社会性所具有的劳动分工特征适应自然选择，这一转变会随即发生。

从更底层的生物学原因与效果来看，社会化行为要契合神经系统本身的工作方式，我们也为弹簧式的早期社会化行为提出了一个可能的解释。两种独居蜜蜂在被迫混居时出现的自组织行为符合"固定阈值"模型，这个模型是解释劳动分工何以在真社会性物种中起源的。“固定阈值”模型假定，触发特定任务所需的刺激量存在差异，有些差异源自遗传，有些则不是。当两只或更多只蚂蚁或蜜蜂同时碰上了某个可执行的任务，那些需要较少刺激就可以开始工作的个体会率先行动。而它们的同伴则会因此受到抑制，并很有可能在接下来改做其他可执行的任务。因此，神经系统一个小小的改变，哪怕是替换一个等位基因，也会导致灵活多变的结果，就足以使一个已预先适应的物种跨越门槛获得真社会性。

对于独居物种而言，接近真社会性门槛的意思是它们参与防御性巢穴中的累进供食[①]。之所以会接近所谓的阈值是偶然事件，靠的是传统意义上个体层面的自然选择。一个真社会性等位基因是否成功、是否会在群体中扩散完全基于偶然，其命运有赖于巢穴四周的具体环境是否更支持真社会性群体而非个体。

一旦必需的条件全都出现，也就是说合适的初级真社会性状已经各就各位，群体中也有了哪怕数量不多的真社会性等位基因，并且终于出现了对集体活动有利的环境压力，那么，门槛前的独居物种就会一跃而过获得真社会性。这个演化步骤最令人称奇之处在于，真社会性基因无须创造新的行为形式。如同很多一般性的随机突变，它所需要做的仅仅是压制某个已经存在的行为，比如亲代和长大的子代不再离巢单飞。

压制已经存在的行为的结果就是全员待在一个家里。换一个角度来看这个结果的意义，职虫与母虫共享的真社会性基因把它们变成了机器，表达的是母虫自身多种表型的一种。从这层意义上说，我已充分证明，原始聚落就是超个体。本质上，这种有机体就是以处于从属地位的有机体取代生物通常的细胞作为工作单元。

---

① 累进供食指的是在幼虫发育过程中，亲代会持续喂养幼虫。——译者注

真社会性以及我们所说的利他性可能就是在亲代已开始建筑巢穴与累进供食时，单个等位基因或多个等位基因组合的多样化表达所产生的性状。这时唯一需要的就是对群体性状起作用的群体选择，这些性状同样有利于待在巢穴内的成员。接着，群体会向生态优势迈进，到达生物组织的崭新阶段。这是母虫与其新建的职虫品级的一小步，昆虫界的一大步。

真社会性的转变主要来自外界环境施加给母虫及其小群体的压力。这里所说的环境压力具体来说是什么呢？关于这个问题，野外调查和实验研究才刚刚展开，不过人们已经找到了几个有所启发的案例，让我们瞥到了或许是真相的一角。举例来说，有一种独居、筑巢的柔毛沙泥蜂①，雌蜂会在挖好的地洞里放进毛毛虫，并在同一个地洞里连续挖出几个上下相连的小房间。有些蝇类像杜鹃一样寄生，时常在该区域逡巡，因此沙泥蜂每次被迫进出内部巢穴时，都会损失很多虫卵。一个完全合理的设想是，倘若有另一只沙泥蜂雌蜂可以担任守卫任务，那么丢卵事件会大大减少。而假如这两只沙泥蜂还能进一步实施累进供食，也就是虫卵孵出的幼虫在发育过程中以母亲带给它们的毛毛虫为食，并且母亲和成年的孩子继续住在同一个巢穴内，那么它们就达到真社会性了。

具有原始真社会性的集蜂科汗蜜蜂和马蜂亚科长脚蜂则为这种适应以及适应的调转提供了更具体的例子。研究人员最近发现了一个有趣的例子：两种汗蜜蜂本来从多种植物中收集花粉，后来改成只收集少数几种植物的花粉，与此同时，它们从原始的真社会性生活退回到了独居生活。对这一转变的解释最后不证自明。专攻数量有限的某几种植物，这在昆虫中是普遍现象，因为这可以保证它们

① 泥蜂科，沙泥蜂属。——译者注

战胜其他植食性昆虫。生物历史上，这种变化可能起源于遗传，能够使得收获季节缩短，消除了代际之间共存的可能性，也消除了真社会性出现的可能性，以及守卫蜂可能带来的优势。

相反方向的生物演化不难想象，也很有可能发生。适应范围更广的植物食谱为多重世代创造了条件，也为同一个巢穴内世代重叠做好了准备。与世代重叠相关的另一个类似证据来自具有原始真社会性的胡蜂。跨过真社会性这条线，假如小群体生活比独居优势大，并且比每个试图离家单打独斗的个体都更有优势，那么使子代倾向于留在巢内的单个等位基因便能在整个种群演化中稳固保存。这种对策是灵活可变的：在繁殖季节，有些雌性后代能成为处女蜂后，有序四散并组建新群体。

使个体倾向于离开母巢的基因被一个等位基因或一小组等位基因关闭，这是通向真社会性的最后一步，在真实世界中非常有可能发生。就拿蚂蚁来说，现存的蚂蚁种类非常丰富，但其中有翅膀的繁殖雌蚁与无翅膀的雌性工蚁共存是群体生活的基本性状。根据双翅目蝇类和鳞翅目蝴蝶类这两类古老的昆虫可知，有固定不变的基因调节网络在指导所有有翅昆虫的翅膀发育。早在 1.5 亿年前，最早的蚂蚁或它们的直接祖先就改变了翅膀发育的调节网络，通过饮食或某些其他环境因素的影响，调节网络中的部分基因被关闭，由此出现了没有翅膀的工蚁品级。

我再举个入侵红火蚁的例子，它们的蚁后数量和领地行为受到基因的影响，这个例子同样也能充分说明遗传基因一个小小的改变就会带来很大的影响，早期从南美洲南部经货柜引入的蚁群后代，每个蚁群都有一个或少数几个有产卵功能的蚁后。这些蚁群还表现出基于气味的守卫领地行为，不让其他蚁群在领地内驻扎。20 世纪 70 年代的某段时间起，这种入侵红火蚁开始演化出另一个新种。新种的蚁群中有很多蚁后，并且不再守卫领地。最后研究发现，两种红火蚁之所以不同是因为一个关键基因的差别。这个基因叫 Gp-9，研究者已经完成这两种等位基因的测序，认为它们在红火蚁以嗅觉识别同巢伙伴的过程中起关键作用。这种导致很多蚁后共存的等位基因无疑消减甚至去除了区别同伙和非同伙的能力，也无法区分谁是有产卵潜力的蚁后。后者造成的结果是，蚁群调节蚁后数量的重要方式失效了，这给蚁群带来了深远的影响。

与上述没有翅膀、蚁群气味的例子不同，使物种迈入真社会性的第一步遗传变化究竟具有什么特性？这个问题还没有人知道，但一定会在不久的将来靠遗传学研究来解答。马蜂属的胡蜂，其工蜂与蜂后的阶级地位具有灵活性[①]，生物学家提出，其遗传基础与独居膜翅目昆虫基因中调节冬眠的发育生理学机制是一样的。根据环境做出转变或许至关重要。奇怪的是，发生这种变化并不需要靠突变产生一个或一组等位基因，也不需要它们通过群体选择扩散出去。相反，关键的等位基因或许早就存在于种群中，达到了固定的基因频率，此时独居行为在绝大多数环境中是常规的，而真社会性行为只有在极端的、罕见的环境中才会表现出来。随着空间或时间的相关环境因素出现变化，真社会性行为才会慢慢成为常规性行为。日本有一种在树干上做巢的黄芦蜂（*Ceratina flavipes*），它们的行为显示了处在真社会性边缘的物种具有此类潜力。这种蜜蜂的雌蜂，绝大多数是独自筑巢，提供后代发育成熟所需要的所有花粉和花蜜，但有超过 0.1% 的蜂巢内会有两只雌蜂合作筑巢。发生后一种情况时，这对雌蜂会分工：一个产卵，并守卫在蜂巢入口；另

① 若将可能成为蜂后的雌蜂放在蜂巢较早筑成的部分，这只雌蜂就会转而成为工蜂，反之亦然。——译者注

一个则出去觅食。

说到真社会性将要开始时的遗传变化，另一个例子来自在地上筑巢的隧蜂。这个物种可谓一脚进一脚出地站在真社会性演化的门槛上。希腊南部的这种隧蜂，某个遗传种类是由雌蜂合作创建蜂群，而另一个种类则由具有领地行为的单个雌蜂创建蜂群，其后代成为工蜂。

尽管个体直接选择可能对真社会性的起源发挥一定作用，但维持和深化真社会性的动力必然是根据环境做出的群体选择作用于群体产生的新性状。对大多数初级真社会性蚂蚁、蜜蜂和胡蜂的行为分析显示，新性状包括支配行为和繁殖分工，还很有可能包括基于信息素释放的一些警告信号。在真社会性的早期阶段，这里我要把先前提过的观点再强调一遍，物种属于遗传嵌合体。也就是说，真社会性物种出现的新性状有利于群体，而基因组的其余大部分，也就是真社会性出现之前作为个体直接选择的目标而存在的性状，则有利于个体传播和繁殖。为使群体选择的约束作用抵消个体直接选择作用，候选的昆虫物种必然只需经过很短一段演化进程，这样形成真社会性群体就只需要较少的新性状。候选的昆虫能够缩短演化进程，是因为有了一系列特定的预适应，比如构筑可用于抚育后代的巢穴。这样的预适应比较罕见，再加上要达到真社会性，还必须消除个体直接选择的影响，这就愈加提高了真社会性的门槛。这两个因素叠加，或许就能解释为什么真社会性会在动物界的发展史中如此罕见了。

跨过真社会性门槛唯一所需的遗传变化是筑巢者要拥有某个可以控制自身以及后代留在巢中的等位基因。预适应给真社会性所需的身体形态和行为提供了可变性，并从群体成员的互动中产生了至关重要的新性状。群体水平上的群体选择将立刻作用于这些性状。

此时，社会组织具备了深化的潜力，事实上这样的情况也的确在蚂蚁、蜜蜂和白蚁群中多次出现。

在真社会性的最初阶段，留在巢中的子代需要承担职虫责任，这符合真社会性出现之前的祖先所遗传下来的既有行为准则。随后，形态上的职虫品级，即区别于体型更大的繁殖品级的品级产生了，因为遗传上发生了更多变化，决定母亲照顾行为的基因超越了觅食基因的表达，祖先原定的成体发育计划因而被打乱了顺序。发育路径的更改受程序调控，部分保留了决定整个发育计划的等位基因的表型可塑性。群体中出现解剖结构上与虫后不同的职虫品级，意味着到了演化中的“不可折返点”，也就是从此真社会性生物就无法逆转了。如果群体首领会说话，它们或许会用外激素语言说，“大家一起坚持，六条腿站在一起，不然一起完蛋”。这就必须要有平衡和合作。如果虫后太多，就没有足够多的职虫来维持整个群体。而职虫太多，巢穴四周的食物会很快短缺。没有足够多的士兵，捕食者会毁掉巢穴。没有足够多的觅食者在巢外觅食，虫群则会挨饿。

第 17 章

自然选择如何创造社会本能

达尔文在《人和动物的感情表达》一书中首次提出了一个观点：本能反应是通过自然选择演化而来的。此书是他四本巨著中的最后一本，也是受关注度最低的一本，该书版式简洁，配有大量插图。达尔文在书中主张，各物种除了特有的解剖与生理特征外，还有特有的行为特征，行为特征也是遗传而来的。行为特征之所以到今天仍然存在，是因为它们在过去促进了物种的生存和繁殖。

达尔文的基本观点后来不断得到验证，并为我们如今所理解的行为学奠定了部分基础。正因为如此，一个世纪之后，现代动物行为学研究的创立者之一康拉德·劳伦兹（Konrad Lorenz）将达尔文尊称为心理学守护神。

然而，人的本能是基因变异和自然选择的产物，这一观点引发的论战之激烈比其他现代科学理论更甚。20 世纪 50 年代，由斯金纳领衔的激进行为主义对这一观点发起猛攻，他们相信无论是动物还是人类，所有的行为都是个体在发育过程中通过各种方式习得的。之后 20 年里，“自然选择塑造本能”的主张战胜了“大脑是块白板”的观点。至少在动物身上，“自然选择塑造本能”的观点得到了证明。然而，接下来的 20 多年里，“白板说”还是存在于对人类社会性行为的认识中。很多社会科学和人文科学的研究者依然坚持认为，心灵完全是环境和经历的产物。他们认为自由意志是存在的，并且自由意志是强大的，而心灵在根本上受控于意志和命运。最后他们得出结论，认为心灵如何发展仅仅取决于文化，不存在什么以遗传为基础的人类本性。

事实上，当时关于本能和人性学说的证据已经颇具说服力。今时今日，有了随时可得的新证据，这一观点更是在数量和广度上无可辩驳。本能和人性渐渐成为遗传学、神经科学、人类学乃至今天社会科学和人文科学的研究主体。

本能是如何通过自然选择发展来的呢？为了尽量把问题说得简单明了，我们可以设想有一群鸟，它们生活在橡树与松树的混合森林中。这些鸟只选择橡树作为筑巢的地方，这是种遗传倾向，要做到这一点最简单的办法就是交由一个等位基因来决定，也就是说某个特定基因有不止一个版本，它的其中一个版本会决定这种倾向（见图 17-1）。我们就把这个等位基因称为 a 好了。由于等位基因 a 的影响，鸟在筑巢时会自然而然青睐橡树，它们会在同一片生长着无数松树的森林中选择橡树。它们的大脑会自动识别橡树特有的某些特征，比如树冠的高度和轮廓，或是高层树枝的外形和感觉。

如果某片森林中的环境出现了变化，由于当地气候变化和某种新疾病的侵袭，橡树变少了。而由于更能适应新环境，松树开始占据更多的空间。一段时间之后，松树成了森林中的优势物种。与此同时，鸟类的特定基因出现了第二个版本，等位基因 b，它是决定鸟类青睐橡树的等位基因 a 的突变体。等位基因 b 有可能并不是一个全新的突变，它有可能早就存在，因为过去罕见但又反复出现的突变而保持着很低的频率。也有可能是某只外来的鸟携带了喜爱松树的等位基因 b，这只鸟以前住在附近另一片森林，它来自喜爱松树的鸟群，机缘巧合来到了现在的森林。

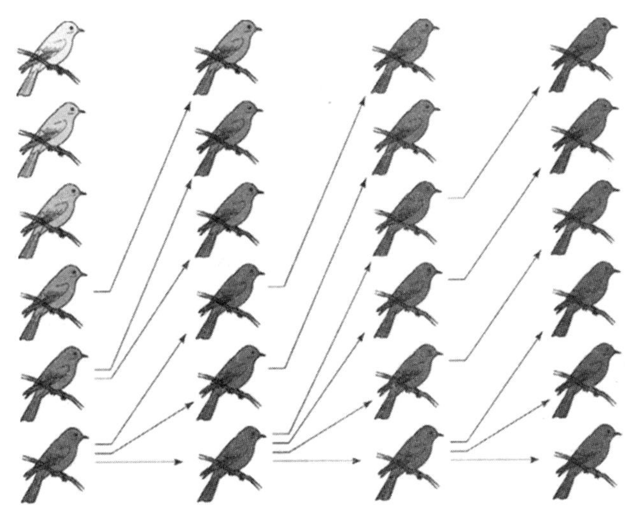

图 17-1　等位基因与性状

当同一基因的两种形式（等位基因）产生不同的性状时，最简单的基因进化就发生了。在这个假设的例子中，颜色性状因为物种的生存或繁殖变成了深蓝色。

图片来源：Carl Zimmer, *The Tangled Bank: An Introduction to Evolution*, Greenwood Village, CO: Roberts, 2010, p. 33.

不管其起源如何，这第二种等位基因 b，决定着携带了它的鸟更喜欢在松树而不是在橡树上筑巢。在这片出现变化的森林里，松树的优势正在压倒橡树，而等位基因 b 现在比等位基因 a 表现得更好，说得更精确也更切题一点，携带等位基因 b 的鸟比携带等位基因 a 的鸟活得更舒适。经过一代又一代，等位基因 b 的基因频率在整个鸟群中变高了，最终也许会完全取代等位基因 a，也许不会。但无论是哪种情况，都意味着演化发生了。鸟群中发生的这种遗传变化相比鸟的全部遗传密码而言并不算大，只是一个“微演化”事件。但其后果是明显的。从等位基因 a 占多数转变为等位基因 b 占多数，才使得这种鸟得以继续占领这片现在松树占多数的森林。由于自然选择，演化改变发生了。不断变化的自然环境选择了由等位基因 b 替代先前占优势的等位基因 a。因此，一个曾经由环境选择出来的本能被另一个取代。

在不同物种的种群中，物种特有的各项性状，包括行为，都会出现类似的突变。突变有可能是组成 DNA 的“字母”——碱基对发生随机变化，就像等位基因 a 变成等位基因 b 那样；也可能是一段 DNA 分子在复制时次序出现了变化；又或者是携带 DNA 分子的染色体在数量或构型上发生了改变。绝大多数突变以这样或那样的方式给生物带来改变，其后果是这些突变很快就消失了，或者最多就是保持着极低的频率，即突变水平。但是，也有极少数突变，的的确确为生物的生存和繁殖提供了优势，类似于前面设想情况中的等位基因 b，这一突变为从前钟情于橡树的鸟打开了松树市场。结果就是这些突变在种群中的频率会增加。突变不断地在遗传密码的各处随机出现，它们大多数是糟糕的，极少数是好的。因此，演化持续发生着。

庞大的遗传密码库中有数以亿计的碱基对，尽管数以亿计的 DNA 碱基普遍有机会出现新等位基因等遗传新品，但表达特定基因的 DNA 片段碰巧经历此类突变其实是十分罕见的。对于单个基因而言，一般是每一代中有十万分之一或百万分之一的个体出现突变。而一旦真的出现有利于生存和繁殖的基因变化，就像假设的松树倾向型等位基因 b 那样，该突变会迅速传播。例如，至少在 10 代当中该等位基因在群体里的频率从 10% 增加到 90%，哪怕该突变仅仅体现出了微弱的优势。

目前，演化动力学方面的科学文献可谓汗牛充栋，它们是基于一个世纪以来的数学理论以及在实验室与自然界的经验观察。在此基础上发展起来的演化生物学越来越富于指向性，精细程度超出已往，发展动力十足。研究人员面对的是丰富多样的新现象，包括有性生殖和无性生殖，以及遗传粒子的分子基础等。科学家还正在研究细胞和有机体发育过程中的多基因相互作用，以及各种不同的环境压力对微演化的影响。

获得精确的细节变化后，定位基因层面的演化主体可以说是纯粹技术性的工作。不过，我在这里还是收集了一些总原则，这些原则很容易掌握，并且对理解本能和社会性行为的遗传基础来说至关重要。

原则之一是遗传单位不同于演化进程中自然选择的作用对象。这里的遗传单位是一个基因或一组基因，它们是遗传密码的组成部分，就像是林鸟的等位基因 a 和 b。而自然选择的作用对象则是由遗传单位所编码，由环境决定是否适宜的某种性状或某些性状，像人类中的高血压倾向、疾病的抵抗能力等。鸟类选择在哪里筑巢的本能行为也是自然选择的作用对象。

自然选择往往是多层次的：它施加在基因上，而基因控制的对象在生物组织上不止一层，比如细胞和有机体，或有机体和群落。多层次选择的一个极端例子是癌症。癌细胞是一种突变体，它的生长与繁殖以有机体为代价，而有机体正是组成更高一级生物组织的细胞集合。在细胞层面上发生的选择有可能在有机体层面上起着相反的作用。失控的癌细胞使得更大的细胞群即有机体生病死亡，而癌细胞本身正是这个有机体的一部分。相反，癌细胞的生长得到控制时有机体就能保持健康。

由真正合作的个体组成的群体，就像人类社会一样，成员个体具有遗传多样性，而非母体基因组的机械延伸，就像真社会性昆虫那样，而个体层面的选择会促进自私行为。在不同人群之间的选择通常会促进群内成员间的利他行为。欺骗者或许会是群内的赢家，比如获得更多的共享资源、逃避比较危险的任务、违反已有规则，但欺骗者组成的群体会落败于合作者组成的群体。一个群体的团结程度取决于合作者相对于欺骗者的数量，而合作者相对于欺骗者的数量则又取决于两方面：一是该物种的历史，二是现有的个体选择对抗群体选择的相对强度。

完全受群体选择作用的性状或对象是群体成员在互动中产生的，包括通信、分工、支配、执行共同任务时的合作。如果互动质量可以让有互动的群体比没互动或互动少的群体更有利，那么决定互动表现的基因会在群体中扩散，在群体中代代相传。

个体选择和群体选择之争的结果是社会中利他和自私的共存，善与恶的交融。假如群内有个成员没结婚而是一辈子服务社会，尽管这个成员没有自己的后代，但该个体对社会是有益的。上战场的士兵有益于他的国家，但他死亡的风险比他人要高。助人为乐者有益于群体，而省下自己力气、降低自身风险的懒汉或懦夫会把最终导致的社会损失转嫁给他人。

对于理解高级社会性行为非常重要的一个原则是表型可塑性。先来看表型，表型是有机体的某种性状，至少部分取决于基因。回到我们先前设想的那个例子，鸟倾向于在橡树上做巢还是在松树上做巢就是一个表型。再来看基因型，意思是决定偏好橡树或偏好松树的基因，在这个例子中就是先前提到的等位基因 a 或 b。某些由特定基因型决定的表型会有严格的表达，比如人类的五个手指或眼睛颜色等。还有一些表型则是灵活可变的，其表达以可预测的方式有赖于个体发育环境。等位基因 b 的作用是让鸟倾向于选择松树，但在偶然或者说罕见的情况下，鸟会选择橡树。

在生物学家中也尚未获得广泛认同的一点是，表型可塑性本身多大程度上受自然选择影响。一个经典的例子是毛茛属的叶子，同样的基因型，根据植株或植株的一部分所处的环境会长出两种不同类型的叶子：水面上是浅裂的宽大叶形，水下则是毛刷状的叶形。同一株植物上可以同时有这两种叶子，一片叶子若是刚好伸出水面，则它上半部分是圆的，下半部分是毛刷状的（见图 17-2）。

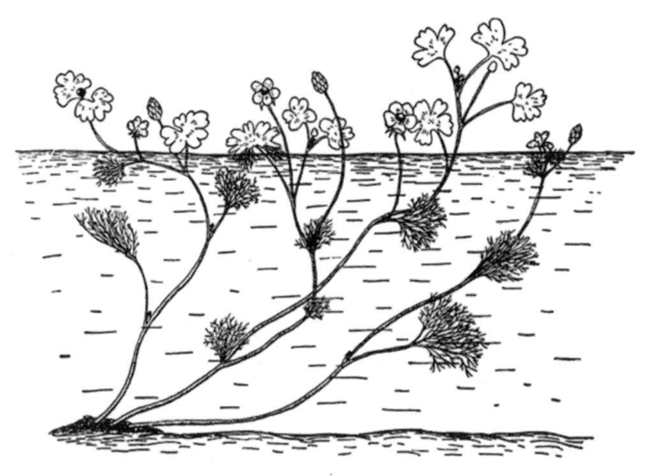

图 17-2　水毛茛

水毛茛具有极强的表型可塑性，叶片的形态由叶片的位置决定。

图片来源：*Theodosius Dobzhansky, Evolution, Genetics, and Man*, New York: Wiley, 1955.

说到自然选择推动的演化，至关重要且必不可少的一点是区分近因和远因。前者指某个结构或行为如何出现，后者指该结构或行为最初何以会出现。还是来看我们设想的森林小鸟，它们把筑巢地点从橡树换到了松树。其演变的近因是获得了等位基因 b，使它们倾向于选择松树。更确切地说，等位基因 b 控制着它们改变筑巢行为的内分泌和神经系统的发育。而远因是环境带来了选择压力：橡树衰落，并被松树取代，给了突变的等位基因 b 有利的地位，使等位基因 b 超过原先占优势的等位基因 a。造成鸟群整体由等位基因 a 变到等位基因 b 就是自然选择过程。

有些时候近因和远因很容易搞混，尤其是有关人类演化的多重过程，非常复杂。举例来说，我们时不时会看到说人类智力在演化过程中越来越高是因为人类学会了使用火、改为两足直立、开始长时间的狩猎等，要么是其中一个原因决定的，要么是多个原因共同决定的。这些创新行为的出现诚然是人类演化的里程碑，但并非最初的原动力。今天人类高级的社会性行为，就是从上述原始的行为中一步步走过来的。就像昆虫定居的巢穴和累进供食，将少数几个昆虫物种带到了真社会性触手可及的位置，这个过程中的每一步都是物种自己做出的适应，在自然选择演化方面有其本身的近因和远因。最后一步是现代智人大脑的形成，其带来的创新爆发至今仍在继续。

第 18 章

社会演化的驱动力

自然选择作用于生物组织的哪一层，深刻关乎社会性行为的演化。它是作用于个体，使个体从团结紧密、无私合作的群体中获得好处；还是作用于亲缘关系，让亲属之间互相承认彼此身上带有自己的基因，因此哪怕牺牲自我也可以让自己的基因在下一代继续延续；抑或是作用于群体，使具有利他者的合作群体胜于没有利他者的群体？

近来出现的大量证据表明，问题的答案指向最后一种解释，也就是群体选择。为了向大家说明为什么群体选择才是事实，我在前面关于社会性昆虫起源的章节“昆虫前进的一大步”中选择了科学文献中常会用到的一种解释方式，只不过在这里为了更通俗易懂，我做了些简化。原因是许多年来我都在社会演化领域开展研究，并且就在最近，我更是研究起了这个领域的基本理论当中正引发热烈争论的一部分。下面的内容可以看作从科学前沿发回的现场报道。

在认识到群体选择起作用之前长达 40 年的时间里，关于高级社会性行为演化的最终原因，标准解释是广义适合度理论，也叫亲缘选择理论。广义适合度理论主张，亲缘关系在社会性行为的起源中起着核心作用。概括说来，该理论认为，群体中的个体亲缘关系越近，相互利他合作的可能性就越大，因而形成群体的该物种演化出真社会性的可能性也就越大。这种说法直觉上非常吸引人。无论蚂蚁还是人类，难道不该青睐亲缘并倾向于按血统组成群体吗？

40 多年来，广义适合度理论在解释各种各样的社会性行为的遗传演化上作用巨大，在解释旁系利他行为时尤其如此。旁系利他主义指的是，个体把原本奉献给可育下一代的精力分出一部分，用来帮助群体中其他成员的后代而非自己的后代。

个体通过亲缘选择影响旁系亲属的繁殖行为，比如同胞手足、表亲等的繁殖，亲缘选择的产物是广义适合度。从严格的生物学意义来说，个体的旁系亲属获得遗传适合度，同时利他者损失遗传适合度时，我们就说该个体的影响是利他的。个体的广义适合度包括两部分，一部分是其本身的个体适合度，也就是该个体有多少自己的后代会长大并有子孙，另一部分是其行为给旁系亲属，例如姑姨、叔伯、表亲等的适合度造成的影响。由于个体自身的广义适合度和其群体的适合度总体上是增加的，不管群体适合度单独说来是否降低，根据该理论，利他的基因还是会在整个物种中增加。由于简单明了，并且为利他主义在社会性生物中的重要性提供了明确表述，亲缘选择的观点刚一提出就吸引了科学家和公众。

亲缘选择的观点最早由英国生物学家 J. B. S 霍尔丹（J. B. S Haldane）在 1955 年提出，不过整套理论的建立却是由他年轻的英国老乡威廉·汉密尔顿（William Hamilton）在 1964 年完成的。汉密尔顿提出的公式被称为社会生物学中的“质能方程”：$rb>c$。这个不等式的意思是，当利他主义的受惠者所得到的利益 b，乘以受惠者与利他主义者亲缘关系的系数 r，大于利他主义者付出的代价 c，那么支配利他主义的等位基因在种群中的频率会增加。由霍尔丹和汉密尔顿提出的参数 r，表示利他主义者和受惠者因有共同后代而共享的基因所占的比例。举例来说，利他主义者兄弟姐妹得到的好处如果是其付出代价的 2 倍，堂兄弟姐妹是 8 倍，利他主义将得到发展。打一个粗略的比方来说明，你出于利他主义没有自己的孩子，但出于你对你姐姐做出的利他行为，你姐姐的孩子数量增加了 1 倍多，那么你就会促进你体内的利他基因。

霍尔丹在其最初的表述中将亲缘选择的想法描述得再清楚不过：

> 假设你带有某个罕见基因，该基因影响了你的行为，使你会跳入上涨的河水中救出落水儿童，但你有 1/10 的概率会溺死；而我，并无该基因，则站在岸上看着这孩子沉下去。假如这孩子是你的孩子或是你的亲弟亲妹，那这孩子同样拥有该基因的可能性是 50%，所以救人 10 次，该基因在大人体内丢失 1 份而在孩子体内保留 5 份。假如你救的是孙子孙女或侄子侄女，则该基因只保留 2.5 份；假如救的是堂弟堂妹，效果就更微弱了；假如你想救的是再隔一代的远房表亲，则种群失去这个可贵基因的可能性就会大过获得它的可能性。但在后两种情况下，我把可能会溺死的人从水里拉上来之前是无暇做这种计算的，虽然这会让我将自己置于危险中。旧石器时代的人同样做不了。很明显，采取这类行为的基因只会在很小的群体中传播，因为小群体中大部分孩子都和甘冒生命危险救人的人

是近亲。而在小群体以外，要想了解这类基因如何稳定下来就不容易了。当然，在蜂巢、蚁巢之类的社群中情况要简单很多，因为它们实际上都是兄弟姐妹。

我头一次见到亲缘选择的说法是在汉密尔顿 1964 年发表的相关文章中，起初我对这一观点抱有怀疑。昆虫社会有形形色色的社会组织，而当时我们都对社会组织如何形成一无所知，因此我很怀疑如此复杂的现象是否可以用汉密尔顿不等式这般简洁的公式来概括。我也很难相信一个初入此行的毛头小伙能提出有价值的创见，因为 28 岁对于一位演化生物学家来说太年轻了，虽然我做出这种情绪化的反应时根本没想过自己也只有 35 岁而已。可是，仔细研读之后，我改变了想法。我被亲缘选择的独创性和它富有前景的解释力给迷住了。1965 年，我曾在伦敦皇家昆虫学会那些充满敌意的观众面前为这种理论辩护，汉密尔顿当时就在我旁边。

当时汉密尔顿相信自己的研究是很靠谱的，但让他郁闷的是，这篇亲缘选择的文章先前在他作为博士论文提交时被拒了。我们俩走在伦敦的马路上，我鼓励他说，这篇文章只要再投一次肯定能成，而且它应该会对我们这个领域产生很重要的影响才对。结果这两点都被我说中了。我回到哈佛大学，随后的几年里，我在《昆虫的社会》（1971）、《社会生物学：新的综合》（1975）、《论人性》（1978）三本书中都把亲缘选择和广义适合度放在了突出位置。这三本书梳理总结了当时人们对社会性行为的认识，提出了一门以种群生物学为基础的新学科，我将其命名为社会生物学，后来在此基础上还产生了演化心理学。不过，20 世纪六七十年代给我以灵感的并非形式抽象的汉密尔顿不等式本身，而是汉密尔顿的一个充满智慧的假设，后来被称作“单双套系统假说”（haplodiploidy hypothesis），而最初赋予汉密尔顿公式魔力的正是这个想法。单双套系统假说指的是一种性别决定机制：受精卵会发育成雌性，非受精卵会发育成雄性。其结果是，姐妹的亲缘关系（r=3/4，同血统的雌性成员有 3/4 的基因是相同的）比母女的亲缘关系（r=1/2，同血统中有半数基因是相同的）更近。单双套系统恰恰就是分类学上膜翅目昆虫的性别决定方式，包括蚂蚁、蜜蜂和胡蜂。因此，汉密尔顿认为，由利他姐妹组成的群体更倾向于以这种性别决定机制来演化而非传统认为的单双套性别决定机制。

20 世纪六七十年代人们所了解的真社会性物种基本上都是膜翅目昆虫，因而单双套系统假说获得了强有力的支持。单双套系统与真社会性具有因果关系成为七八十年代一般文章与教科书中的标准说法。这个观点就好比牛顿学说，从一条单独的生物学原理出发，遵照逻辑步骤层层推导，最后得出一个重大的演化论结果，那就是真社会性形成的模式。它也增加了社会生物学上层建筑的可信度，因为社会生物学正是建立在亲缘关系具有关键作用这一假设上。

然而，单双套系统假说到了 20 世纪 90 年代却开始不灵了。首先，白蚁本来就不符合这种解释模式。其次，人们发现了更多真社会性物种的群体，它们的性别决定机制是双套系统而非单双套系统，包括一种长小蠹科甲虫、几种独立演化的合鼓虾、两种独立演化的滨鼠科鼹鼠。这么一来，单双套系统与真社会性之间的联系就达不到统计学意义上的显著水平了。结果现在单双套系统假说已被研究社会性昆虫的人普遍抛弃。

与此同时，有越来越多其他类型的证据对亲缘选择和广义适合度的基本假设表示反对。首先，尽管我们推测真社会性倾向在动物史中大量存在，但真社会性的真正出现却十分罕见。有数量庞大的独立演化物种是单双套系统或单克隆繁殖的，单克隆繁殖能够产生最大的血统关联程度（r=1），却没有产生一个已知的真社会性例子。

其次，科学界还发现了相反方向的选择驱动力，会使近亲抵触向利他主义的演化。比如群体选择青睐的更大的遗传可变性，这在有关西方收获蚁和切叶蚁的文献中可以看到，至少在切叶蚁中遗传变化是为了抗病。还有佛罗里达州收割蚁（*Pogonomyrmex badius*）的例子，决定工蚁品级的遗传可变性会促成更精细的工蚁分工并提高蚁群适合度，尽管目前尚未检测后者的概率。此外，在蜜蜂和蚁属蚂蚁的巢穴中都发现遗传多样性更多与巢穴温度的恒温特性提升有关。可能对密切亲缘关系的优势起消减作用的其他因素还包括裙带关系对群体的破坏性影响，而且近亲繁殖不利于群体成员之间遗传相关性的最大化。

上述通过群体选择发展的对抗力量，更准确地说，是真社会性昆虫中发现的对抗力量，大多是通过群体之间的选择来起作用的。我再重复一遍，这一级选择是比个体选择更高一层的选择。群体之间的选择作用于群体成员互动产生的可遗传性状，具体就是品级划分、分工、通信和巢穴建设。一个群体完全可以作为一个单元自我繁殖，并且与独居个体以及同物种的其他群体来竞争。

乍看起来，在真社会性演化当中出现的各种各样的反方向驱动力似乎在理论上可以被归结为各种性状给个体适合度带来的利益 b 和代价 c，因而仍符合汉密尔顿不等式。但实际上，这么做需要对广义适合度做全面计算，包括对 b 和 c 的计算。这么一来就需要开展异常困难的野外研究和实验室研究。这类实验目前还没有成功的，据我所知甚至还未开展。此外，要定义相关程度 r 值在数学上也很困难。正因为这些困难，导致错误言论一再出现，这些人认为群体选择与用广义适合度来表现的亲缘选择是一样的。

这个学科的大多数作者，包括作品广为流传的理查德·道金斯，仍对亲缘选择理论忠心耿耿，而我却从 20 世纪 90 年代早期起开始产生怀疑。我过去一直在思考的问题是，作为遗传社会演化问题中占统治地位的范式，这 30 年里广义适合度理论在解释利他主义以及以利他主义为本的社会时取得了哪些成果。它产生了亲缘关系的测量方法，并且使其成为社会生物学研究的常规做法。这些本身是有价值的。研究人员也曾用该理论在某些案例中预测新繁殖的蚁群在性别比例上的波动，数据总体而言很有说服力，只不过大部分数据是不等式而不是等式。我后面也会简短提到，从中得到的结论是错误的。亲缘选择理论还正确预测了亲缘关系对支配行为与管辖的影响。蜜蜂和胡蜂中，相互关系更密切的蜂群，内部斗争要少于那些关系没那么近的蜂群。不过还是同样的问题，这一理论所得出的结论并非是唯一可能的解释。最后，人们还用广义适合度理论预测了原始真社会性蜜蜂的蜂王只会交配一次。然而，这个案例中给出的证据没有作为对照的独居蜜蜂物种，所以也还是得不出任何结论。

热热闹闹的理论研究搞了很长时间，但其结果无论以哪种标准来看都经不起推敲。与之相反，同样在这段时期内，对真社会性生物，尤其是真社会性昆虫的经验研究却蓬勃发展，这些研究在品级、通信、生命周期等各种现象上揭示了丰富的细节，既有个体选择水平上的也有群体选择水平上的。这些进展基本上都未受广义适合度理论的启发或推动，事实上广义适合度已经演变成自说自话的抽象理论。

亲缘选择理论的不完备之处主要在于对 r 值的定义不明，因而造成亲缘关系的概念松散，对汉密尔顿不等式产生了各种各样的解读。最初采用广义适合度理论来解释时，是把 r 定义为血缘相关性，也就是群体中的成员在血缘上的关系亲疏程度。举例来说，亲兄弟就比表兄弟关系近。这个定义非常合理，它确定了两个个体因共同血统而共享的平均基因数。可是没过多久，人们就认识到无论是在真实案例中还是在理论案例中，这个相关性定义大多数时候在汉密尔顿不等式中不管用。结果，为了满足所要发展的模型的特定需要，人们就在不同的时候采用了不同的定义，包括使亲缘关系模型等同于多层次自然选择模型。在某些情况下，同样拥有某个等位基因就可以说是有亲缘关系，而不管该等位基因是源于血缘还是独立突变而来。

总之到了最后，最初以血缘来定义的 r 成了让汉密尔顿不等式成立所需要的全部，这倒成了不同模型仅有的统一认识。正因为如此，汉密尔顿不等式已经失去了作为理论概念的意义，根本无法成为设计实验、分析比对数据的有用工具。例如，在基于标签的合作（tap-based cooperation）这个简单的模型中，对 r 值的计算用到了三重相关关系。你需要在群体中随机抽取三个个体，其一为合作者，另外两个则有同样的表型标签，比如相同的外表或是相同的行为。那些过去对广义适合度不是特别了解的生物学家听到在真正进行计算时“相关性”参数并没有统一的生物学意义，往往会大吃一惊。

本质上讲，此前提出的很多模型是在繁殖与收益成比例的基础上用自然选择、博弈论方法来思考问题。这可以说明自然选择至少在某种程度上是多层次的：最初目标性状的选择结果会影响到其他层级的生物组织，下到分子水平上至群体水平。许多自然选择模型可以用亲缘选择的说法来重新表述，实际上确实如此。我再重申一遍，这种方法看的不是个体的直接适合度，而是个体行为对自身以及群体中其他所有个体的影响，以行动者与行动接受者有多大相关性来衡量。

面对五花八门的计算方式，有一种非常简单的解决办法。我们对动态的自然选择建立了一般性描述，并且从两个方面试着做出了解释。最后发现，根据标准自然选择做出的解释适用于所有情况，而亲缘选择的解释虽然在极少数例子中可以说得通，但要将它推而广之——既涵盖所有情况同时又不让“相关性”的定义变得牵强且毫无意义，却是做不到的。

通过更详尽的基础分析可以看出，汉密尔顿不等式只允许群体内的合作者满足条件严格控制的少数情况。并且，它并没有描述合作中隐含的演化动力学因素，其中规定了演化中静态分布的条件。

要评估亲缘选择在真实种群中的局限性，有个重要的概念不得不说，即弱选择。相互竞争的基因型在博弈时，亲缘选择可以源自个体基于亲属关系做出的反应再加上基于个体间遗传差别做出的反应，因此，所有个体一辈子经历过的任何事情以及个体对此做出的反应都可能成为亲缘选择的来源。假如两个个体亲缘关系很近，他们可以经历同样的亲缘选择。如果两者的亲缘关系较近，它们基因组中其他部分的变异就比较少，亲缘选择压力分散在已有的变异上，会导致动态演化发生的可能性较低。在某些假设中，对于弱选择而言，用广义适合度来解释和用多层级选择来解释是一样的。然而，一旦有一个博弈改变了弱选择或是假设条件不满足，亲缘选择就不再普遍适用，变得宽泛抽象且毫无意义。记住这一点后，提出下面这个问题就顺理成章了：假如有一个适用于所有情况的一般性理论——多层级自然选择，还有一个适用于部分情况的理论——亲缘选择，并且，后者起作用的那些少数情况用一般性理论也说得通，那所有情况都用一般性理论来解释不就好了吗？

更糟的是，盲目固守亲缘关系在社会演化中起核心作用这一观点，导致生物学研究的通常顺序也被颠倒了。演化生物学研究的最佳方法，和大部分其他科学领域一样，是先从经验研究中描述现象、确定问题，再选择或提出用以解决这一问题的理论。但广义适合度理论的所有研究几乎都是反着来的：先假设亲缘关系和亲缘选择起关键作用，再去寻找验证这一假设的证据。

这种方法最根本的缺陷在于，忽视了其他有竞争力的假说。要是对特定案例的生物学细节先不套用广义适合度理论，我们会很快注意到其他可替代的检验方法。即便是曾被各方面作者选为亲缘选择证据一再分析的案例，要从信服力不亚于亲缘选择标准的自然选择理论中提出对它们的解释也很容易。研究者会直接推导出个体选择或群体选择，或两者皆能得出。亲缘选择或许仍有解释作用，但没有哪个案例能令人信服地说明它真的起到了演化驱动力的作用。

至于为什么有必要考虑其他具备竞争力的假说，微生物细胞被膜和会形成柄状的细胞黏菌提供了一个极佳案例。单细胞生物要么形成垫状，比如像细菌那样，要么是相同遗传种类的同类个体聚集起来形成像黏菌那样的聚合体。接着大部分个体会移动到不利于自身繁殖甚至完全不能繁殖的位置，这对于整个生物群体是好的。按广义适合度理论家的说法，这种利他性的背后有亲缘选择作为驱动力。不过，用群体选择压倒“自私”的个体选择来解释这一现象看起来更直接也更全面。

而如果细查真社会性蚂蚁、蜜蜂、胡蜂的交配次数，多层级选择驱动力之间势均力敌的交互作用就很明显了。有一组研究广义适合度理论的学者曾发现有些物种有相对原始的社会组织，其中雌性只和同一个雄性交配，产生的后代之间有很近的亲缘关系。他们将数据表述为亲缘选择的相关证据。但是，在与这些真社会性例子有相近关系的独居物种中，我们并没有看到可做对照的数据。也就是说，他们在没有对照实验的情况下就得出结论说，专一交配有利于真社会性行为的出现。实际上，一个合乎逻辑的推测是，独居物种中的可繁殖雌性也只与同一个雄性交配，原因与亲缘选择无关，而是因为交配之旅变长使年轻雌性被捕食的风险增大。还有一个同样重要的问题，广义适合度理论的研究人员指出了在很多具有高级群体组织的膜翅目昆虫中，出现了一妻多夫式的交配。他们的结论是，这说明亲缘选择在演化后期有所松懈。可他们忽视了具有庞大职虫群的物种在一妻多夫式交配时具有的近限（near-limitation），而这一点在研究者自己的数据中就可以看到。群体选择有利于储存精子，或有利于抵抗病原体对大型巢穴的侵袭，也可能两者兼而有之，因此把群体选择作为驱动力更说得通。

在解释高等社会性行为的起源时，对一项项具体案例用标准自然选择理论进行评估后得出的一类解释是，群体成员之间的不一致是生理与行为演化的结果之一。成员关系越远，需要对环境内相同线索做出反应以及精准合作，彼此间高效率通信的可能性就越低。成员之间遗传关系疏远的群体更容易不和谐，因而更容易被群体选择所淘汰。在有机体内的细胞水平上，例如我们更为熟悉的癌细胞，用这个道理来说明就更清楚了。在生物组织的另一个水平上，单个物种分裂为两个甚至更多个亚种的基因隔离机制也可以用这一道理来说明。此外，微生物社会中个体选择和群体选择的交互作用还可以看作是对细胞成员间的不一致性的抑制。除了广义适合度所提供的解释外，还有一种解释，成功合作的细胞是相同基因型的可塑变体，群体的形成是群体选择的结果，其抑制了突变表型造成的不一致性。

蜂群中，工蜂给幼虫喂食特殊的食物，即蜂王浆，这些幼虫长大后会成为蜂后。蜂王浆在控制蜂后产生的过程中起了什么作用，这个问题同样存在上述争论。昆虫社会中普遍存在的对职虫繁殖行为的控制也是一种相关现象。这两类现象都不时地被人们用亲缘选择及其产物广义适合度来解释。但是，无关亲缘选择的群体选择也可以减少不一致，其说服力绝不亚于亲缘选择理论。

广义适合度理论的支柱是解释蚁群如何以及为何靠不同的喂食量来决定是产生处女蚁后还是产生雄蚁。如果母虫是孤雌生殖，按理论它应该希望产生雌雄比例一比一的后代，因为它和女儿们（处女蚁后）、儿子们（可繁殖的雄蚁）有一样近的亲缘关系。然而，正如罗伯特·特里弗斯（Robert Trivers）和霍普·黑尔（Hope Hare）在 1976 年主张，并且此后由广义适合度理论学家们用不同蚂蚁物种为例进一步详细辩称的那样，工蚁希望在它们的姐妹处女蚁后上做更多投资。因为根据决定性别的单双套系统假说，工蚁和处女蚁后因为共同起源而共享 3/4 的基因；相反，工蚁和雄蚁兄弟只有 1/4 的共享基因。因而问题就变成了蚁后和它的工蚁女儿在蚁群新生繁殖后代的雌雄比例上是有冲突的。很多研究也确实发现这个比例朝着多产蚁后的方向发展。这么看来，工蚁赢了，广义适合度理论得到了证实。

用广义适合度理论解释蚂蚁决定可繁殖后代的性别比是演化生物学最精妙、翔实的理论主体之一。不过，它基于两个最初的假设。第一个假设是，血缘关系是性别比的首要决定因子。随之而来的第二个假设是，蚁群内分成亲缘关系程度不同的团体，团体之间是有冲突的。要是有一个假设不对，或两个假设都不对呢？把亲缘选择放一边，从基本的自然选择理论就可以获得一种更简单也更直接的解释：整个蚁群的目标产生尽可能多的未来父母。通常在蚂蚁中，雄蚁比处女蚁后个头小、体重轻，两者往往体型迥异，这是因为蚁后为了将来开创新的蚁群必须携带大量脂肪储备。生产雄蚁的成本较低，如果能量投资的比例是 1∶1，那么可交配的雄蚁就会多于雌蚁。绝大多数情况下，年轻繁殖蚁只有一次交配机会，因此，平均而言，生产过量雄蚁对蚁群而言是种浪费。除非掌握了其他蚁群生产比例的波动，或是婚飞时雄蚁的死亡率更高，否则一个蚁群不会做出这样的选择。结果就是，对蚁后母亲和工蚁女儿们来说，将能量投资偏向于处女蚁后才有最大收益。这样的解释，扔掉了亲缘选择的假设，加入了群体水平的选择，要比广义适合度理论的解释更符合已有的数据。有些蚂蚁物种的蚁群中有多个蚁后，还有些蚁群会豢养“奴隶”，它们的处女蚁后一般不需要为了独立创建蚁群而背负沉重的脂肪储备，因此，可以预测它们理想的性别比接近于 1∶1，就像自然界其他情况那样。这些倾向也与已有数据相一致。性别比的更大波动还可以反映出特定环境的选择压力，在这些环境中，蚁群要么发动处女蚁后和雄蚁进行婚飞，要么让它们交配之前一直待在家里。

在另一套非常不一样的系统中，有一份同样精确的实验记录分析了在一种周期性群居隆头蛛（*Stegodyphus lineatus*）中，相比人工混养的幼蛛群，由兄弟姐妹组成的幼蛛群能从公有猎物中获取更多营养。研究人员相信，幼蛛往食物内注射消化酶以免食物被陌生个体掠夺的行为，在同胞幼蛛中被压制，所以他们接受了亲缘选择假说。不过，只要稍作计算就能发现，这种行为会减少每个个体的平均收益，包括那些不去注射消化酶的幼蛛。无亲缘关系的幼蛛之间不能有效通报食物信息或争夺食物，都可以更好地解释它们较少摄取公有食物。

对继承的期待是第三个能够导向看似基于亲缘的利他主义的选择，但把这直接作为个体水平的选择结果却是更简单也更符合事实的解释。在有些鸟类和哺乳动物的物种中，子代会留在出生的巢穴协助双亲抚养弟弟妹妹，它们在帮助双亲繁殖的同时也推迟了自己的繁殖期。广义适合度理论的研究者把这种现象归为亲缘选择，作为支撑自己的论点，他们还论证说亲缘关系的远近与家中孩子给父母提供帮助的多少呈正相关。不过，有更全面的文献提供了涵盖更大范围物种的生命历史数据，早已让我们得出另一种解释，即主要由个体选择来承担的多层次选择。在某些无关亲缘选择的情况下，像是巢址或领地异常稀缺，或者是成年个体死亡率很低或稳定的生存环境周围缺乏变化，那么，年轻的成年个体留在出生巢穴中是有利的。居住时间一长，它们在双亲去世后可以马上继承巢穴或领地。放眼众多物种，广义适合度研究者所报告的亲缘关系与子女对父母提供帮助的正相关只不过以区区几个数据点为基础，对于某些物种按惯例用“自由浮动策略”（floating strategy）便能够做出合理解释，即个体在巢穴周围活动并分散提供帮助。浮动越大，亲缘关系的平均值越小，平均每个到访巢穴中的帮助也越少。

本人曾经在佛罗里达州西部观察过红顶啄木鸟种群中的帮助现象。当地研究人员多年观察那些带环志的鸟类并记录它们的个体生活史，我和他们也探讨过红顶啄木鸟的有关细节。据我所知，红顶啄木鸟是全世界唯一一种在活树树干上挖洞筑巢的啄木鸟。年轻的雄鸟大约要花一年时间来建造这样一个鸟巢，并且必须在已有家庭的领地之外选址。在新巢建好以前，不管是对于儿子还是女儿而言，待在家里都是有利的。在此期间，有时双亲之一死亡，或是双亲都死亡，那孩子就可以继承它出生的巢穴。对父母来说，只有长大了的孩子在家里当助手，对自己才是有利的。

下面我来总结一下广义适合度理论的基本推理思路。该理论假定有亲缘选择发生，并且亲缘选择在很多生物系统中难以避免。亲缘选择的发生遵循汉密尔顿不等式，它至少预测了在最简单的情况下支持利他主义的基因是否会在种群中普遍增加。将汉密尔顿不等式应用于所有群成员时，就得到了该群体的广义适合度，以此能够预测此群体组成的种群是否会朝以利他主义为基础的社会组织演化。

然而，这些假定没有一个经得起考验。测算遗传相关性并采用广义适合度论据的经验主义者一直以为自己的推理是置于坚实的理论基础上的。然而，事实却并非如此。广义适合度是一种数学方法，有很多限制条件，因而无法实际运用。它并非像人们普遍认为的那样属于普适性的演化理论，它既没有描述演化动力学的特征，也没有说明基因频率的分布。

有些极端案例似乎可以用广义适合度理论来解释，但这些案例所需的生物环境显然在自然界中并不存在。结果就是，系统只能限于“弱选择”的数学条件，即群内所有成员达到同样的适合度，所有成员都做出一样充足的利他反应。此外，它要求群体成员之间的交互必须是累积和成对的，一对一交流。但实际上，除了交配双方外，已知的所有社会都不符合这一条件。其他类型的交互都是协同式的，协同程度或浅或深，随群体内不断变化的环境而变化。综上所述，广义适合度理论只适用于静态结构，即交互强度不能够变来变去，必须有周期性的整体更新。

理论生物学的议题之所以重要，是因为广义适合度理论带来的直觉知识已被广泛接受，大家都认为是正确的，其实却是错误的。按理说，实验室和野外的研究人员应当提出定义完善的模型，但广义适合度的论证并没有这部分内容，于是产生了各种歧义。至于这一数字证明有多离谱，就这么说明吧：两个系统里的所有相关性的计算结果都相同，但结果却是在一个系统里合作是有利的，在另一个系统里合作不是有利的。另一个相反情况是，两个种群系统里的相关性计算结果天差地别，却都不支持合作的演化。

另一个常见谬误是认为广义适合度的计算要比标准自然选择模型的计算来得简单。这也并非事实。在极少数情况下，在可以用广义适合度来计算的抽象模型中，两种理论相同，都需要对相同量值进行测量。

因此，这一至今已建立 40 年、有很大声望的社会演化旧范式已经失效。它的推理路线，从亲缘选择过程到合作的汉密尔顿不等式条件，再到作为达尔文主义延伸的广义适合度，都是行不通的。亲缘选择就算在动物中有发生，也必然是仅在特定条件下才发生的弱选择。而且这些特定条件很难得到满足。作为一般性理论的对象，广义适合度是虚幻的数学建构，无法表达任何现实的生物学意义。它也没法用来追踪基于基因的社会组织的演化动态。

广义适合度理论的错误开始于相信一个抽象公式，这里说的就是汉密尔顿不等式，即认为它具有层层深意可以解读细节日益丰富的社会演化。而数学逻辑和经验证据都可以驳倒这种一厢情愿。那么，什么才是我们在试图理解高等社会性行为时应当采取的最佳选择呢？

第 19 章

真社会性新理论的产生

对于任何一个复杂生物系统来说，想要正确重建其演化过程，唯有将其视作从头到尾各历史发展阶段的最终成果。重建工作一开始建立在凭经验所感知的各阶段的生物现象上，然后再拓展到理论上可能出现的现象。从一个阶段转换到另一个阶段，每次物种演化都需要不同的模型，而且每次转换都应当考虑这一变化在全局中可能出现的前因后果。要理解真社会性以及人类处境的深刻含义，这是唯一的途径。

关于真社会性起源，可以想到的第一个阶段是原本独居的个体随意地混合在一起，形成了一些群体，产生了表面上利他的劳动分工。理论上，这在现实中可能以多种方式发生。比如物种的筑巢地点或专门吃的食物只分布在某些地区，再比如父母与孩子在一起生活，或是迁徙纵队在定居之前不断形成分支，抑或是大家都跟着首领去已知的觅食区等，这些途径都能让个体聚集成群体。除此之外，因为彼此间的吸引力而偶然聚集也可以形成群体。

群体形成方式对是否有可能通向真社会性具有深远影响。至关重要的方式包括增强群体凝聚力和持久性。例如我之前强调的，已知现存的具有初级真社会性的物种，其演化分支有刺蜂、隧蜂、泥蜂、合鼓虾、白蚁、裸鼢鼠等，它们全部会形成群体来建筑并占据具有防御性的巢穴。少数情况下，无关个体会联合起来创建小型要塞。例如湿木白蚁（*Zootermopsis angusticollis*），几个没有亲缘关系的蚁群会融合成一个超级蚁群，通过不断争斗选出蚁王和蚁后。不过，动物形成群体的大多数情况是由单个受精虫后（例如膜翅目）或一对配偶（例如白蚁）开创。因此大多数情况下，群体扩大靠的是不育劳动者后代的增加。在少数更原始的真社会性物种中，群体会通过接受外来劳动者或与其他创始虫后合作的方式加快群体规模的增长速度。

由家庭成员组成群体能够加速真社会性等位基因的传播，但其本身并不会导致产生高等社会性行为。防御性巢穴的优势是促发了高等社会性行为，尤其是一个高价建造、地段优良并且有可持续的食物供给的巢穴。正因为昆虫具有这种优越的条件，原始虫群里紧密的遗传关系才成为真社会性行为的结果而非原因。

第二个阶段是其他性状的偶然积累，使得物种更接近真社会性门槛。其中最重要的一个性状是对巢中幼仔的悉心照顾，包括累进供食，或清理幼仔居室，或守卫幼仔，或是这三种方式的组合。就像独居祖先建造可防御巢穴一样，这些预适应也是由个体水平的选择产生的，没有对其在未来真社会性起源中的作用的预期（没有预期，因为自然选择驱动的演化无法预期未来）。预适应是适应辐射的产物，物种通过适应辐射的方式分散到不同的生态位。根据各自占据的生存位，有些物种会比其他物种更有可能获得有效的预适应。比如，有些物种会生活在捕食者相对较少的栖息地。因为保护幼崽的需求不那么强烈，它们有可能会在社会演化中保持稳定或最终演变成独居生物。而在遍布捕食者、危机重重的栖息地中的那些物种，便更接近真社会性的门槛，跨过这门槛的可能性也更大。这一阶段的理论就是适应性辐射理论，许多研究真社会性的学者独立地得出了这个结论。

在高等社会性行为的演化过程中，第三个阶段是真社会性等位基因的出现，无论是直接产生基因突变还是源于由外头迁入的、携带突变基因的个体。至少在具备预适应的膜翅目昆虫蜜蜂和胡蜂中已发现，一个单点突变就可以产生真社会性等位基因。另外，突变并不用形成新行为，只需抑制一个旧行为就行。跨越真社会性门槛只需一个雌性及其成年后代不再四散去新建个体巢穴，而是继续留在原来的巢穴里。如此一来，如果环境选择压力够大，“箭在弦上”的预适应起效，群成员便会开始互动，由此便产生了真社会性。

尽管还没有所谓真社会基因被鉴定出来，但至少已知有两个基因或几小簇基因通过抑制现存性状的突变造成了社会性性状的重大变化。这些例子，以及理论和遗传分析的进步，将我们带到了真社会性演化的第四个阶段。一旦亲代和从属的子代继续留在巢中，就像蜜蜂、胡蜂的初级社会群体那样，群体选择立马开始生效，其目标是蜂群成员之间的互动产生的新性状。选择驱动力还很有可能会创造出以警报声或化学信号组成的警戒系统。群内成员会散发出特有的气味来区分自己人和陌生人。它们还有可能会发明出一些办法能把同巢伙伴吸引到新发现的食物那里。至少到了更高级的阶段，真社会性动物的可育“皇室阶层”与从属“职工阶层”将会在解剖结构和行为上演化出差异。

看看群体选择所作用的新性状，就不难想象理论研究的新模式。一个最近很受关注的现象，就是可育双亲与其不育子代在群内的角色并不是由基因决定的。从初级真社会性物种中得到的证据来看，它们代表了同一基因型的替代表型。也就是说，虫后和它的职虫是由同样一些基因来确定品级和分工的，而它们的其他基因有很大不同。正因为如此，我们有理由认同下面这个观点：群体可以看作单个有机体，或者更确切地说，是单个的超个体。此外，以社会性行为来讲，群体血统由虫后传给虫后，职虫则是虫后的延伸。群体选择还在，只不过被选择的是虫后的性状与其个体基因组的体外投射。这种认识开辟了新的理论探究形式，也带来了只有靠经验研究才能解决的问题。

第四个阶段是明确推动群体选择的环境驱动力，这是种群遗传学和行为生态学共同的逻辑课题。研究课题极少从这个方面入手，一部分是因为较少有人去研究塑造早期真社会性演化的环境驱动力。比如较为原始的真社会性动物的自然史，尤其是它们的巢穴结构、激烈的防御方式，这些表明真社会性起源的一个关键因素就是御敌，包括抵御寄生虫、捕食者和敌群。但是几乎没有野外和实验室研究者去试着检验这种假说以及提出可能具备竞争力的其他假说。

在第五个也是最后一个阶段，发生在群体之间的群体选择塑造了更高等的真社会物种的生命周期和品级系统。其结果就是，不少演化支线发展出了分工非常明确和精细的社会系统。这类系统的典型不是在人类中而是在昆虫中，尤其是那些最高级别的社会性昆虫，如蜜蜂、无刺蜂、切叶蚁、织叶蚁、行军蚁和筑巢白蚁。

简而言之，整套真社会性演化理论由一系列步骤组成，可以通过实验验证，其每一步总结如下：

1. 形成群体。
2. 出现最低限度的一套必备预适应性状，使群体紧密团结。至少在动物中，这套性状包括可防御的宝贵巢穴。巢穴是初级真社会性群体中昆虫等无脊椎动物是否有可能形成一个家庭和脊椎动物是否可以继续扩大为多个家庭的先决条件。
3. 出现能起凝聚群体作用的突变体，突变体最有可能的起作用方式是淘汰原有的离巢行为。有证据表明，一个经久不衰的巢穴仍然是群体得以长久维持的关键因素。前几个阶段里发展出的一些预适应机缘巧合地使群体有真社会性的行为表现，这些蓄势待发的预适应有可能让群体突然显现出初级真社会性。
4. 昆虫中，机器人般的职虫或群成员之间的互动使新性状得以产生，环境驱动力通过群体水平的选择来塑造新出现的性状。
5. 群体水平的选择推动虫群的生活周期和社会结构发生改变，改变之大令人称奇，精巧的超个体由此产生。

考虑到最后两步只在昆虫和其他无脊椎动物中才有，那么，人类又是如何取得自己独特的、有文化基础的社会条件的呢？遗传和文明进程给人类打上了什么标记？换言之，我们是谁？

第五部分

我们是谁

THE SOCIAL CONQUEST OF EARTH

第 20 章

什么是人性

无疑谁都会认同，对人性做出明确定义才是我们从总体上把握人类处境的关键。但实际上这是一个极难达成的任务。人性在日常生活中处处彰显。人性的直观表现是艺术创造的根据，是社会科学的基础。然而其真面目却朦胧难辨。人性之所以一直模糊，或许有出于情感的、人为的原因。赤裸裸的人性一旦揭示，人们就像找到了点金石，不禁会问它是什么？我们会喜欢它吗？或许人们更应该问的是，我们真的想知道吗？

也许绝大多数人，包括绝大多数学者，都希望至少把一部分人性留在黑暗中。人性是公开表达热潮中的怪物。每个人对自我的独特关注和期望扭曲了对人性的感知。经济学家常常避开人性不谈；勇敢寻找人性的哲学家总是迷失方向；神学家把这个问题分别交给了上帝和魔鬼；政治理论家则不管是无政府主义者还是极端分子都为一己之利对人性随意定义。

人性之存在曾在20世纪遭到社会科学家的普遍否认。尽管存在大量相反证据，他们仍固守着教条，认为社会性行为是习得的，所有的文化都是代代传承的历史产物。相反，保守教派的领袖却往往相信人性是上帝赐予的固有属性，由那些理解上帝旨意的少数特权人士向芸芸众生解释。

我相信，通过自然科学和人文科学各个分支所取得的充分研究成果，我们最终会得出人性的明确定义。不过，在说明它是什么之前，我先来说说它不是什么。人性不等于人性背后的基因。基因决定的是大脑、感觉系统、行为的发展规律，由此产生人性。人类学家发现的文化共性也不能被统称为人性。例如，在乔治·默多克（George Murdock）发起的"人类关系区域档案"[①]这一经典研究项目中包括几百个人类社会，它们全都有下面列出的67种社会性行为和习俗：

年龄划分、体育竞技、身体装饰、历法、清洁培训、公共组织、烹饪、劳动合作、宇宙论、求爱、舞蹈、装饰艺术、占卜、分工、解梦、教育、末世论、伦理学、民族植物学、礼仪、信仰疗法、家宴、生火、民间传说、饮食禁忌、葬礼、游戏、手势、赠送礼物、政府、祝福、发型、款待客人、住房、卫生保健、乱伦禁忌、继承规则、恶作剧、亲属集团、亲属称谓、语言、法律、迷信运气、巫术、婚姻、制定用餐时间、用药、产科学、惩戒制度、

① 人类关系区域档案（Human Relations Area Files，简称HRAF），是一个非营利国际研究计划，旨在调查、收集全人类的各种文化、社会、行为的民族志资料，经编码后，将其中的描述性资料整理为可供人类学家参考的资料库。——编者注

> 人名、人口政策、产后护理、怀孕习俗、财产权、向鬼神献祭、青春期、宗教仪式、居住规定、性限制、灵魂概念、地位区分、手术、制作工具、贸易、拜访、预测天气、编织。

也许你会忍不住推想，这张清单上所列的不仅是人类的特征，对于任何一个星球上任何一个演化到和人类一样拥有高等智慧、复杂语言的物种来说，无论是否有遗传倾向作为支持，这些特征也同样少不了。不过，事实可以说并非如此，因为我们可以想象大型陆生生物所在的其他世界会发展出文化特征的其他组合。指望这种理论上存在的文化普适性会是遗传的未免草率。无论如何，还是把人类的文化普适性看成某些更深层东西的可预测产物更好。

如果说人性背后的遗传密码离分子基础太近，而文化普适性又离得太远，那么要寻找遗传的人性，最佳位置介于两者之间——处于基因决定的发展规律当中，并通过这些发展规律产生文化普适性。

人的天性是人类物种共有的精神发展而来的遗传规律。这是一套“预成规则”（epigenetic rules），经过史前长久的遗传演化和文化演化的相互作用发展而来。这些规则是人类感官在理解世界时的遗传偏好，是我们描述世界的符号编码，是我们自觉向自己输送的看法，是最简单也最有效的可以带来奖赏的反应。从生理水平甚至从基因水平来分析预成规则如何改变我们看到色彩和用语言词汇对色彩分类的方式，是近来很热门的问题。预成规则可以让我们根据基本抽象形状和复杂程度来评估艺术设计的美感；使我们在面对环境中的危险时不同程度地感到恐惧和厌恶，比如怕蛇、恐高等；也让我们用特定的表情和身体姿势来相互交流；让我们可以与婴儿互动、与他人结为夫妻以及产生其他各类行为与思想。有证据显示，大多数预成规则可以追溯至几百万年前，在我们的哺乳动物祖先中就可以找到。还有一些，比如语言发展的程度，只有数十万年历史。而至少有一个特点是在几千年前才发展出来的，那就是成人可以消化奶制品中的乳糖，某些人群也因而具备潜力来形成以奶制品为基础的文化。

预成规则中的“预”从字面上就提醒我们，生理发育的规律在基因上并非固定不变。它们并没有脱离意识的控制，不像心跳、呼吸等自动行为那样。它们比眨眼、膝跳等纯粹的反射要灵活一些。最复杂的反射是惊跳反射：如果你躲在别人身后并发出一声巨响，比如大叫一声或撞击两物，他往往会在刹那间产生身体反应，包括闭眼、张嘴、头往前冲、微微屈膝等，这些反应的速度比额叶处理信息的速度更快。在自然界和现代生活中，这些反应可以让人不假思索地应对接下来可能发生的冲击、爆炸之类的状况，也可能在其他情况下使自己免遭敌人或捕食者的袭击。惊跳反射完全由基因决定，但并不像我们直觉感受的那样属于人性的一部分。这种典型的反射完全不受意识控制。

预成规则造就的行为并不像反射那么刻板，一成不变的反而是预成规则，因此也正是预成规则组成了人性的真正核心。这些行为是习得的，其过程却是心理学家所说的“预成”的。在“预成”的学习过程中，我们天生倾向于学习并一次次巩固。我们“不预备”多个选项，甚至我们会主动避免替换项的出现。比如，我们预备了快速接受“蛇很可怕”这个观点，继而很容易接受相关的恐惧症，但我们没有本能地预备好嫌弃海龟、蜥蜴等其他爬行类动物。根据预备知识，我们会不由得在小溪淙淙的公园里寻找美，但不会想在黑暗森林里做同样的事。这些反应看起来是“自然而然”的，虽然必须靠学习才能获得，但这才是关键所在。

这些学习的预成规则是如何发展出来的？我从 20 世纪 70 年代开始深入思考这个问题，当时关于遗传重要还是环境重要、基因重要还是文化重要的争议正处于白热化阶段，并且带有政治色彩。而我认为问题的关键在于基因演化影响文化演化的方式。这两种演化方式之间的交互作用，最终成为对一个趣味盎然的难题发起的理论挑战。

1979 年，我邀请查尔斯·拉姆斯登（Charles Lumsden）和我一起研究这个问题。他是一名年轻的理论物理学家，能力很强。我们很快意识到，要把这个谜题一分为二地看成两个未解之谜。首先，要鉴定出人性中的先天基础，也就是非文化的基础。其次，要明晰基因演化和文化演化的因果关系，我们称之为“基因 - 文化协同演化”。后一个问题更无迹可寻。无论从人类这个物种来看还是对于同一人群中的不同个体而言，人类社会性行为的很多特点，在有段时间内被认为明显是受遗传影响形成的。当然，人性的固有属性也肯定是作为适应的性状来发展的。我们也推测，解决问题的关键在于人类学习文化过程中做好的准备和没有做好的准备。其后的两年时间，拉姆斯登和我构建并发表了“基因 - 文化协同演化”的第一个理论框架（见图 20-1）。

也有别的研究人员采用“基因 - 文化协同演化”的说法，但他们把重点放在文化演化上。在他们看来，遗传演化主要是为文化提供演化的驱动力，或差不多与文化演化平行生发。他们并不关注两者的交互、预成规则以及遗传在发生协同演化时发挥的作用。

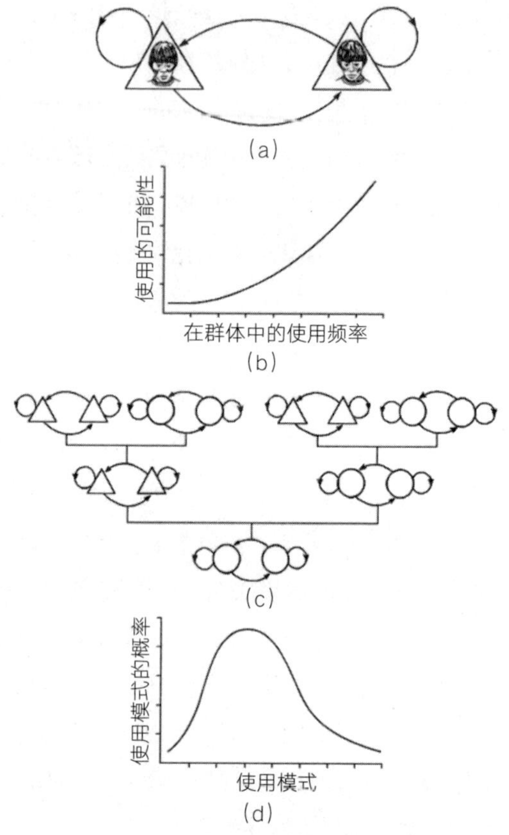

图 20-1 “基因 – 文化协同演化”

巴西印第安人的身体装饰行为可以作为案例说明从个人决策到创造文化多样性的各个阶段。上图以抽象的形式表达出其也遵循“基因 – 文化协同演化”理论。从上到下依次为：(a) 个体选择是否装饰自己的身体，并以一定的速度从一种选择转换到另一种选择；(b) 速度变化率取决于其他人对其中一种选择或另一种选择表达偏好的频率；(c) 部落群体或社会中的每个人要么采用身体装饰要么不采用；(d) 人类学家可以估计群体中使用装饰品的人的概率，即存在特定的使用模式。

图片来源：Charles J. Lumsden and Edward O. Wilson, *Promethean Fire: Reflections on the Origin of Mind*, Cambridge, MA: Harvard University Press, 1983.

这种偏颇着实令人费解，因为 20 世纪七八十年代那会儿已经有大量证据说明一般认为的“人性”中有一部分是遗传决定的，并且这部分对文化演化的某些方面产生了明显的影响。这种偏见之所以会产生，可能是因为研究者最初过于谨慎地把大脑看成“一块白板”，完全否认人类本能的存在。七八十年代广受欢迎的反倒是另一种或许可称之为“独创基因”（promethean gene）的假说。这种观点的支持者认为，遗传演化产生了文化，但只限于产生了创造文化的能力。同时期的社会科学家稍微提出了一些值得注意的批评，但认为“大脑是一块白板”的说法和“独创基因”的说法都应属于社会科学和人文科学。第二种重要假说，即人类心理一致性假说[①]，则进一步推断出了不考虑生物学因素的社会演化观点。他们认为人类文化的发展时间太短，根本来不及发生遗传演化，至少来不及出现那些使人不同于其他动物的多功能独创基因型。

乍看之下，文化演化似乎趋于约束遗传演化，甚至反作用于遗传演化。有了营火、封闭的住所、温暖的衣物，人类在原本难以熬过寒冬的那些地方也能够生存繁衍。而不断改进的狩猎和种植农作物的方法也让人类可以在栖息地过上富足的生活，不用再面对饥馑。既然文化的改变可以在如此短的时间内获得这样的效果，那我们不禁要问，为什么还会受基因的影响呢？

事实上，文化演化毫无疑问有钳制遗传演化的倾向。然而，地球上许许多多的人类栖息地充满了新的挑战和机遇，比如陌生的食物、疾病、气候等，要应对新挑战和新机遇，一大对策是受自然选

① 主要由德国人类学家巴斯蒂安提出，认为人类根本上是一致的，具有普遍的精神上的一致性，所有民族都有某些共同的基本观念。——译者注

择引导的基因变化。人类 6 万年前走出非洲后，各种新突变迸发，产生了大量有适应潜力的新基因。倘若人类在征服世界各个角落时在不同人群中并未发生遗传演化，那才令人吃惊呢！

说到近几千年里发生的“基因－文化协同演化”，一个经典的例子就是成年人乳糖耐受性的变化。乳糖酶能把乳糖转变为可吸收的糖，这种酶本来在人类中只存在于婴儿体内。一旦断奶，孩子体内就会自动地不再产生乳糖酶。9 000 年前到 3 000 年前，北欧和东非分别以不同方式发展起了放牧活动，与此同时，由基因突变引起的成年后可继续产生乳糖酶的性状也在各自的文化中扩散，人在成年后也可以继续饮奶了。乳制品的利用给人类的生存与繁殖上带来巨大优势。产奶的牛、羊、骆驼群一年到头都可以给人类提供稳定、丰富的食物。遗传学家已经发现有四个独立发生的突变都可以延长乳糖酶的产生时间，一个突变发生在欧洲，三个突变发生在非洲。

生态学家和研究人类演化的专家常把乳糖耐受性当作“生态位建设”的例子来讲。产生乳糖酶这一“基因－文化协同演化”例子中，把驯化的家畜作为新的主要食物来源就创建了一个新的生态位。虽然获得突变基因的频率非常低，但它们迅速取代了对应的旧基因。再者，它们是蛋白编码基因，变化发生在特定组织内，比如这个例子中就是在消化道内。

在过去的半个多世纪里，人类学家和心理学家发现了大量类似的协同演化过程。它们汇总起来，形成了一类不同于获得乳糖耐受性的遗传变化。这些协同演化在现代人和古代人中普遍存在，在现代智人出现之前就有了，有一些甚至早于人与黑猩猩在 600 万年前分开的时候。其作用于认知与情感的层面，对语言与文化的出现与演变具有深远的影响。直观意义上的文化大部分由其产生。

其中最重要也是研究最透彻的一个例子就是乱伦回避行为。乱伦禁忌有文化普适性。人类学家研究过的数百个社会都容忍甚至偶尔提倡第一代表亲，如堂表兄弟姐妹间的婚姻，但都禁止同胞兄弟姐妹和同父（母）异母（父）兄弟姐妹之间结合。人类历史中，只有很少的社会认可其部分成员的兄妹乱伦。且所认可的乱伦无一例外只限于王族成员或地位较高的人群，并且伴随着一系列宗教仪式。政权通过父系承袭，允许一夫多妻，使得他们也可以有非乱伦关系所生的孩子。

除此以外，兄妹乱伦被严格禁止。大多数文化中都以禁忌和法律的形式在全社会中加强个体对乱伦的排斥。现在人们普遍知道乱伦可能会产生有缺陷的后代。一般说来，每个人的 23 对染色体上起码有两个以上的位点会携带具有某种程度的缺陷，甚至极端情况下是致命的隐性基因。同一位点上，一条染色体携带的是隐性基因，另一条同源染色体上携带的是正常基因。若一对染色体上所带的都是缺陷基因，携带者会发病，或起码有较高的发病可能性。这种缺陷可能在胚胎期就会表现出来，导致自然流产。而如果一对基因中有一个是正常的话，缺陷基因的影响会被掩盖，个体可以正常发育。因此所谓的“隐性”就是指基因被隐藏在其正常的、显性版本之下。现在我们知道，成对隐性基因会导致患病的位点既包括蛋白编码基因也包括 DNA 上基因间的调节区域。这种情况造成的遗传疾病有视网膜黄斑变性、炎症性肠病、前列腺癌、肥胖症、II 型糖尿病和心脏病，有些是完全隐性，有些是遗传调控上的隐性。

乱伦会产生不好的结果，这种现象不仅在人类中普遍存在，在植物和动物中也普遍存在。或多或少易受近亲繁殖影响的物种几乎全都会用一定的生物学策略来避免乱伦。猿类、猴类以及其他非人灵长类动物中，乱伦回避的方法有两道防线。首先，从 19 个社会性物种的交配模式来看，年轻个体都表现出与人类外婚制同样的做法。年轻个体在完全发育成熟之前就会离开出生的群体，加入别的群体。马达加斯加的狐猴，新大陆和旧大陆的大多数猴类，它们的雄性会出走；红疣猴、阿拉伯狒狒、大猩猩和非洲的黑猩猩，是它们中的雌性离开出生群体。中南美洲的吼猴，雌性和雄性都会离家。这么多灵长类物种都年纪轻轻纷纷离家，并非是出于群体中成年个体的暴力驱逐。相反，它们的离开可以说是完全出于自愿。

人类的外婚制与此完全相同，部落之间会“交换”年轻的成年人，大多数情况下是妇女。外婚交换有很多文化意义，人类学家已做过具体分析。然而，要把外婚制的起源解释为具有丰富遗传价值的本能时，只需要看看其他普遍遵循这一做法的灵长类，就能证实这一观点。

不管外婚制最终因何出现，也不管其多大程度上影响了繁衍的成功，年轻灵长类在达到完全性成熟之前就离开的做法确实大大降低了近亲繁殖的可能。不过，对近亲繁殖的抵制还有第二道防线，那就是留在出生群体内的个体会回避近亲之间的性行为。人们详细研究了一些社会性非人灵长类动物的性发育，包括南美洲的绒猴和小绢猴、亚洲猕猴、狒狒和黑猩猩，发现所有这些物种的成年雄性和雌性都会表现出“韦斯特马克效应”，即它们对早年生活中关系亲近的个体没有“性”趣。母子间基本上从不交配，而兄妹在一起交配的频率也低于两个关系远的个体间的交配频率。

这种固有反应最早并不是在猴或猿类中发现的，而是由芬兰人类学家爱德华·韦斯特马克（Edward Westermarck）在人类中发现的，1891 年他在著作《人类婚姻史》中头一次对此作出了描述。

这些年里，这种现象又得到了各方面证据的支持。

在以色列的集体社区——基布兹[①]公社中，孩子们在公社的育婴堂成长，彼此间就像传统家庭里的兄弟姐妹。人类学家约瑟夫·谢弗（Joseph Shepher）等人在1971年报告了他们考察的2 769对年轻夫妻的婚姻，这些年轻夫妻都在这种环境下长大，但他们全都不是生下来就生活在同一个基布兹公社。甚至这些年轻人从未与同一社区内的异性发生性行为，尽管社区的成年人对此并没有加以反对。

这些案例加上从其他社会中搜集到的大量趣闻证据，都清楚地表明人类大脑根据设定遵循一条简单的经验规则：人们对出生后头几年就熟悉的人没有性方面的兴趣。

有人会说，也许人们并非受韦斯特马克效应的制约，只是凭借理智和记忆了解到手足间或父母与孩子间乱伦会产生有缺陷的后代。有这种可能吗？答案是没有。人类学家威廉·德拉姆（William Durham）对全世界的60个人类社会进行了考察，发现其中只有20个社会对乱伦的遗传后果有某种程度的认知。例如太平洋西北岸的特林吉特印第安人，确定无疑地认为有缺陷的孩子通常是近亲交配所生。其他社会不仅有所认识，还发展出各种民间理论来解释。斯堪的纳维亚的拉普人（也称萨米人）把乱伦带来的厄运称为马拉（Mara），认为马拉会传给乱伦所生的孩子。新几内亚的卡宝库人也有类似的看法，他们相信乱伦行为会导致重要物质的衰朽。印度尼西亚的苏拉威西人的理解涉及的面就更大了，他们认

---

① 基布兹（kibbutzim）是一个来源于希伯来语的音译词，原意为“集体”“聚合”。它原本是20世纪初犹太人回归潮的产物，后来发展为以色列国内独具特色的社会经济组织。——编者注

为一旦与有某些冲突关系的人交配，比如近亲之间，大自然就会陷入混乱。

有意思的是，在德拉姆考察的 60 个人类社会中，有 56 个社会都有乱伦主题的神话传说，但只在 5 个神话中乱伦是具有邪恶意义的。在大多数神话故事中，触犯禁忌可以说被赋予了各种有益的结果，尤以产生巨人和英雄为甚。但即便如此，乱伦虽未被视为异常，也仍被认为属于特殊事件。

韦斯特马克效应是“基因－文化协同演化”的一种预成规则，它是个体在多个（这里是两个）可能的选项中通过文化做选择、并在传播时表现出来的固有倾向。在遗传医学中有个类似的例子，就是某些人对某些遗传疾病更“易感”，包括癌症、酒精中毒、慢性抑郁等 1 000 多种已知的遗传疾病。具有这类基因的人并不一定会表现出性状，但在特定环境中患病的可能性会比人群平均水平更高。假如一个人在遗传上对间皮瘤更“易感”，那么他在有石棉尘的大楼里工作的话就比同事们更有可能长间皮瘤。再或者有遗传性酗酒倾向的人若总是和贪杯人士觥筹交错，那么他会比遗传倾向弱的酒友更容易酒精成瘾。行为的预成规则影响文化，其受自然选择的作用而出现，起作用的方式相同但可能效果相反。它们是常态化存在，由其产生的强偏差很有可能被文化演化或遗传演化或两者同时擦除。从这个角度来看，无论是“基因－文化协同演化”的遗传规则还是疾病易感性都符合美国国家卫生研究院对“表观遗传学”的广义定义，即在不改变基因序列的前提下对基因活性和表达有调节作用的改变，包括“细胞后代或个体后代中基因活性和表达的可遗传改变，以及长期、稳定但不一定可遗传的细胞选择性转录的变更”。

在另一个全然不同的领域中，“基因－文化协同演化”的第二个例子是描述色彩的词汇。从负责颜色感知的基因到语言中对色彩感知的最终表达，科学家已经在各方面都做过研究。

自然界中并不存在颜色。起码，未受教育的大脑中所想的颜色形式并不存在于自然界。可见光由连续变化的波长组成，本身没有颜色，是视网膜上叫作视椎细胞的光感受细胞和大脑中相互连接的神经细胞把色觉强加到波长的变化上。首先，视椎细胞中的三种色素会吸收光能。生物学家根据细胞内含有的不同光敏色素给视椎细胞标记上蓝色、绿色、红色。光能触发的分子反应转换为电信号，传到视网膜神经节细胞形成的视神经。波长信息在这里重组，产生的信号沿两条轴传送至大脑。随后，大脑把一条轴上的信号解析为“绿 - 红”，另一条轴上的则是“蓝 - 黄”，这里把黄色定义为绿与红的混合。举例来说，某个神经节细胞可能被红色视椎细胞的输入激活，而受绿色视椎细胞的输入所抑制。神经节细胞接下来传送的电信号强度，将告诉大脑视网膜接收到了多少红多少绿。大量视椎细胞以及起中介作用的神经节细胞给出了大量这类信息，这些信息向后传入大脑，经由视交叉传至丘脑的外侧膝状核，此处位于大脑中心附近，相当于许许多多神经细胞组成的中继站。最终信息到达位于大脑最后方，被初级视皮层的细胞层接收（见图 20-2）。

几毫秒内，带上了色彩编码的视觉信息便传至大脑各处。大脑的反应则取决于其他类型的输入信息以及它们所唤起的记忆。这些反应综合起来激发了某些图景，于是我们会想一些词汇来指示这些图景，好比“这是美国国旗，上面有红色、白色和蓝色”。在思考人性中看似天经地义的东西时，不妨想想下面这种比较：飞过的一只小虫同样会感受到不同的波长，把光波分解成不同颜色，或是完全不会这么做，这得看具体是什么种类的虫，如果这只小虫会讲话，要把它说的词翻译成我们说的话就难了。出于它的“虫”性，它的旗和我们的旗会很不一样。“这是一面蚂蚁旗，上面有紫外线和绿色。”蚂蚁能够看到我们看不到的紫外线，但看不到我们能看到的红色。

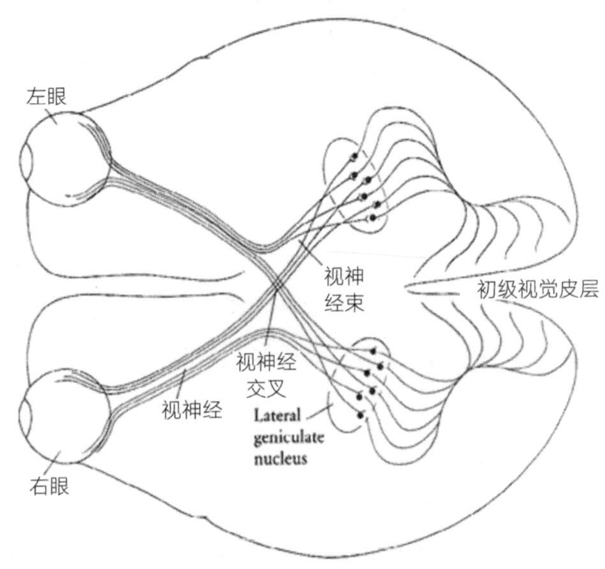

图 20-2 大脑对颜色的创造

光的频率在视网膜上被分为大类，然后在大脑中被归类为颜色类。视网膜产生的神经冲动通过视神经传递到丘脑外侧膝状核，这是一个主要的转运和组织中心。视觉信息从丘脑传递到初级视觉皮层和大脑其他区域的处理中心。

图片来源：David H. Hubel and Torsten N. Wiesel, “Brain mechanisms of vision,” *Scientific American*, September 1979, p. 154.

我们现在已经对三种视椎色素的化学特性有所了解，知道了它们由哪些氨基酸组成，蛋白长链折叠后会形成什么形状。同样，我们也知道决定这些色素的基因位于 X 染色体上，知道其 DNA 结构，以及这些基因的突变体会引起色盲。

所以，依靠遗传得来的、能被充分理解的分子过程，人类的感觉系统和大脑将连续变化的可见光波长分解为一组多多少少有些离散的单元，也就是我们所说的色谱。色彩序列从根本的生物学意义上来说是随机的。数十万年里或许发展出无数种色彩序列，人类现有的只是其中一种。但在文化意义中，色彩序列却不是随机的。后天学习和命令都无法改变经由遗传演化得到的色彩序列。作为一种生物学现象，色彩感知的存在完全不同于光强度的感知，后者取决于可见光包括频率在内的主要性质。当我们逐渐改变光的强度，好比慢慢旋动亮度调节开关，感觉到的变化是与真实情况一样的连续过程。但如果用每次只发射一种波长的单色灯，当它接连改变波长时，我们感知不到这种连续性。从短波长到长波长，我们所见到的先是宽频带的蓝色，至少其中一条频带会被我们大约感知为蓝色，接着是绿色、黄色，最后是红色。再有就是白色和黑色，前者由所有颜色组合而产生，后者是完全的无光。

世界范围内，色彩词汇的产生受到同样的生物学机制制约。布伦特·伯林（Brent Berlin）和保罗·凯（Paul Kay）在 20 世纪 60 年代做了一个著名的实验（见图 20-3），他们测试了母语为不同语言的人在色彩方面的概念，包括阿拉伯语、保加利亚语、粤语、加泰罗尼亚语、希伯来语、伊比比奥语、泰语、策尔塔语[①]和越南语等 20 种语言。受试者需要以直接和精确的方式表达母语中的色彩词汇。摆在受试者面前的是一套蒙赛尔色卡，这套色卡从左到右按照色谱排列着不同颜色，从上到下则按明暗依次排序。研究者要求

① 墨西哥的恰帕斯印第安人所说的语言。——译者注

受试者一一指出与母语中表示基本色彩的颜色词义最接近的色卡。尽管不同语言中所用的词汇无论从词源上还是发音上都千差万别，但受试者在给色卡归类时，起码从大致上来看，结果是对应于蓝、绿、黄、红四种基础颜色的。

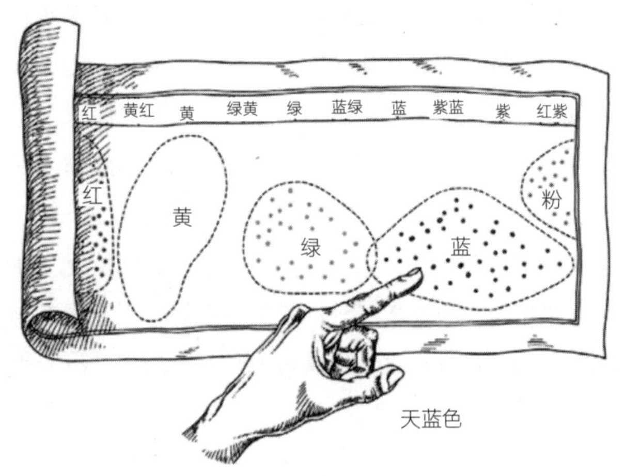

图 20-3 布伦·柏林和保罗·凯的实验

他们的实验证明对原色的先天感知引导着颜色词汇的演变。随着光波频率的变化，母语使用者会把他们的用词集中在颜色感知最稳定的方向。

图片来源：Charles J. Lumsden and Edward O. Wilson, *Promethean Fire: Reflections on the Origin of Mind*, Cambridge, MA: Harvard University Press, 1983.

埃莉诺·罗施（Eleanor Rosch）在 20 世纪 60 年代后期设计的色彩感知实验强有力地揭示了学习偏向的强度。在为认知寻找"天然范畴"时，罗希发现，新几内亚的丹尼人没有专用于表达色彩的词，他们只会用"mili"来粗略地指代"暗"，用"mola"来指代"亮"。于是，罗希提出了下面这个问题：假如成年丹尼人打算学习有关色彩的词汇，那些对应于基本色彩的词是不是更容易学？换言之，是否遗传制约会在某种程度上对文化创新有特定的影响？罗希把 68 名志愿参加实验的丹尼男人分成两组，其中一组学习一系列对应于基本色彩类别的新发明词汇，如蓝色、绿色、黄色、红色这些色彩类别，其他文化已形成的词也大致对应这些色彩。而第二组丹尼人学的一系列新词则比较“偏”，与其他语言中形成的主要色彩类别不同。结果发现，遵循色彩感知的“天然”倾向进行学习的第一组志愿者，相比于学习没那么“天然”的颜色词的第二组，其掌握速度大约是后者的两倍。他们也更容易选择对应色彩类别的词语。

现在，要完成从基因到文化的过渡，有一个问题必须回答：既然色觉有其遗传基础并且对色彩词汇有普遍影响，那么这些特征在不同文化中有多大的差别？我们至少已经知道了一部分答案。在韦斯特马克效应及其产生的乱伦回避这个例子中，所有社会几乎完全一致。然而，有关色彩的词在这方面却大相径庭。相比起来，有少数社会对颜色毫不在意，分类十分粗浅；还有一些社会则在基本色的基础上对颜色的色调和强度都有精细的划分。这一划分把不同社会之间描述色彩的词的差距拉大了。

颜色词的差距是随意出现的吗？显然不是。伯林和凯在近期的调查中发现，每个社会都有 2 ～ 11 个基本颜色词，这些焦点词分布在蒙赛尔色卡上四个基本色块的周围。全部 11 个词用中文来说即是黑、白、红、黄、绿、蓝、棕、紫、粉、橙和灰。不同文化中都能找到 11 个词中的一个或几个词的组合来表示一种颜色。好比我们说到“粉”时，另一种语言中可能就有一个完全对应的词来指代我们所说的“粉”和“橙”。例如丹尼语只用其中的两个词，英语中用到了全部 11 个词。从对色彩进行简单分类的社会到复杂分类的社会，基本颜色词的组合按如下所述的层级顺序发展：

- 只有两个基本颜色词的语言用这两个词区分黑和白；
- 只有三个颜色词的语言有表示黑、白、红三色的词；
- 只有四个颜色词的语言有表示黑、白、红和绿色的词；
- 只有五个颜色词的语言有表示黑、白、红、绿和黄色的词；
- 只有六个颜色词的语言有表示黑、白、红、绿、黄和蓝的词；
- 只有七个颜色词的语言有表示黑、白、红、绿、黄、蓝和棕的词；
- 剩余的四个基本颜色，紫、粉、橙和灰色，它们没有优先顺序，属于头七个颜色外的附加。

显然，基本颜色词并不是随意组合的，否则，人类的色彩词汇表将是 2 036 种可能组合中的任一一种。而伯林 – 凯级数表明，基本颜色的绝大多数情况是 21 种组合中的一种。

此后的新研究也证明了 11 个基本颜色词的存在，一种语言中的基本颜色词能与另一种语言中的基本颜色词对应，有时是一一对应，有时是多对一，有时是一对多。只不过，颜色词具体对应于哪种焦点颜色因语言而异。具体位置除了取决于该颜色在基本焦点区域的重要性，还要看其与相邻基本色的位置差别。

从色彩类别和语言的关系导出了一个有关“基因 – 文化协同演化”的基本问题，那就是谁对谁的影响程度更深。本杰明 · 沃尔夫（Benjamin Whorf）在 20 世纪三四十年代提炼出一个富有影响的假说，他认为语言不仅是我们在交流对世界的理解时所用的工具，其本身也影响着我们的真正认知。就拿颜色词来讲，不同研究机构现已逐渐达成的共识是，大脑会以某种方式过滤和扭曲真实的颜色，但并不会完全决定这种颜色的类别。

关于颜色和语言的关系，直接证据来自最近对大脑活动的磁共振研究。对颜色类别的感知与右侧视皮层的关联更强。实验中，给受试者看一组不同的颜色，右半球视觉区域的脑活动正如预期中的，在看不同色彩类别的颜色时要比看同属一个色彩类别的颜色时反应更强。但不同色彩类别的颜色在左半球的语言区也激起了更强的活动。该结果提示我们，语言区对视皮层的活动施加了一定程度的自上而下的影响。

演化生物学家也开始从他们的角度分析为何人类文化一般会选择将特定的颜色类别加入词库。或有可能成立的一种推测是，红色因为过于显眼所以出现在演化顺序的前头（见图 20-4）。有一种解释可能是对的，根据安德烈·费尔南德兹（Andre A. Fernandez）与莫莉·莫里斯（Molly R. Morris）的研究结果，红橙色是成熟果实的特征颜色。早期的树栖灵长类可能发现在一大片绿色和棕色的环境中直奔红色而去往往会有所收获。这一假说进而提出，随着某些物种发展出社会生活，它们还会选择这些颜色来展示自己已为交配做好了准备。在本能演化的一般理论看来，红色和偏红的色调在远古旧大陆灵长类动物的视觉交流中被“仪式化”了。

图 20-4 保罗·克莱的《新和谐》

在看这幅画时，观众的眼睛首先会被红色方块（图中颜色最深的色块）吸引，然后按照类似于颜色词汇演变的大致顺序转移到其他颜色。然而，这种生理和文化过程之间可能存在的联系仍有待验证。

图片来源：Paul Klee, *New Harmony* (Neue Harmonie), 1936, oil on canvas, 36 7/8 x 261/8 inches (93.6 x 66.3 cm), Solomon R. Guggenheim Museum, New York, 71.1960.

第 21 章

文化是如何演化的

刚果的阿鲁格三角森林，一只黑猩猩从树上折下一根细枝，扯掉上面的叶子，然后把枝条伸进旁边的白蚁冢。蚁冢内，柔软的白色工蚁们从枝条旁逃开，而兵蚁们冲上前用针尖般的下颚牢牢抓住枝条。紧抓枝条就是自寻死路，这一点黑猩猩非常清楚。黑猩猩稍等了一会儿，等到这群防御者聚集得足够多，它就把枝条抽出来，捋下这些兵蚁，把它们吃掉。这种做法在别的地方并不常见，它是当地某些黑猩猩种群的一种文化，是单个黑猩猩通过观察其他同类的做法后天习得的。

雅诺马米人的聚居地位于南美洲内格罗河与巴西城市里奥布朗库之间的一片区域。在巴西和委内瑞拉的交界处，有一小群村民经常会离开聚居地，步行前往 3 000 米开外的河流。他们会往水里扔一种鱼毒，等着鱼儿浮到水面时把它们全抓上来。抓到鱼后，他们会和部落里的其他人分享。这样的情景在每年夏季都会出现。其他时节，妇女们则会独自去河边，直接用双手捕鱼并用咬鱼脖子的方式把鱼杀掉。在阿拉斯加的海岸，则有着另一幅完全不同的景象。专业的渔民把带有成排钩子的长绳投入太平洋，捕上来的是裸盖鱼，也就是大名鼎鼎的银鳕鱼。捕获的鱼经过清洗、冷冻，会被运到沿岸的各个市场，再分送至全世界的高档餐厅和私人餐桌。

捕鱼这种人类文化很可能已有上百万年的历史，初期的发展极为缓慢，之后持续加速发展，最终呈爆发式增长。无数文化现象发端于人类头脑，从新石器时代以来不断分裂又融合，最终汇集产生了属于全球现代文明的产物，而银鳕鱼被端上餐桌的过程不过是其中之一。文化不是人类的首创，是黑猩猩和猿人的共同祖先发明的。而人类是通过不断改进、细化祖先发展出的东西，才成为今天的我们的。

根据人类学家和生物学家的定义，广义的文化是指一个群体区别于其他群体的特征组合。某种行为如果最先在本群内出现或是从其他群体中习得，随后在群体成员中流传，这种行为就属于文化特征。“文化”的概念在人类和动物身上都适用，这点为绝大多数研究人员所认可，以强调从动物到人的连续性，尽管人类行为具有很大程度地超越动物行为的复杂性（见表 21-1）。

表 21-1　非洲不同野生黑猩猩群体的社会学习行为组合

	用石块砸开坚果和水果	咀嚼叶子制作“海绵”	下水	用白蚁作为诱饵钓鱼	跳祈雨舞	投掷石块	狩猎小型动物	给别人梳头时双手交叉放在对方头上	用牙齿夹住叶子以引起同伴注意
塞内加尔（阿西瑞克）	×	×	–	–	?	×	×	×	–
塞内加尔（丰戈利）	×	×	×	×	×	×	×	×	×
几内亚（博苏）	×	×	×	–	×	×	×	–	×
科特迪瓦（塔伊国家公园）	×	×	–	–	×	×	×	×	×
刚果（百慕大三角）	–	×	–	×	×	–	–	×	–

（续表）

	用石块砸开坚果和水果	咀嚼叶子制作"海绵"	下水	用白蚁作为诱饵钓鱼	跳祈雨舞	投掷石块	狩猎小型动物	给别人梳头时双手交叉放在对方头上	用牙齿夹住叶子以引起同伴注意
乌干达（布东戈）	–	×	–	–	×	–	×	–	–
乌干达（基巴莱国家公园）	–	×	–	–	×	×	×	×	×
坦桑尼亚（贡贝国家公园）	×	×	–	×	×	×	×	×	–
坦桑尼亚（马哈莱 -K）	–	–	–	×	×	×	×	×	×
坦桑尼亚（马哈来 -M）	–	×	×	×	×	×	×	×	×

数据来源：Summary by Mary Roach, "Almost Human", *National Geographic* (April 2008), pp. 136-137.

目前在动物中发现的最先进的文化出现在黑猩猩以及与其亲缘关系最近的倭黑猩猩身上。在对非洲各处分布的黑猩猩种群进行比较研究后，人们发现黑猩猩的文化特征出人意料的丰富，并且不同种群之间的文化特征也差异极大。

以两个黑猩猩群体为对象的一组实验说明，模仿群体内其他成员的举动的确在文化特征的传播中起到了作用。实验人员从两个群体中各挑选出一名地位较高的雌性黑猩猩，向它们分别示范如何从一个特制的容器中获取食物。因为有食物作为奖赏，黑猩猩学得很快，其中一个学会了用"戳"的方式打开容器，一个学会了用"抬"的方式打开容器。回到自己的群体后，两只黑猩猩不断练习之前用到的方法。不多时，群里的同伴也大都开始用同样的方法打开容器。这种文化特征的传播可能是对第一位习得者的直接模仿，也完全有可能是其他黑猩猩在观察供食器的机械运动后习得的。如果后者得到证实，那么后续研究会说明黑猩猩的社会学习与人类有很大区别。

还有可靠的文献记载了红毛猩猩和海豚中出现的原生文化。关于海豚的文化创新和文化传播有个著名案例：澳大利亚鲨鱼湾的宽吻海豚用海绵钓鱼。一小群雌性海豚会把海绵顶在鼻子前，一边推着海绵游一边把小鱼从逼仄的藏身处驱赶到海湾的底部。海豚中能产生文化并不令人惊讶。它们本来就是富有智慧的动物，智力仅次于猴子和猩猩。海豚也很会在社交时进行模仿，因此很有可能鲨鱼湾的海豚创新者参与了真正的文化传播。那么，为什么海豚以及其他聪明的鲸类历经数百万年的演化却没有往社会化方向行进得更远呢？有三个明显的原因。第一，与灵长类不同，海豚没有巢穴或营地。第二，它们的前肢是鳍状肢。第三，它们生活在水下世界，永远无法学会对火的控制。

文化的完善有赖于长期记忆，而人类的长期记忆能力远超其他动物。大大开发的前脑储存了海量的长期记忆，让人类成了讲故事的高手。我们回忆毕生经历，以此理解现实、过去和未来。我们活在自己的意识思维中，活在自身行动的结果中，这些过程可以是真实的，也可以是想象的。换一种视角来看，精神世界让我们超越了眼前的欲望，期待延迟满足的愉悦。正因为有长期的计划，我们面对情感的冲动时起码可以抵挡一阵子。是这些内在活动造就了每个人的独特性。人一旦死去，一整座装有经验和想象的宝库便也随之消亡。

死亡会让多少东西消亡？我相信很多人像我一样考虑过这个问题。偶尔，我会闭上眼睛，任思绪回到 20 世纪 40 年代的莫比尔市和附近的亚拉巴马湾区。在那里，我又变成了当年的小男孩，骑着我那辆施文牌脚踏车，从郊外的这头逛到那头。回忆栩栩如生。我想起了我的大家庭，他们每一个人都身处一张人际网中，与其他人有着这样或那样的共同回忆。在他们看来，自己存在于世界的中心、时间的中心。他们住在似乎从来没有多大变化的莫比尔。有那么一瞬间，我记起了所有的事情，包括每一个细节。不管怎么样，那些点点滴滴对某个人来说都曾十分重要。而今这些人都已作古。他们记忆海洋中的储存已经全部消散。我知道，在我死去时，我的记忆、记忆中的那些事件和细节，也都将随之消亡。但我也知道，所有的人际网络和记忆，尽管消散，对一部分人来说仍是至关重要的。他们是我何以活着又何以继续活着的理由。

动物同样有长期记忆，这是它们生存的法宝。鸽子能凭记忆识别多达 1 200 张图片。克拉克星鸦（北美星鸦）会像松鼠那样把橡子储藏起来。经过测试，这种鸟在有 69 个食物埋藏点的房间里最多能记住 25 个点，而且在过了 285 天后还能记得。不过，鸽子和星鸦都比不过狒狒——这并不令人意外。测试结果显示，这些显然更聪明的灵长类能够记住至少 5 000 种物品，并且记忆时间能保持 3 年以上。再来看人类，人类的长期记忆能力可要比已知的所有其他动物都强大。据我所知，还没有任何方法可以测算出一个人的记忆容量，哪怕是量级都还不知道。

具有意识的人类大脑有一种天分，那就是构思各种情景，这种能力拥有令人难以抗拒的吸引力。意识思维只征调大脑积累的长期记忆中的很小一部分就可以编造一个故事。对于这种能力是如何实现的，目前学界仍未达成一致。一部分神经科学家主张，长期记忆的片段会从长期储存状态转换并凝结为工作记忆，从而产生情景。还有一部分人则根据同样的数据提出，构思情景仅仅靠长期记忆的觉醒就够了，不涉及从大脑的一个部分转换到另一个部分。

不管是哪种方法，无疑的是，经过 300 万年的演化——相对来说很短的一段时间，人属动物中就产生了一些过去其他动物都没有的东西：巨大的大脑皮质里的记忆银行。大脑皮质含有超过 100 亿个神经元，并且平均每个神经元会伸出约 10 000 根分支与其他类似的细胞相连接。这些连接构成了脑组织的基本单元，组成了错综复杂的神经环路和起整合作用的中转站。神经环路和中转站，有时也可以叫作模块，它们以某种方式组织起人类大脑中的全部本能与记忆（见图 21-1）。

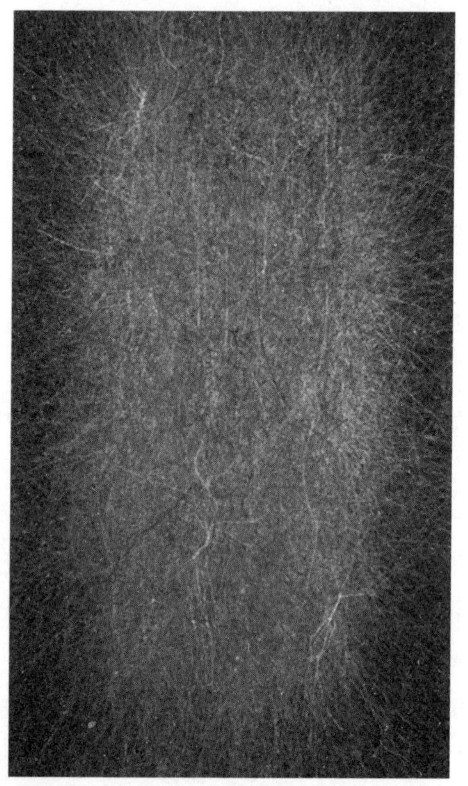

图 21-1　由 10 万个神经元组成的模型

人类大脑的惊人复杂性可以通过这个由 10 万个神经元组成的模型来想象，这个模型是从一个两周大的啮齿类动物的大脑中切出的一块 0.5 毫米 × 2 毫米大小的薄片。这类基本单元在人脑中的数量是这里的数百万倍。

图片来源：Jonah Lehrer, "Blue brain," *Seed*, no. 14, pp. 72-77 (2008). From research by Henry Markham et al., École Polytechnique Fédérale de Lausanne.

极其复杂的大脑结构给应用于演化理论的遗传学理论模型的创建带来一个难题。人类基因组只有区区两万个编码蛋白质的基因，其中只有一部分负责编码我们的感觉和神经系统。那么，这么少的基因是怎么编码形成这么复杂的多细胞结构的呢?

一个源于发育遗传学的概念解答了基因数量偏少的难题。研究人员发现了多功能模块。根据指令，先由单个程序进行模块的复制工作，接下来再由多个程序（以及多个基因）分别指挥各模块根据其在大脑中的位置进行分化，并且在接收来自外部环境的输入后还会进一步分化。打个简单的比方，一条蜈蚣并不需要几百套基因来处理它那几百对足的发育，只要几个基因就够了。基因对大脑发育的调控还有许多待解之谜，但至少已经从理论上解释了人类基因能够编码产生这样一个复杂的大脑。

既然人脑发育的遗传编码已经不再是一个难题，我们就可以来看意识和语言的起源了。认为大脑是块白板、文化中的一切都是靠后天学习印刻进大脑的想法早已被科学家们摒弃。那种陈旧观点认为，大脑演化所取得的成就只是人们的长期记忆基于其超大容量而形成的杰出学习能力所创造的。现在另一种占上风的观点是：大脑具有复杂的遗传结构。它的构建方式决定了其产物之一——意识，是“基因－文化协同演化”的结果，源于基因演化和文化演化之间错综复杂的交互作用。

考古学家也加入了遗传学家和神经科学家的行列，共同为语言和意识的演化起源问题寻找答案。他们开创了一个新的研究学科——认知考古学，来追溯这些难解事件的发展进程。这么一门交叉学科起初不太有发展前途，毕竟，除了挖掘出土的骨头，远古人类留下的证据就只剩下营火的灰烬、工具的残片、食物的残渣以及其他垃圾。不过，有了新的分析方法和实验技术后，研究人员现在可以比较肯定地下结论说：抽象思维能力和语言能力最晚在7万年前就已出现。而得出这些结论的关键就在于考古学家发现的某些人工制品，制作它们需要进行一定的精神活动。在推理模式中，特别重要的是产生将石头固定在长矛末端的想法。这种做法早在20万年前的欧洲尼安德特人和非洲早期智人中就出现了。其本身是一项重要的技术革新，但它对于我们了解推理和交流能力却作用有限。根据近期的研究分析，智人在7万年前取得的一项重大突破推动了人类的认知演化。据该研究结论，那时“安装把柄”的工作已相当复杂精致，制作矛需要一系列步骤，包括烧制并敲打石片定形，用树脂、蜂蜡以及其他人工制品固定尖端。这和认知有什么关系呢？对此，托马斯·温（Thomas Wynn）做出了清楚的总结：

> 石匠需要了解手头原料的特性（比如黏性），才能判断温度是不是够，才能把注意力不断转换到迅速变化的各种因素上，才能灵活调整天然原料本身具有的不可控性。

那么语言能力呢？有意识的大脑能够产生抽象概念并在复杂场景中把它们拼凑在一起，同样也有可能产生具有主谓宾语法结构的语言。

任何物种，要追寻其远古发源，惯常做法都是转向比较生物学，目的是了解与其亲缘关系较近的其他物种如何生活、有可能会如何演化。对人类意识起源之谜的追寻则把科学家带到尼安德特人面前。智人在非洲获得了高级认知能力的同时，尼安德特人正生活在欧洲。他们在地球上存在的时间超过20万年。目前有记录的最后一位尼安德特人约3万年前死于西班牙南部。当智人作为适应能力更强的物种在欧洲大陆逐渐向北、向西推进时（见图 21-2），也将尼安德特人推向了灭绝的边缘。

图 21-2　北极圈内的草原

猛犸草原（Mammoth steppe）是文化创造性爆炸的舞台，保存在山谷草原和山林中，与今天的北极国家野生动物保护区类似。在冰河时代，早期智人跨越大陆冰川以南的欧亚大陆，猎杀大型动物，并取代了其姊妹物种尼安德特人。

图片来源："The Oneiric Autumn," from *Arctic Sanctuary: Images of the Arctic National Wildlife Refuge*（Fairbanks: University of Alaska Press, 2010), p. 115. Photographs by Jeff Jones, essays by Laurie Hoyle.

起初，这是一场公平竞争，尼安德特人与当时还留在非洲的智人兄弟齐头并进。两者制作的石制工具的精细程度差不多。尼安德特人使用的刀有平直而锐利的边缘，很可能是用来刮擦的。还有些带有锯齿状的边缘，可能是用于切割的。他们给尖头的片状物粗略地绑上长杆做成矛。尼安德特人的工具包似乎是专为以狩猎大型动物为生的猎户打造的。尼安德特人的活动范围无疑极大，是典型的肉食者。他们会烤肉，也许还会熏肉。他们穿着衣服，在酷寒的冬天在简陋的营地靠火取暖。近期完成的尼安德特人基因测序工作是一项意义非凡的科学成就，让我们了解到尼安德特人也有 Fox2 基因——一个与语言能力相关的基因，而且其中某段编码序列智人也同样拥有。因此，尼安德特人很可能已经有了语言。成熟的尼安德特人的大脑平均尺寸要比智人的略微大一点。他们婴幼儿的大脑也比智人婴幼儿的大脑长得更快。

尼安德特人作为与我们相仿的人类物种在各方面的表现都叫我们惊叹。而他们身上最为有趣之处，或许不是他们是什么人，而是他们没能成为什么人。20 万年的时间里，他们的技术和文化实际上没有什么进展。没有在工具制作方面进步，没有产生艺术，没有出现个人装饰品——至少在目前的考古证据中没有（见图 21-3）。

而同一时期的智人正在前进，就在尼安德特人退出历史舞台的时候，智人的认知能力获得了大幅提升。大约 4 万年前，第一批北上的智人沿着多瑙河进入欧洲腹地。又过了 1 万年，标志着旧石器时代晚期开始的创新出现了：具有代表性的精美的洞穴壁画；雕塑，包括人形狮首形象的雕刻；骨笛；捕猎时故意放火烧林把野兽赶出来的行为；有特殊装扮的巫师。

智人是靠什么取得了如此迅猛的发展研究？研究这方面的专家认为，他们靠的是长期记忆，尤其是工作记忆的增强，以及随着长期记忆增强所具有的短时间内构建场景和规划决策的能力，不管他们身处欧洲还是其他地方，不管是走出非洲前还是走出非洲后，这一能力都起着关键作用（见图 21-4，21-5）。把智人带领到复杂文化入口处的驱动力又是什么呢？目前看来是群体选择。如果群体里的成员能互相了解意图并协同合作，预测出竞争对手的行动，那这个群体与天分较差的群体相比会具有巨大的优势。群体成员之间无疑也有竞争，自然选择会保留那些使个体优于他人的性状。但对于一个物种来说，进入新环境与强敌对抗时，群内的团结合作是十分重要的。有了道德、顺从、战斗力，再加上想象力和记忆力，胜利者便产生了。

图 21-3　无法创造新的抽象模式和想象复杂场景的尼安德特人

尼安德特人的文化在他们的历史中没有显著的进步，可能是因为他们无法将多个智能领域联系起来，创造新的抽象模式和想象复杂的场景。

图片来源：Steven Mithen, "Did farming arise from a misapplication of social intelligence?" *Philosophical Transactions of the Royal Society* B 362: 705-718(2007).

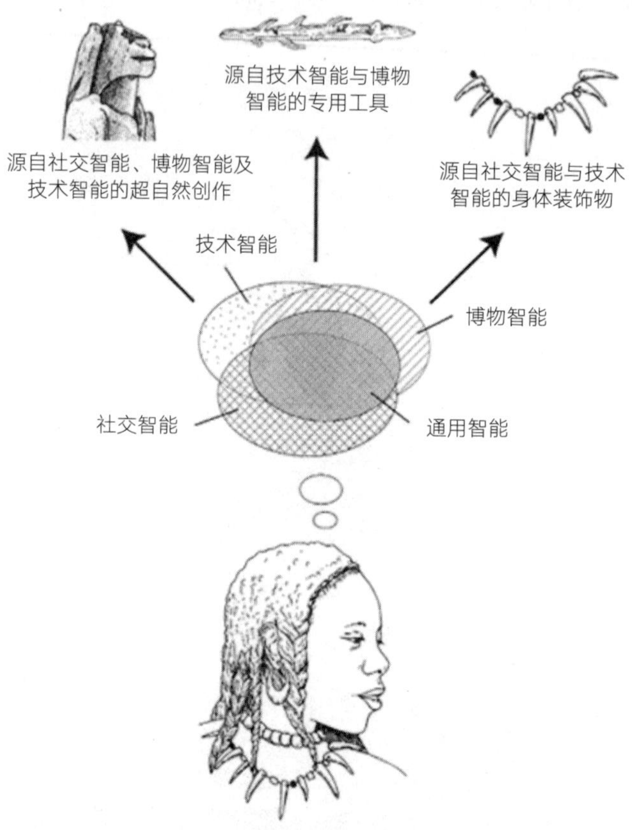

图 21-4 旧石器时代晚期智人智力和文化的进步

旧石器时代晚期智人文化的显著进步是，他们将存储在不同领域的记忆联系起来，从而创造出抽象和隐喻的新形式。

图片来源：Steven Mithen, "Did farming arise from a misapplication of social intelligence?" *Philosophical Transactions of the Royal Society* B 362: 705-718 (2007).

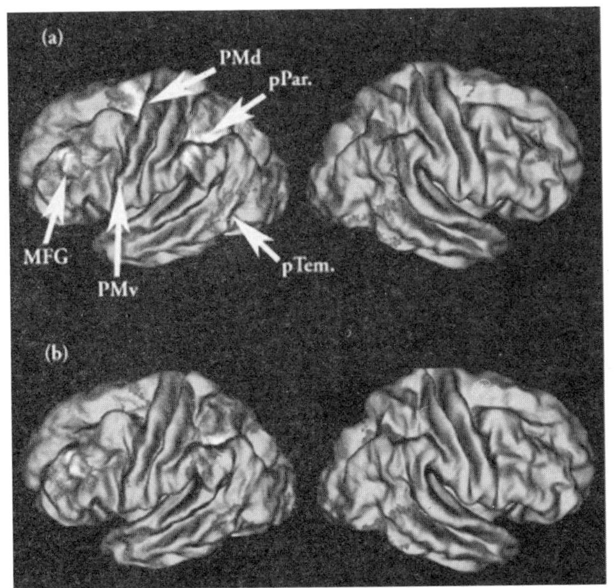

图 21-5　人类大脑中不同心智领域的复杂相互作用

现代人脑中不同心智领域的复杂相互作用可以通过大脑不同部分的活动来说明，图中展示了成年人（a）思考使用工具和（b）通过身体动作与他人交流使用相同工具时的大脑活动图。这些活动图使用功能磁共振成像（fMRI）绘制。

图片来源：Scott H. Frey, "Tool use, communicative gesture and cerebral asymmetries in the modern human brain," *Philosophical Transactions of the Royal Society* B 363: 1951-1957（2008）.

第 22 章

语言的起源

层出不穷的创新使人类占据了地球上的统治地位。创新大爆发显然不是因为某一个基因发生了超强突变，更不可能是苦苦奋斗的祖先留给我们的神秘启示，也不会是由新的家园环境和丰富资源所推动的，因为同一片土地上还生活着马、狮子、猿等相对落后的物种。最有可能的原因是，赋予智人文化创造才能的认知能力在经过不断发展后最终到达某个临界点，跨过阈值，使智人拥有了较强的创新能力。

人类认知能力的攀升是从我们的祖先、生活在 200 万年前的直立人开始的。那时，直立人前脑出现了显著增长，而动物演化的前 5 亿年里，任何其他具有复杂结构的物种都没有出现过类似的现象。是什么激发了这种变化？最高等的社会组织——真社会性社会的各种预适应已经就位，虽然当时已出现的多个南方古猿亚种也具有这些预适应，但它们却无一迈向前脑快速增长的方向。而在向人属演化的进程中，我认为关键在于某个预适应，是它让生命历史上少数几个演化中的动物物种成功跨越了真社会性的门槛。从二三十种昆虫、甲壳类到裸鼹鼠，这些物种无一例外都守卫着自己的巢穴，成员以巢穴为据点寻找足够的食物来维持群体的生存。有时候，群体成员会留在巢穴而不是四散各处重新开启一轮独居生活，于是便罕见地出现了群体战胜独居个体的情况。

直立人出现伊始，也有可能在更早的其直系祖先能人的时代，小群体就已开始建立营地。这并非出于偶然。他们之所以能够创造出等同于动物巢穴的营地，是因为他们的饮食习惯已从食素转变为杂食，主要依赖于肉食。他们吃腐肉，猎杀动物，后来依赖于烧熟的新鲜肉类所提供的高热量。从考古学证据来看，他们已不再像同时期的黑猩猩、大猩猩那样以小分队形式在领地内来来回回地采集水果等植物性食物。他们会选择可防守的地点并加强设防，其他成员出去狩猎时，一部分成员会留在营地里保护幼崽。当营地里开始使用火之后，这种生活方式的优势得以巩固。

当然，光是肉食和营火还不足以解释为何能出现脑容量的迅速扩增。至于缺失的中间环节，我觉得可以参考生物人类学学者迈克尔·托马塞洛（Michael Tomasello）等人在过去 30 年中所提出的“文化智力”（cultural intelligence）假说。

这些学者指出，人与其他动物，包括与人类遗传关系最近的黑猩猩，在认知方面最基本也最关键的差别，是人类有为了实现共同目标和意图而合作的能力。人类的特长是意向性，由大量的工作记忆构成。我们变成了“读心专家”，变成了创造文化的“世界冠军”。我们不仅像其他具有高等社会结构的动物那样相互间有密切交流，还多了一份其他动物没有的对合作的渴求。我们会在适当的时机表达自己的意图，聪明地解读他人的意图，靠紧密有效的合作来制造工具、建造居所、训练年轻人、计划猎食行动、参加团队比赛以及完成人类生存所需的几乎所有工作。以狩猎采集为生的人和华尔街的高管一样，会在每次社交聚会时八卦、品评他人，议论别人是不是富裕，猜测别人的意图。领导者运用社交智慧制定政治策略，商人通过解读对方意向达成交易，而大部分艺术创作是为了表达思想。在生活中，我们很少有哪一天是不运用文化智力的，哪怕是在私人的想法中，也会频频使用这种技能。

人类沉浸在社交网络中。就像谚语说的鱼离不开水，我们很难设想出任何与我们所处的精神世界不同的地方。我们还是婴儿时就表现出理解他人意图的倾向，只要稍微觉察出合作带来的好处，我们就会很快进行合作。有这样一个很有启发性的实验：实验人员先向孩子展示了如何打开一个容器的盖子，然后安排其他成年人假装要去开盖但又不知道怎么开，结果房间另一头的孩子看到后无论当时正在干什么都会停下来过去帮忙。同样的实验中将人类孩子换成黑猩猩，它们没有表现出要帮忙的意思。由此可见，它们的合作意识远不如人类强烈。

在另一个实验中，黑猩猩在智力测试中获得的分数与还不识字的两岁半人类幼儿相当。在解决物理问题和空间问题上，例如找出藏起来的奖品、区分不同的数量、理解工具的用途、用棍子去够远处的物品等，黑猩猩和幼儿的表现几乎一样。可是，在一系列社交能力测验中，人类幼儿表现出的技巧水平就超过黑猩猩了。他们在观察示范时比黑猩猩学到的多，确定奖品在哪儿时对位置提示有更好的理解，会追随其他人的目光找到目标，能理解其他人寻找奖品时所做动作的意图。看来人类之所以成功，并非是因为能够应对所有挑战的高智商，而是因为他们生来就是社交技能方面的专家。群体通过沟通和读取意图进行合作，所能达成的任务要远远超过任何一个人独立能做到的程度。

早期的智人种群，或是他们在非洲的直系祖先，在达到社交智力的最高水平时，已经具备了三大特性：其一是发展出共享的注意力，也就是在事情发生时会倾向于把注意力放在与其他人相同的目标物上；其二是在一定程度上意识到，为了达成共同目标（或为了阻挠他人达成目标），他们需要一起行动；其三是他们还具备了"心智理论"（theory of mind），即认识到其他人也有与自己相同的心智状态。

这些特性发展完备之后，与今天的通用语言相当的语言就诞生了。这一进步发生在智人种群走出非洲之前。6 万年前走出非洲的智人移民已经掌握了与现代后裔同样的语言能力，并且很可能使用着相当复杂的语言。之所以这么说，主要证据来自当代的土著，他们是那些移民的嫡系后裔，如今只在非洲和澳大利亚有几个残余的部落，他们都拥有非常高质量的语言以及发明语言所需要的心智特性。

语言的产生，是人类社会演化孜孜以求的目标，是人类得偿所愿的成就。一经出现，便给人类这一物种赋予了魔法般的力量。语言可以用任意组合的符号和字词传达意义，具有产生无穷信息的潜力。归根结底，语言基本上能够表达出人类感官所能感知的一切，人类头脑所能想象的所有梦境与真实的经历，以及我们通过分析构建出的所有数学表达。严格说来，语言并不催生思维，相反是思维创造了语言。认知发展的顺序是先在早期居住点产生频繁的社会互动，继而是随着读取意图和按意图行动的能力增强而展开协作，接着是发展出与他人以及外部世界打交道时提出抽象概念的能力，最后是产生语言。人类语言的雏形的产生或许是促成人类心智成熟的关键因素，两者以协同增效的方式共同产生、协同演化，但语言不太可能先于心智产生。托马塞洛与其合著者是这么描述的：

> 语言不是基本要素，而是发展的产物。发展语言的基础是认知能力和社交技能，婴儿也正是因为具有这样的认知能力和社交技能才会做出以手指物、有指向性地向他人展示物品等行为，其他灵长类动物就不会这么做。发展语言所需要的认知能力和社交技能也使人类得以与其他同类个体一起从事分工合作、联合行动的活动，这也是其他灵长类动物所不具备的。总的问题是，语言若不是引导他人注意力的一套合作手段，那它还能是什么？是不是可以说，语言负责帮助人们理解意图和分享意图？事实上，没有了理解意图和分享意图的基本技能，语言交流不可能成立。因此，既然我们承认语言是人类和其他灵长类动物的重要区别，我们也相信区别来自人类特有的读取他人意图并向他人传达自身意图的能力——也正是这种能力确保了人类特有的其他一些技能，例如陈述性手势、合作、欺骗、模仿性学习等，这些能力与语言一起出现。

有时人们也会说某些动物具有语言。蜜蜂大概就是最被频繁提及的例子，被认为可以在蜂巢内以舞蹈的形式用抽象信号进行沟通，在迁移至新巢址时还会在聚集起来的工蜂同伴身上跳舞。蜜蜂的舞蹈确实传达了目标的方向和距离信息，目标有时是蜜源和花粉源，有时是可以筑巢的地点。但它们用的密码是固定不变的，可能已用了数百万年。而且，舞蹈并不是抽象符号，抽象符号是由人类词句创造出来的。蜜蜂跳环绕舞，表明目标离巢很近，蜜蜂一遍遍跳 8 字形摇臀舞，则是描述一个距离较远的目标。8 字（实际更像

希腊字母 Θ）中间直线部分的方向说明了目标与太阳方向的夹角，而中间直线部分的长短与目标距离成比例。只有人类会说“从入口走出去，右转，顺着马路直走到第一个红绿灯，沿街走到一半能看到一个饭店——不对，是再下一个路口”这样的话。

与蜜蜂等动物的交流不一样，人类的语言具有了独立指代的能力，可以用来指涉不在近旁，甚至根本不存在的物体和事件。不仅如此，人类在讲话时还通过音韵来增加信息，包括给特定的字词加上重音，谈话时使用不同的节奏，以此唤起情绪、突出重点或用同样的短语来表达相反的意思。人类的语言里充满了讽刺，会运用夸张和误导来传达与字面意义不同的意思。语言可以是间接的，用含沙射影的方式取代直截了当的说法，从而为不同的理解留下了空间。这样的例子很多，包括陈词滥调的公然挑逗（“你想不想上来看看我的蚀刻版画？”），客气的请求（“如果您能帮我换掉这个漏气的轮胎，我将不胜感激！”），威胁（“你放这儿倒是找了个好地方，要是出了什么事儿就可惜了！”），贿赂（“嘿警察，我就在这儿付钱行不行呀？”），寻求赞助（“我们期待您能参加我们的领袖计划。”）等。史蒂芬·平克[①]等语言领域的学者解释说，间接的表达有两种功能，一是传达信息，二是在说的人和听的人之间达成某种关系。

正因为语言是人类生活的重心，所以了解其演化历史至关重要。而追寻这个目标的过程中，我们受限于一个事实：语言还是最易消亡的人工制品。考古证据只能带我们回溯至书写的起源，那是

① 世界知名语言学家、哲学家，其重磅力作“语言与人性四部曲”《心智探奇》《思想本质》《语言本能》《白板》以及《当下的启蒙》中文简体版，已由湛庐引进、浙江人民出版社出版。——编者注

大约 5 000 年前，关键的遗传变化已经在智人身上发生，世界各地的社会已经有了复杂的语言规则。

尽管如此，语言中仍然有少数形式可被看作演化的产物。例如，会话时的话轮转换就带有这类遗留痕迹。在人们的普遍印象中，不同文化环境的人在话轮转换时有长短不同的间隔停顿。比如北欧人被认为发话人与接话人的间隔停顿最长；而纽约的犹太人在人们印象里总是争先恐后地发言，就像喜剧里所表现的那样。然而，研究者在对全世界 10 种语言的使用者进行会话间隔的计时后却发现，不同语言的使用者都会避免对话时的重叠（与打断不同），并且话轮转换的间隔长度差不多。但是当不同语言的使用者交流时，由于需要费力理解对方的意思和意图，话轮转换的间隔时间产生了明显的差别。或许正是因为这种印象，人们才觉得会话节奏具有文化差异。

近来人们还发现了一类与早期语言发展相关的遗留痕迹，那就是一种可能比语言更古老的说话方式——非言语发声。例如，无论是在欧洲生活的以英语为母语的人，还是只在纳米比亚北部与世隔绝的定居点生活的讲辛巴语的人，表达负面情绪（愤怒、厌恶、害怕、悲伤）的声音是一样的。相反，表达正面情绪（成功、愉悦、快感、轻松）的声音却不尽相同。至于为什么会有这种差别，目前还不清楚。

然而，语言起源方面的根本问题，并非在于会话的话轮转换或先于语言能力出现的发声，而在于语法。字词串联起来的顺序是人类后天习得的，还是在某些方面天生固有的能力所创造的？1959 年，该问题研究的历史性转变发生在研究者斯金纳和乔姆斯基两人之间。当时，乔姆斯基针对斯金纳 1957 年出版的《言语行为》一书发表了长篇评述。作为行为主义奠基人的斯金纳认为，语言完全靠习得。乔姆斯基则对此表示异议。他说，学习一种语言以及附加的所有语法规则，对于儿童来说太过复杂，他们在有限的成长时间内难以全部记住。起初，乔姆斯基似乎在这场争辩中占了上风，他提出了一系列规则来加强自己的观点，他认为发育的大脑会自发遵循这些规则。他用了相当晦涩难懂的方式来表达这些规则，我们来看几个例子：

总而言之，根据 0 级分类的痕迹我们已经得出了下列结论：

1. VP 被 α 标记为 I。
2. 只有词汇类别用 I 标记，所以 VP 不用 I 标记。
3. α 仅限于没有资格的姐妹关系（35）。
4. 只有 X^0 链条的末端可以用 α 标记或案例标记。
5. 头对头的移动形成一个 A 型链。
6. SPEC-head 协议和链条涉及相同的索引。
7. 链条共索引包含了一个扩展链的环节。
8. I 没有偶然的共索引。
9. I-V 共索引是一种头对头协议，如果它仅限于动词，那么形成的基本生成结构（174）作为附加结构。
10. 一个动词可能不能恰当地支配被 α 标记的补语。

乔姆斯基对大脑运行原理提出的想法看起来太深奥了，当时的学者也很难弄懂它（20 世纪 70 年代的我也是其中之一）。这一内容被赋予深层结构，或普遍语法，或其他五花八门的名称，并成为当时稀里糊涂的沙龙人士与大学院校的研讨会的热门话题。很长一段时间里，乔姆斯基的成功大概就是因为几乎不会有人胆敢说自己弄懂了他的理论吧。

后来，分析人员终于能够把乔姆斯基及其追随者写的东西解读、翻译成能被理解的话了。其中，最浅显易懂、平易近人的就是史蒂芬·平克的热卖之作《语言本能》。

乔姆斯基虽被解码，问题却依然存在：真的有普遍语法吗？毫无疑问，人类具有极其强烈的学习语言的本能。并且，儿童的认知发育过程中有一段学习语言特别快的敏感期。事实上，习得语言的速度之快，儿童学语言的劲头之大，或许仍然需要斯金纳的主张来解释。也许在幼儿时期有一段时间，儿童具有高效学习字词、词序的能力，但不一定需要专门针对语法学习和应用的大脑模块。

随着近年来实验研究和田野调查的进展，其实已经出现了有别于“深层语法”的语言演化观点。新观点容纳了预成规则，认为在各种文化中，语言的演化需要先备学习。但预成规则带来的约束非常松。心理学家和哲学家丹尼尔·列托（Daniel Nettle）在研究语言学时是这么描述预成规则为语言演化提供的发展和可能性的：

> 所有的人类语言行使相同的功能，不同语言行使功能时表现出的差异可能非常有限。这种限制来自人脑的一般性构造，从人脑如何听音、发声、记忆、学习等方面影响着语言。尽管如此，不同的语言还是有变化的余地。例如主语、谓语和宾语的顺序可以改变，有些语言借助句法，也就是词语的不同组合来显示语法的特性，而有些语言则主要借助词性，也就是词语的内部变化来做到这一点。

如今已有不少或许行得通的新思路带领我们深究语言之谜，语言学不用再死盯着毫无意义的各种图表，而是从生物学的角度进行解读。一种方法是研究外界环境如何拓宽或收窄语言演化受到的限制，是靠基因演化还是文化演化还是两者都有。举个简单的例子，气候温暖时期，全世界的语言普遍较多使用元音，较少使用辅音，从而产生更响亮的声调组合。可以使用声音频率来简单地解释这种趋势。人们在气候温暖时期普遍会花更多的时间在户外，相互间隔的距离会比较远，因此需要频率更高、能传播得更远的声音。

导致语言多样性产生的另一个因素可能是基因。用声调传达语法和词义的声调语言①，与 ASPM（Abnormal Spindle Microtubule Assembly）和小头症基因的频率、两者的地理分布有相关性，而这两个基因已被证实会影响声调形成。

几乎可以肯定，影响语言演化的关键智力特性要比语言本身的起源出现得更早，其源头应该存在于形成更早、功能更基本的认知结构当中。在新近发展形成的克里奥尔语、皮钦语、手语等世界多地普遍使用的语言中，词序的多变便证明了句法发展的灵活性。的确，早期接触传统语言可能会使人们学到非规范性的语法，不过这种影响至少在一个案例中是被打了折扣的，那就是赛义德族贝都因人的手语。该族居住在以色列的内盖夫地区，所有成员皆先天失聪。两个世纪以前，150 个成员建村形成了这个群体，后来的成员都是组建者五个儿子中的两个的后裔。染色体 13q12 上的一个隐性基因造成了所有成员的先天听力完全丧失。由于过去的近亲繁殖，如今赛义德族的 3 500 名族人全都有相同的情况。族群使用的是该族在历史早期形成的一种手语，这种手语的词序独立衍生而来，与族群周围人们使用的口语和附近社区使用的手语不同。

比较人们执行任务时完成活动的顺序与他们用来描述这一活动

① 目前世界上所有的语言可以分为声调语言和非声调语言两种，中文就属于典型的声调语言，同一个音的不同声调代表不同的意思。——译者注

顺序的词序，可以进一步说明语法具有天然的可变性。有这样一个研究，研究人员要求四种语言（英语、土耳其语、西班牙语、汉语）的使用者分别用语言描述和用图片排序来再现某个事件。结果表明所有的主体在非言语沟通时使用相同的顺序（演员—病人—扮演，相当于说话时的主语—宾语—谓语），这差不多也是人们在实际情况中细想一个情景时的方式。但是，在用语言讲的时候就没那么一致了。全世界的语言中，尤其是新形成的手语中，有很多采用"演员—病人—扮演"的顺序。所以我们的深层认知结构中确实存在着影响词序的预成规则，但语法中体现出来的最终产物却是灵活的、习得的。这么说来，斯金纳和乔姆斯基都对了一部分，不过斯金纳对得更多一些。

基本句法的演变有多种多样的途径，遗传规则极少会影响人类个体的语言学习。原因或许可以用尼克·查特（Nick Chater）与其认知科学领域的同事不久前构建的"基因 - 文化协同演化"的数学模型来解释。原因很简单，语言的环境变化太快，无法为自然选择提供稳定的环境。语言在代代传承以及文化间传递的过程中变化太迅速，根本来不及演化。因此，语言的随意性，包括词组结构的抽象句法规则与基因标记，不可能已经演化成了大脑内专门的"语言模块"。尼克·查特与同事总结说："人类语言的遗传基础并没有与语言共同演化，而是先于语言产生。正如达尔文所暗示的，语言与语言发展机制之所以匹配，是因为语言发展到了匹配人类大脑的程度，而不是反过来。"

这么加一句我想并不过分：正因为自然选择没有创造出一套独立的普遍语法，才使得人类文化呈现出多元化形态，也正因为语言有灵活性和潜在的创造性，人类的天分才得以迸发。

第 23 章

文化差异的演化

“基因 - 文化协同演化”，即基因对文化的影响，以及文化对基因的影响，这是对自然科学、社会科学、人文科学都很重要的过程。对该过程的研究可以将这三大领域合理地联系在一起。

如果你觉得这么说有点夸大其词，那么不妨来看看不同社会的文化差异。人们普遍认为，假如两个社会在同一文化范畴内有不同文化特征，譬如一个是一夫一妻制，一个是多配偶制；或一个崇尚武力，一个崇尚和平，那么，这些差异甚至文化范畴本身肯定完全是经由文化演化而形成的，与基因毫无关系。

草率做出如上判断是因为人们对基因和文化的关系缺乏全面的理解。基因所决定的或者协助决定的并不是非此即彼的特征，而是特征出现的频率以及文化创新可能形成的特征模式。基因的表达或许是可塑的，它允许一个社会在多种选项中挑选一个或几个特征；基因的表达也可以是不可塑的，所有社会都只有一种特征可选。

举一个大家都很熟悉的例子，解剖特征的可塑性。决定指纹发育的基因可塑性强，表达灵活，因此不同的人的指纹差异极大，全世界没有两个人有完全相同的指纹。相反，决定手指数目的基因相当稳定，一只手有五个手指，大部分人都是五个，只有极其偶然的发育异常或基因突变才会导致其他异常状况出现。

文化特征的可塑性同样有大有小。人类的常规服装从缠腰布到白领结各式各样，人们选择穿什么类型的服装都有遗传基础。不过，由于相关基因的可塑性极大（但仍然是有限的），服装又能够表达多种情绪，因此个体在一生中可以做出多个甚至多达上百个选择。而另一个完全相反的例子是，所有正常的家庭都会本能地避免乱伦，原因是韦斯特马克效应——在同一个环境中一起长大的幼儿成年后心理上不会具有相互间的吸引力。

研究发育的生物学家还发现，基因表达的可塑性大小跟基因本身的存在与否一样，也服从演化的规律，受自然选择调节。一个人是否遵从所属团体的着装样式，正确穿戴表现其阶层、职业、身份地位的徽章标志，关系到他是否会成功。在占据了人类演化史的大部分时间的那种简单社会中，这种行为甚至还关系到一个人的生存。至于韦斯特马克效应，它也在世界各地、各种文化环境中适用，为全人类提供自动防护以免近亲繁殖带来致命后果。

所有社会以及社会中的每个个体都在玩遗传适合度的游戏，“基因 - 文化协同演化”已经在无数代人中形成了这种游戏的规则。一方面，对于硬性规则，比如乱伦，只有一种演化在起作用，这一演化规则被称为“远交”。另一方面，如果环境中有些部分无法预测，就可以聪明地运用由基因的可塑性实现的混合策略。如果一种性状或反应不奏效，就改用遗传储备中的另外一种性状或反应。一种文化范畴的可塑性有多高，并不取决于对将来发生什么做出明确判断，而是取决于在过去几代人的“基因 - 文化协同演化”中，属于这一文化范畴的性状或行为所应付的挑战有多大。

20 世纪 70 年代起，生物学家就已意识到，可塑性的演化最有可能是受到了遗传过程的影响。而且，可能不是因为蛋白编码基因的突变让组成蛋白质的氨基酸发生了根本变化，更可能的是因为调控基因的变化，也就是让蛋白质产生的条件和速率发生了改变。调控基因的小变化听起来不是什么大事儿，可它们却会深刻地改变生物的解剖结构和心理活动。它们还能精确地定位某个身体部位和特定心理过程。另外，它们能使正在发育的机体对突然而至的特定刺激变得敏感，这样一来，不同环境就会促发产生最适应相应环境的特定变体。调控基因出现有害突变型的可能性要比蛋白编码基因来得低，因为调控基因影响的是发育过程中的相互作用，而不产生新蛋白，不产生与新蛋白相关的结构或行为，出现的变化也不会轻易干扰生物体内其余部分的发育。调控基因的突变型改变的是原有蛋白的数量，可以让原有结构或原有行为出现微小变化。

蚂蚁等社会性昆虫能够最好地说明这种有适应能力的可塑性如何进化而来。蚂蚁、白蚁蚁群的工蚁往往彼此间外形差异极大，常被人误以为分属不同的物种。可是，在由单个蚁后与单个雄蚁交配产生的蚁群中，对于同性别的成员来讲，它们在遗传上几乎完全相同。它们的解剖结构和行为之所以各不相同，是因为作为幼虫时获取的食物有的多、有的少，于是最后成虫时就有的大、有的小。而且，幼虫身体组织的生长速率也不同，因而大大小小的个体拥有不同的身体比例。不同幼虫对蚁群内成虫发出的信息素亦有不同的反应，而信息素会改变幼虫的发育方向，以及性成熟前的体型大小。根据研究人员提供的记录，还有一些其他因素也会影响蚁群成员的角色分工。在一个没有明显基因差异的蚁群内，有处女蚁后，有不起眼的小个头工蚁，有头和颚大得出奇的大块头兵蚁。

在蚂蚁中，通过可塑性来细分品级属于一种叫作“适应性人口统计”（adaptive demography）的复杂过程。各自从事专门工作的不同品级，是依据它们的自然死亡率按程序以特定频率产生的，从而产生对蚁群整体而言最佳的品级比例。举例来讲，黄猄蚁中成员数量最多的主要品级，负责整个蚁群在巢外的绝大部分工作，保护蚁群免受敌人的攻击，其死亡率高于在巢内充当保姆的、次要的工蚁。一个明显的结果就是，蚁群中主要品级的产生比率高于次要品级，这两个品级的数量大部分时间都维持在最佳平衡点上。

人类的文化差异主要取决于社会行为的两大特性，这两大特性都是自然选择的演化产物。第一个特性是预成规则的偏向程度——在着装样式中偏向程度很低，在乱伦禁忌中偏向程度很高。第二个特性是，群内个体模仿社会中具有某种特征的其他成员的可能性高低，也称为“对使用模式的敏感性”（sensitivity to usage pattern）。

为了说明“基因 vs 文化”这一难题如何解决，图 23-1 中列出了三排文化范畴，每一排都涉及不同的基因。选择其中一排，在相关的两个节点下各点一个点，这些点就代表两个社会。这两个社会有可能会选择不同的文化特征，尽管它们在选择时遵循的规则在基因上是相同的。其表现特征是预成规则和模仿他人的倾向，两者均源于“基因 - 文化协同演化”。

错综复杂的“基因 - 文化协同演化”是理解人类处境的根本要义。它很复杂，乍一看还很奇怪、很陌生。不过，运用恰当的分析计量方法，以演化理论为指导，我们还是可以把它解构成基本元素来研究。

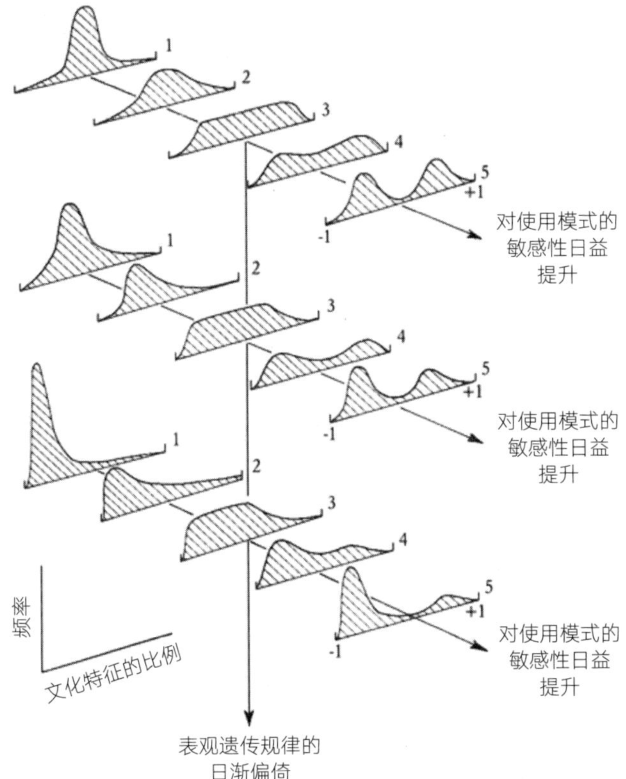

图 23-1　文化差异的演化

基于同一文化范畴中的两个特征（例如避免乱伦和穿着时尚）的简单图示。这种差异是通过在三种文化范畴（从上到下）中选择两个特征之一的社会数量来衡量的。模仿他人的倾向被解释为对他人使用模式的敏感性。

图片来源：改编自 a mathematical model by Charles J. Lumsden and Edward O. Wilson, "Translation of epigenetic rules of individual behavior into ethnographic patterns," Proceedings of the *National Academy of Sciences U.S.A.* 77(7): 4382-4386(1980); also, Charles J. Lumsden and Edward O. Wilson, *Genes, Mind, and Culture: The Coevolutionary Process,* Cambridge, MA: Harvard University Press, 1981, p. 130。

第 24 章

道德和荣誉的起源

人是天性善良却被邪恶的力量腐坏了呢，还是天性邪恶、只有靠善的力量才可以得到救赎呢？其实两方面都有。只要不改变基因，人永远都会如此，因为人类面对的两难困境是由人类物种的演化方式所决定的，已经成为人性中不可更改的一个部分。人类和人类社会的秩序，从本质上说就不可能尽善尽美，并且这一点还是人类的幸运。在一个变幻不息的世界里，人类需要的灵活性是只有这种不完美才能提供的。

人面对的善恶难题是由多层次选择造就的：一个个体的身上同时承受着个体选择和群体选择，而两者在许多方面都相互对立。个体选择源于同一群体内部的成员为了生存和繁衍而展开的竞争。它在所有成员的身上塑造了多种本能，这些本能在和其他成员的交往中基本都体现出自私的特性。与之相对，群体选择源于不同群体之间的竞争，表现为不同群体之间的直接冲突以及它们在开发环境方面的能力差别。群体选择塑造了人的另外一部分本能，它们使得个体无私利他（但不惠及其他群体的成员）。个体选择造就了人类称其为“原罪”的部分，而群体选择造就了人类大部分美德。两者的共同作用，创造了人类本性之中善与恶的争斗。

如果要准确定义，个体选择指的是一个群体中的不同个体在寿命和繁殖力上的差异。而群体选择指的是某些基因在寿命和繁殖力上的差异，这些基因规定了群体成员的互动特征，而这些特征又是在该群体与其他群体的竞争中产生的。

如何发现并应对由多层次选择引起的永恒骚动，正是社会科学和人文科学的任务。如何解释这种骚动则是自然科学的使命，如果成功找到解释，人类就更容易开辟出通向三大学科分支和谐共存的道路。社会科学和人文科学研究的是人类感觉与思想的普遍的、表达出来的现象。就像生物学中对自然史的描述一样，社会科学及人文科学描述的是人类的自我理解。它们描述个体如何感受、如何行动，还借助历史和戏剧，从人类关系可以产生的无穷故事中精炼出几个有代表性的片段来讲述。然而所有这一切都存在于一只盒子里。它之所以被困在其中，是因为人的感觉和思想都是由人性支配的，而人性也装在一只盒子里。人性本来就可能演化出许多种可能，眼下表现出的这种只是其中之一。人类现在拥有的人性是人类的祖先历经几百万年演化的结果，正因为他们当年走上那一条路才有了今天的我们。将人性看作这条演化轨迹的成果，就能发现我们的感觉以及思想产生的终极原因。将直接原因和最终原因相结合正是人类理解自我的关键，也是人类看清自己的真实面目、并去盒子之外探索的途径。

在寻找导致人类境况的终极之因的过程中，对作用于人类行为的自然选择做出的不同层面的区别并不是那样的泾渭分明。比如自私行为，包括导致任人唯亲的亲缘选择，某些情况下也可以通过发明和创新精神提升群体利益。在人类 6 万年前走出非洲前后的那段时间里，当认知演化即将完成之时，可能也出现过像美第奇、卡内基和洛克菲勒这样的人物，他们努力提升自己和自己的家族的利益，同时也造福了社会。反过来说，群体选择也会用特权和地位来奖励个人代表部落做出的优异成绩，由此扩大个体的遗传利益。

不过在社会性演化的遗传方面仍旧存在一条铁律，那就是自私的个体会战胜利他的个体，而利他者结成的群体又会战胜自私者结成的群体。这种胜利永远不可能是完全的，选择压力的平衡点也绝不会移动到任何一个极端。如果个体选择占据主导地位，社会就会解体。而如果群体选择支配社会，人类群体就会变得接近蚁群。

每个社会成员都拥有两类基因，它们的产物要么是个体选择的对象，要么是群体选择的对象。每一个个体都连接着一张由其他社会成员构成的网络。个体的生存和繁殖能力，部分依赖于他和这张网络中其他成员之间的交往互动。亲缘关系会影响这张网络的结构，但它并非是推动这张网络演化的关键，广义适合度理论把亲缘关系的地位抬得过高了。真正关键的应该是造就各种互动，如联盟、援助、信息交换和背叛行为的遗传倾向，是这些互动构成了这张网络中的日常生活。

史前时代，当人类在发展自己的认知技能时，每一个个体所处的网络都和他归属的群体所处的网络几乎完全相同。人们在分散的部落中生活，部落成员才 100 人甚至更少（通常的数字很可能是 30）。他们知道有相邻部落存在，从现存的采集狩猎者的生活遗迹来推断，相邻的部落之间还会结成或松或紧的联盟。他们开展贸易、交换年轻妇女，但也会相互竞争、报复袭击。每一个个体社会生活的重心始终是自己的部落，而部落的团结由它构成的网络的约束力来维持。

在大约一万年前的新石器时代，当村落和酋邦产生之后，社会网络的性质也发生了显著变化。它们的规模变大了，也发生了分裂。分裂出来的小群体互相重叠，内部分出了层级，产生了分歧。个体周围开始出现五花八门的人物，家人、教友、同事、朋友和陌生人等。个体的社会生活远不如狩猎采集时代稳定。到了现代工业国家，社会网络变得愈加复杂，而我们从旧石器时代继承的心灵常感到困惑不解（见图 24-1）。我们的本能依然渴望着那些在历史产生之前就已经存在了千万年之久的部落式网络，向往着它们的小巧团结。我们的本能还没有为文明做好准备。

这股潮流给加入群体的行为带来了麻烦，而加入群体是人类最强烈的冲动之一，人类对其有一种无法抗拒的必然需求，它发端于人类远古时期的灵长类祖先。每一个人都有寻找群体的冲动，这使人类成为一种部落性极强的动物。人类会通过各种形式满足这种需求：大家庭、有组织的宗教、意识形态、民族团体或是运动俱乐部等，有人只选择加入其中的一种，有人则同时加入了几种。群体包含着巨大的可能。在每一个群体中，我们都会发现人们对地位的争夺，但同样也有信任和美德，这两样正是群体选择的标志性产物。于是我们担忧，我们困惑：在这个由无数相互重叠的群体构成的变幻不息的现代世界里，到底应该对谁效忠？

在社会生活中，我们始终被各种本能所主宰、所迷惑，但也有少数本能是对我们有利的，我们只要明智地遵从，这些本能就会保我们性命无忧。举个例子：我们都能共情。大量最新的研究有望使我们明白道德冲动是如何在大脑内发挥作用的。一个很有希望的开端是对“黄金准则”（Golden Rule）的解释，这或许是唯一一条所有有组织的宗教都在提倡的戒律，它也是所有道德推理的根基。当有人要神学家和哲学家拉比·希勒尔一边单腿站立一边解释《摩西律法》时，他这么回答：“不要对别人做你自己也反感的事，其余都是注解。”

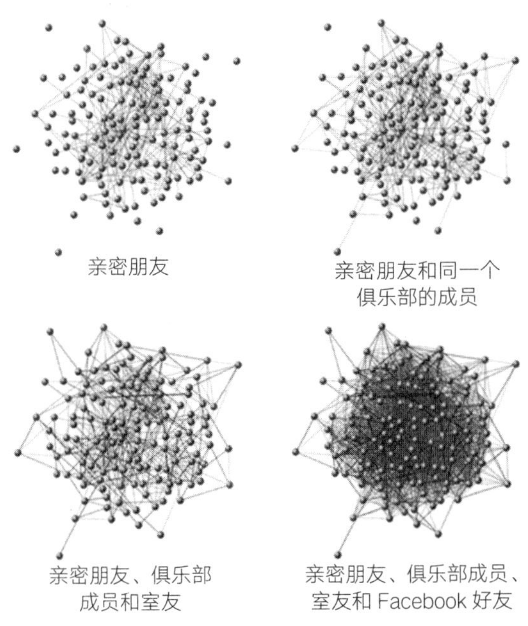

图 24-1　现代人的社交网络

在现代社会中，与史前和早期历史相比，人们的社交网络变得更大、更不和谐。互联网革命催生了 Facebook 等社交平台，将人类的社交网络推向了一个新的水平。

图片来源：Nicholas Christakis and James M. Fowler, *Connected: The Surprising Power of Our Social Networks* (New York: Little, Brown, 2009).

这一点还可以用“强制性共情”（coercive empathy）来表达，也就是说，除了那些精神病患者，普通人能自然而然地体会到他人的痛苦。神经生物学家唐纳德·普法夫（Donald W. Pfaff）在《公平交易的神经生物学》（*The Neuroscience of Fair Play*）中指出，大脑这个器官，不仅可以划分为各个部分，而且相互之间还会对立。造成压力或愤怒的刺激会引发原始的恐惧，这种反应已经在分子和细胞层面上得到了清晰的认识。这种反应也有制衡机制：当利他行为出现恰当的时候，引起恐惧的想法便会自动终止。而当一个人采取带有敌意和暴力倾向的行为，便会在心理上“失去”自己。在各种情绪的冲击中，人的人格会略微向着他人转移。

作为一个犹如罗马两面神的物种，我们的大脑是一个极度复杂的系统，其中包含着相互连接的神经细胞、各种激素以及神经递质。根据环境的不同，它会启动各种进程，有的相互强化，有的互相抵消。

恐惧的部分实质，就是一连串流过杏仁核的脉冲流。杏仁核是脑中的一个杏仁状结构，其中包含着一些神经细胞形成的连接，这些连接可以同时产生恐惧、恐惧的记忆和对恐惧的抑制。通过这些连接的信号在整合后会传输到前脑和中脑的其他部分。现在看来，虽然恐惧这种情绪从杏仁核发源，但是认为哪些人、哪些物是令人恐惧的这种复杂的思维，则是由大脑皮层上的几个信息加工中枢产生的。

人脑自发抑制恐惧和愤怒的其他功能区位于前扣带皮层和脑岛，这两个脑区调节着人体对于痛感的情绪反应。这两条回路不仅会左右人对自身疼痛的反应，也会影响人对他人疼痛的感知。

普法夫（Pfaff）是一名杰出的科学家，他把大脑最新研究的碎片严谨地整合成一个整体，而且他发现建立有关大脑整体工作的理论是很有价值的，因为这对理解人类行为相当重要。人脑的回路中内置了一种模糊进程（blurring process），它可以由恐惧、精神压力或者其他情绪引发，这个进程能够解释数量近乎无穷的合乎道德的行为选项。普法夫用一个虚构的例子描述了它：

> 这个理论有四个步骤。第一步，一个人考虑对另一个人采取某种行动，比如阿博特女士考虑往贝瑟先生的肚子上捅一刀。在这个行动真实发生之前，它会先在行动者的脑中预演，任何行动都是这样。这个行动将会对对方产生行动者可以理解、预见和记忆的后果。第二步，阿博特女士在脑海中扫描了行动的目标——贝瑟先生。第三步，也是最关键的一步，她在脑海中模糊了对方和自己的区别。她不再只看到自己的行动对贝瑟先生造成的伤害，比如鲜血满地的可怕画面，她也在智力和情感上模糊了对方的鲜血和她自己的鲜血的区别。第四步就是做决策。现在阿博特女士已经不太可能袭击贝瑟先生了，因为她体会到了对方的恐惧。更确切地说，是她体会到了对方如果知道她在谋划什么时产生的那种恐惧。
>
> 对于神经科学家来说，以上解释有一个非常吸引人的特点：它只牵涉到信息的丢失，而不牵涉辛苦地获取信息或存储信息的过程。对复杂信息的学习和记忆都是需要经历艰苦的思考过程，而信息的丢失却似乎毫不费力。消除记忆的众多机制中的任何一种就可以解释这个理论中的身份模糊。在阿博特女士和贝瑟先生的例子中，身份模糊、主体性丧失的结果就是袭击者暂时把自己放到了对方的立场中去思考。因为感受到对方的恐惧，她放弃了一次违法的、不道德的行为。

这个对于道德决策的解释如果成立，它就一定会体现在演化生物学对于群体选择的理解之中。道德是人类的天性，可以指引人们做正确的事，克制自己、帮助他人，甚至不惜亲身涉险，因为自然选择一向支持这种群体成员能够造福集体的互动。

除了解释本能中的共情从何而来之外，群体选择至少还可以部分解释人类本性中一个更加重要的特质：合作。2002 年，恩斯特・费尔（Ernst Fehr）和西蒙・加赫特（Simon Gächter）将这个科学问题清晰地表述如下："人类的合作是演化上的一个谜。和其他动物不同，人常常会和遗传上与自己毫不相干的陌生人合作，我们的合作对象往往是一大群人，合作之后双方再也不会见面，这种合作对我们自身的繁殖基本无益。人类合作的这些模式不能用亲缘选择的演化理论来解释，用信号传导理论（signal theory）或互惠利他理论相关的自私动机也不行。"

我在前面已经指出，亲缘选择无法解释人性中的这种自我矛盾之处。也许有人会认为，在早期狩猎采集者组成的部落中亲缘选择是起作用的，那些部落因为人数较少，成员的血缘关系都比较近。然而数学分析已经指出，亲缘选择本身并不足以作为一种推进演化的力量。当血缘接近的个体汇集到一起，合作者更容易遇到其他和自己基因相似的合作者时，合作并不会自发产生。只有群体选择，也就是一个包含较多合作者的群体与其他包含较少合作者的群体相竞争时，才能在物种的层面上促成转变，催生出规模更大、范围更广的合作本能。

在 21 世纪的第一个 10 年中，生物学家和人类学家曾经专门研究了合作的演化。他们的结论是：合作这种现象，是在人类的史前时代经由各种先天反应的混合而形成的。这些反应包含了个人对地位的追求，多数人将少数高位者与个体拉平的举动，还有对那些严重偏离群体规范的个体实施惩罚报复的冲动。这些行为中的每一个都同时包含了自私和利他这两个元素。每一个都在因果链中，而它们的起源都是群体选择。

这种有意识的大脑中各类冲动相互交织的局面，在史蒂芬·平克的《白板》[①] 一书中有详细归纳：

> 那些谴责他人的情绪，比如鄙夷、愤怒和厌恶，促使人惩罚欺骗者。那些称赞他人的情绪，比如感激之情，以及可以称之为升华、道德敬畏或感动的情绪，促使人奖赏利他主义者。那些为他人而痛苦的情绪，比如同情、怜悯和共情，促使人对穷困者伸出援手。还有那些令人局促不安的情绪，比如自责、羞愧和尴尬，促使人避免欺骗他人，或在事后弥补欺骗造成的损失。

人心中无时不在的矛盾和模棱两可来自支配人类心灵的规则，这些规则遗传自灵长类动物。人的本性就是要把别人和自己拉平，尤其是那些看起来付出少而得到多的人。即使在精英阶层内部也上演着一场场微妙的游戏，他们一方面要争取更高的地位，一方面又要在上升途中躲开那些充满妒忌的对手。言谈举止要谦虚，永远不能轻慢，这是身居高位者必须奉行的原则。但这一点是很难做到的，就像 17 世纪的散文家弗朗索瓦·德·拉罗什富科所说："人之所以谦逊是害怕会招来理所当然的嫉妒和轻蔑，这两种情绪总是跟随着那些沉醉于好运中的人。谦逊是对于精神力量的一种无用的展

① 《白板》是关于颠覆主流的人性论观点，重塑对人性的信心的著作。本书中文简体版已由湛庐引进、由浙江人民出版社出版。——编者注

示。那些已经取得了最高地位的人依然很谦逊，因为他们还渴望取得比眼下更高更显赫的地位。”

另一种提高声誉的有效方法是研究者所谓的“间接互惠”，通过间接互惠，你可以渐渐积累利他合作的名声，虽然在这些方面你并没有付出比常人更多的努力。德国的一句谚语点明了这条策略——“要做好事，也要宣扬”（Tue Gutes und rede darüber）。这样一来门路就会打开，交友和结盟的机会也会增加。

但因为这些都是尽人皆知的把戏，大家也总是愿意在确保自身安全的前提下拆穿它们。我们对伪善的言行极为敏感，那些冉冉上升的人物，只要他们的资历稍有瑕疵，我们就随时准备把他们拉下马。每一个把高位者拉下马的人都配备了可怕的武器。我们用抨击、笑话、戏仿、嘲弄来削弱那些傲慢自大、野心勃勃的人物。揭人短处是一门讲究机智的艺术，有人将它比作“谈话中的盐”，我们很难把它表达得巧妙。在这方面最有名也可说是最高超的一个例子，是塞缪尔·富特（Samuel Foote）回答第四代三明治伯爵约翰·蒙塔古（John Montagu）的话。蒙塔古警告富特说他以后要么死于性病要么死于绞索，富特答道：“大人，这就要看我拥抱的是您的情妇还是您的道德信念了。”

当然，人类的合作性有着丰富的内涵，能说的远不止是高效率和通过消除傲慢保护合作这么简单。所有正常人都怀有真正的利他主义。我们和别的动物相比是独一无二的：我们对病人和伤者悉心照料，对穷人慷慨支援，对失去亲人者安抚慰藉，甚至会为了拯救陌生人甘冒生命危险。许多人曾在危急中救护他人，事后不留姓名就离开了。即使留下，他们也会十分自觉地淡化自己的英雄壮举，说些像“这只是我的工作”或者“换了别人也会这么帮我的”之类的话。

真诚的利他主义是存在的，就像塞缪尔·鲍尔斯和其他研究者主张的那样。这种利他主义会增强群体的力量和竞争力，它是在人类的演化之路上由群体层面的自然选择筛选出来的。

进一步研究显示（但尚未最终证明），即使在最先进的现代社会，将阶层拉平也是有益的。那些全力提升公民生活品质的社会，那些在从完善教育和医疗服务到控制犯罪和增强集体自尊方面都有上佳表现的社会，它们之中最富裕和最贫穷成员之间的收入差距也是最小的。根据理查德·威尔金森（Richard Wilkinson）和凯特·皮克特（Kate Pickett）2009 年的一项分析，在全世界最富裕的 23 个国家以及美国的所有州当中，日本、北欧各国和美国的新罕布什尔州都有着较小的贫富差距和较高的平均生活品质。排名垫底的是英国、葡萄牙以及美国的其他州。

人们获得发自肺腑的快乐的途径不仅是拉平阶层与相互合作。我们还乐意看见惩罚落到那些不愿合作的人头上（比如只知道索取的人和罪犯），甚至是那些成就与自己的身份不相称的人（比如懒散的有钱人）。小报的揭露文章和真实的犯罪故事充分迎合了人们打倒恶人的冲动。人们不仅热切地期望见到罪犯和懒汉得到惩罚，还愿意亲自动手伸张正义，哪怕自己要付出代价。许多人会斥责闯红灯的司机、举报干坏事的上司、在目击重罪行为的时候报警，即便他们并不认识那些恶人，并可能因为做一个好公民而付出代价，至少是承担时间上的损失。

在人脑中，这种“利他性惩罚”（altruistic punishment）的实施会激活两侧的前脑岛，这个脑中心还会被疼痛、愤怒和厌恶激活。利他性惩罚给社会带来的是更好的秩序，还有汲取公共资源时更少的自私。这类行为并非出于利他者的理性算计。一个利他者首先考虑的，或许还是其行为对自己和亲人的最终影响。真正的利他主义的基础是一种为部落争取共同利益的生物本能，这种本能是群体选择造就的：在史前时代，由利他者构成的团结群体胜过了由自私者构成的无序群体。我们这个物种并不是“经济人”（*Homo oeconomicus*）。我们是更复杂更有趣的一个物种。我们是“智人”，是不完美的生物，我们在一个变幻莫测、威胁丛生的世界上怀着相互矛盾的冲动战斗着，竭尽所能做到最好。

除了平常的利他本能之外，我们还有一样别的东西，它虽然脆弱短暂，但是只要体会过它，我们的人格可能都会改变。那就是荣誉感，一种从先天的共情与协作中产生的感情。那也许是能够拯救我们这个物种的最后一点利他主义的储备。

荣誉感当然是一把双刃剑。它的一侧剑刃是奉献和战争中的牺牲。这些行为来自原始的群体本能：对抗那些被视为威胁的敌人、保卫自己的群体。由此产生的情绪完美体现在了英国诗人鲁珀特·布鲁克（Rupert Brooke）1914 年的诗作当中，当时第一次世界大战尚未完全展示其难以形容的残酷面目，他也还未在战争中牺牲。

> 吹吧，军号，吹吧！它们为渴求的我们
> 带来了缺席许久的圣洁、爱和痛苦。
> 荣誉回来了，像一位国王降临人间，
> 并向臣民支付王室的报酬；
> 高贵再次与我们同行；
> 我们接过了先贤的传统。

而荣誉的另一侧剑刃，是个人用荣誉对抗群体，有时个人要对抗的是流行的道德戒律，甚至对抗宗教。关于这一点，哲学家夸梅·安东尼·阿皮亚（Kwame Anthony Appiah）在《荣誉法则：道德革命是如何发生的》一书中做了精彩的表述，他这样描写了个人和人数较少的团体对于有组织的不公正行为的抵抗：

> 你可能要问：荣誉感在这里做的事，有哪件是道德做不成的呢？诚然，坚守道德会让士兵不至于侵犯囚徒的人格尊严，也会使他们反对那些不守道德的人所做的事。坚守道德会让受到虐待的妇女明白虐待她们的人应该受到惩罚。但是只有具备了荣誉感，才能让一个士兵不只是做正确的事和谴责错误的事，他还会在自己阵营的战友做邪恶的事情时坚持阻止他们。人一定要有荣誉感，才会觉得别人的行为也牵涉了自己。
>
> 你必须有维护自尊的觉悟，才会勇敢面对困难，在一个女性很少获得正义的社会中为自己主持正义。你要有为所有女性维护自尊的觉悟，才会在自己遭受残忍强暴的时候，不单单报之以义愤和复仇的欲望，也燃起改造国家、使所有女性都得到应有尊重的决心。选择这样的态度就等于选择了艰难的一生，有时甚至是危险的一生。但这样的一生也必然是荣耀的一生。

对于道德的自然主义理解不会得出绝对的戒律和确定无疑的判断，它反而会提醒我们不要盲目地把戒律和判断建立在宗教和意识形态的教条之上。因为每当这些戒律误导民众的时候（常常发生），往往都是因为它们建立在了无知之上，并在无意间略去了这样那样的重要因素。举一个例子：罗马教廷对人工避孕的禁止。这条禁令是教皇保罗六世在 1968 年的《人类生命通谕》中颁布的，他是出于好意，援引的理由乍一看也完全合理。他首先假定了上帝将男女发生性关系的目的限定在了孕育后代上。然而《人类生命通谕》的逻辑是错误的，它遗漏了一点重要的事实。自20世纪60年代以来我们积累了大量心理学和繁殖生物学的证据，它们指出除了生育之外，男女发生性关系还有另一个目的。人类女性的外生殖器是隐藏起来的，无法昭示发情期，在这一点上不同于其他灵长类物种的雌性。人类无论男女，只要与他人建立了稳固而恰当的情感联系，都会希望持续而频繁地发生性关系。从遗传上说这是一种适应性行为：它能确保女方和她的子女得到男方的帮助。对女性来说，不以繁殖为目的的快乐性行为保证了男性提供帮助的承诺，这是很重要的，在某些场合甚至是不可或缺的。人类的婴儿要获得体积庞大、组织清晰的大脑以及高超的智力，就必须在发育中经历一段特别弱小无助的时期。而这时候母亲并不能从社区中获得充分的支持，就算在关系紧密的狩猎采集社会中也做不到，她只能从一个身心都与她结合的男性那里获得这样的支持。

另一个因为无知导致道德教条出错的例子是对同性恋的恐惧。它的基本逻辑和反对人工避孕十分相似：不以繁殖为目的的性行为一定是反常的、罪恶的。然而大量证据指出事实正好相反。坚定的同性倾向往往在童年就已出现，而且可以遗传。这意味着人的性向并非总是一致的，一个人是否会发育成同性恋，部分是由基因决定的，而那基因本就不同于将人塑造成异性恋的基因。进一步的研究还发现，受遗传影响形成的同性恋倾向在世界人口中比例很高，不可能单单由基因突变造成。群体遗传学家凭经验对这么高的比例做了解释：如果一个性状不是完全由随机突变产生的，而它又会降低或消除拥有这个性状的人的繁殖概率，那么这个性状仍能得到自然选择的垂青并且延续，就一定是因为自然选择还作用于其他目标。比如，少量同性恋倾向基因的存在，或许会给异性恋者带来竞争优势。又或许，同性恋者会以他们特殊的才能、不寻常的个性以及由性取向产生的特定角色和职业，为群体赋予竞争优势。有充足的证据表明事实的确如此，无论是在尚未发明文字的古代社会还是在现代社会。无论具体是什么原因，社会都不该因为不同的性取向和较低的繁殖率而排斥同性恋者。相反，对他们的存在应该珍视，因为他们对人类的多样性做出了建设性的贡献。一个谴责同性恋的社会只会伤害自己。

通过研究道德伦理的生物学起源，我们将会明白一条原则。那就是除了明确无误的道德戒律，比如谴责奴隶制、虐待儿童和种族屠杀等任何人都会毫无例外地反对的行为之外，还存在一片更加辽阔且难以穿越的灰色领域。要在这片领域上宣示道德戒律并做出道德判断，就必须充分理解我们为什么会以这样那样的方式关心某件事务，包括这件事务所涉及的情绪的生物学历史。但这方面的探究还没有完成。我们甚至很少想到这一方面。

随着自我理解的深入，我们对道德和荣誉的感想会发生哪些变化？我敢肯定，在许多方面、也许在绝大多数方面，今天为大部分社会所共有的戒律都会经受住基于生物学的现实主义的考验。但另外一些，比如对人工避孕的禁令、对于同性恋倾向的谴责以及对于少女的强制婚配，肯定是经不住考验的。无论最终会有什么结果，有一点看来是明确的：除了文化的作用，在科学的基础上重构道德戒律，也一定可以推动道德哲学的进步。如果说这样的观念进步会导致严守教条者极力反对的“道德相对主义”，那也只能这样。

第 25 章

宗教的起源

科学和宗教的末日决战（这个比喻可能略显夸张）是在 19 世纪晚期正式打响的。科学家的目标是对宗教做出透彻的解释。在他们眼里，宗教不是人类争取自身地位的独立领域，也不是人类对于神明的低首服从，而是在自然选择之下的演化产物。归根结底，科学和宗教的冲突不是人与人的冲突，而是世界观的冲突。人还是那些人，世界观却可以更迭替换。

是神照着自己的样子创造了人类，还是人类照着自己的样子创造了神？这是宗教和基于科学的世俗观点之间的分歧所在。对这个问题的回答对于人类的自我理解和相处之道有着深刻的影响。如果像大多数宗教的创世故事所描绘的那样，是神照着自己的样子创造了人类，那我们就可以认为神也在照看着人类。如果神并没有照着自己的样子创造人类，那么太阳系的地位就很可能并不特殊，和宇宙中的其他亿万个星系并没有什么两样。如果神创造人的假设受到了普遍怀疑，那么大众对于宗教团体的热忱就会显著下降。

接下来就要说到那个最根本的问题了，在我看来，千百年来的神学家把这个问题弄得十分复杂，实在是没有必要。这个问题是：神存在吗？如果存在，他是一个人格化的神吗？我们的祈求，他真的会应答吗？如果会，那我们能祈求不朽吗，能在未来的亿万年（甚至更久）里过上安宁舒适的生活吗？

在 20 世纪，这几个根本的问题导致宗教信徒和世俗科学家之间的分歧不断扩大。1910 年，一项对于《美国科学人》（*American Men of Science*）中列出的杰出科学家的调查表明，其中仍有 32%的人相信一个人格化的神，有 37%的人相信永生。但是当在 1933 年再度进行这项调查时，有神论者已经减少到了 13%，相信永生的人也减少到了 15%。这个下降的趋势并没有中止。到了 1998 年，由美国联邦政府资助的美国国家科学院已经几乎是一个彻底的无神论组织了，只有 10%的院士还相信有神或者追求永生，而在生物学家中这一比例只有区区的 2%。

在现代社会，大众已经不是非要皈依某个宗教团体不可了。美国人和西欧人在信仰宗教的人数上的强烈反差就说明了这一点。20 世纪 90 年代末公布的几项民意调查结果显示，有超过 95%的美国人信仰上帝或某种遍布宇宙的生命力量，而在英国这个比例是 61%。有 84%的美国人认为耶稣是上帝或上帝的儿子，而在英国这个比例只有 46%。在 1979 年进行的一项民调中，有 70%的美国人相信人死后灵魂不灭，这个比例在意大利是 46%，在法国是 43%，在斯堪的纳维亚半岛是 35%。直到今天，仍有近 45%的美国人每周到教堂礼拜一次以上，而这个比例在英国是 13%，法国是 10%，丹麦是 3%，冰岛仅有 2%。

常常有人问我，既然大多数美国人的祖先都来自西欧，两个地区之间为什么还会有这样的差异呢？同样令人困惑的是，许多美国人对于《圣经》是全盘接受的，还有一半美国人对生物演化全盘否认。我出生在一个南方浸礼会家庭，这个教会属于基督教中的福音派。在这样的环境中长大，我对钦定本《圣经》的威力是深有体会的，我知道它具有凝聚人心的作用，能使人变得善良慷慨，我也了解信徒在一个越来越少人信神的文化中感受到的孤立。在他们看来，《圣经》是不容污蔑、不得质疑的，它是满足一切精神需求的手段，它的经文是一口深不见底的意义之泉。它可以使信徒在孤独的时候找到伴侣，在悲痛的时候求得安慰，在失德的时候仰赖救赎。秉持宗教激进主义的新教徒在美国人口中占据的比例之大，自有其历史原因，这就留给历史学家来解释吧。

如果说一个或几个人格化的神，以及没有形体的精灵的存在是完全不能够成立的，那么开天辟地的宇宙神力又如何呢？我们难道就不能崇拜这样一位抽象的创造者，即便创造者对我们并没有什么特殊的兴趣？这种观点就是自然神论，它认为物质世界是由某个东西或某个人有目的地创造出来的。如果真是那样，那么在大爆炸发生 138 亿年之后，这个目的依然是一个谜。有少数严肃的科学家主张，宇宙一定有一位创造者。他们最主要的论据是人择原理（anthropic principle），这条原理认为，宇宙中要演化出星系，星系中要出现以碳元素为基础的生物，物理定律和物理参数要调节得恰到好处才行。而围绕在我们周围的正是这样一个恰到好处的宇宙，它拥有的物质和力都不多不少，刚好适合演化出生命。如果当初大爆炸的威力再强一些，物质就会迅速分裂，无法凝聚成恒星和行星。人择原理显然有它诱人的地方，然而正如历史学家托马斯·迪克森（Thomas Dixon）指出的那样，它也自有它的缺陷：

> 我们又怎么知道应该对哪些物理常数的给定配置感到惊讶，对哪些又该视作当然呢？无论是哪一种搭配，它的可能性都显然接近于零吧？我们又怎么知道这些常数可以像人择原理假设的那样能够自由变化呢？说不定，它们已经被自然给定死了，或者相互之间有着我们尚不了解的联系呢？如果那亿万个其他宇宙并不是可能的存在，而是真正的存在，那么我们对于自身的存在和物理构成，是不是就会少一点惊讶呢（前提是我们的确感到惊讶，但老实说，我是一点都不惊讶的）？

这个反驳呼应了休谟的《自然宗教对话录》中斐罗的洞见："我既然发现了人类理性在许多其他更为熟悉的论题之中的缺陷，甚至矛盾，我决不会寄希望于人类理性凭着其脆弱的推测，在如此崇高的、如此远离我们观察范围的论题中，能有任何的成功。"

假如我们不采纳这条思路，而是的确将宇宙的物理定律看作某种超自然实在存在的证据，并且将这颗行星上的生物演化史归结为某种神力干预的结果，那么我们就是在用信仰代替理性。如果生物学和人类学领域的证据对我们有所启发，那么像柏拉图和康德那样假想一个不依赖于人类特性的普遍适用的道德规范，就是犯了同样严重的错误；而对于C.S.刘易斯（C.S.Lewis）和其他基督教辩护者所假设的上帝赋予的道德规范，其论证虽然雄辩，其实也并不存在。事实正好相反：我们应该将宗教和道德的起源解释成人类演化史上由自然选择所驱使的特殊事件。

我们手头的大量证据显示，宗教团体其实是部落形态的一种表现形式。每一种宗教都对信徒宣称它自身是一种独一无二的联盟，宣称它的创世神话、道德教条，以及他们得自神的特权高于其他宗教。信徒的慈悲和互助都只针对教友，即使惠及外人，目的往往也是向他们传教，并由此扩大本部落的规模及增加盟友的数量。没有哪个宗教的领袖会敦促人们领会敌对宗教的教义，并且选择对他们个人、对他们的群体最适合的宗教。宗教之间的冲突往往是战争的催化剂，有时候更是导致战争的直接原因。虔诚的信徒将信仰看得高于一切，一旦信仰遭到质疑，他们就勃然大怒。宗教团体之所以具有威力，原因在于它们有助于社会稳定、个人安全，而不是它们追求到了什么真理。它们的目标是使人服从于部落的意志和集体利益。

宗教有悖逻辑，但这并不是它们的缺点，反而是它们的长处。信徒接受了奇异的创世神话，彼此就会更加团结。基督教的几个重要派别都相信将自己的意志交托给耶稣者会很快上天堂，而其余人则会受苦 1 000 年，直到世界末日。

在现实世界里，这样强烈的部落本能只能在群体选择，也就是部落与部落的抗衡之中演化而来。宗教信仰的种种特异性，都是生物组织的高层动因所造成的必然结果。

传统宗教团体信仰的核心是它们各自的创世神话。那么在真实的世界里，这些神话又是如何产生的呢？它们有些来自对重大事件的共同记忆，比如迁徙到新的土地、在战争中胜利或者失败、泛滥的洪水、喷发的火山，等等。这些事件经过一代代人不断加工，化作仪式，最后形成了创世神话。而其中之所以会有神明登场，也是源于所谓的先知和信徒自身的心理活动。他们觉得，神应该具有和他们相同的情绪、理智和动机。比如在《圣经・旧约》里，神父时而慈爱、时而妒忌、时而愤怒、时而记仇，这些都与他的凡人信徒没有什么两样。

人类还会将自己的人性投射到动物、机器、场所，甚至是虚构的生物上（见图 25-1）。所以，他们会将统治者的禀性投射到无形无相的神明身上也就是顺理成章的事了。

图 25-1　以神秘的动物头像作为伪装的舞者

（A）法国特洛伊斯弗雷尔斯洞穴中的旧石器时代绘画。（B）南非阿夫瓦林斯科普的史前布须曼绘画。（C，D）美国平原苏人的绘画。

图片来源：R. Dale Guthrie, *The Nature of Paleolithic Art*（Chicago: University of Chicago Press, 2005).

即使是创世神话中最缥缈奇幻的元素，比如魔鬼和天使、不知来自何处的语声、死人复活、太阳不再升起和落下，如果不考虑物理定律，而是从现代生理学和医学的角度分析，这些现象也会变得容易理解：部落首领和萨满所谓的与神灵交谈，总是发生在梦中、在服药引起的幻觉中或者在精神病发作的时候，其中尤以睡眠瘫痪期间的幻觉最为生动。在那个时候，平日健康无虞的人会一脚踏进一个别样的世界，那里有凶猛的怪兽和深刻的恐惧。心理学家艾伦·切恩（Allan Cheyne）的一名研究对象自称在睡眠瘫痪的过程中见到了“一个移动的怪影，它的手臂向我伸着，显然是一个超自然的邪恶生物”。另一名研究对象也一口咬定“有一个半人半蛇的生物在我耳边叫喊着我听不懂的语言”。这些在睡眠瘫痪中出现的幻象栩栩如生，和一些人宣称的被外星人绑架的经历十分接近，至少在有些案例中，出现这种情况是和脑部顶叶的过分活跃相关的。还有人在睡眠瘫痪期间体验了飞翔、坠落或是离开自己的身体的感觉。在那种状态下，恐惧是最主要的情绪，但有时恐惧也会变成兴奋、愉悦，甚至狂喜。

在创世神话的形成中起到更大作用的是致幻药物，它们能将简单的幻觉变成故事，这些故事情节冗长，充满符号和象征意味，在做梦者眼中具有丰富而神秘的意义。原始社会中的萨满和他们的追随者会使用这些药物来实现所谓的与灵界沟通。其中一种药物已经得到了详细的研究，那就是死藤水，它是在亚马孙盆地的原始部落中广泛使用的一种致幻剂。服用死藤水的人会“见到”栩栩如生的景象，起初杂乱无章，但接着就会演变出具有情节的故事，其中有奇异的几何图形、黑豹、蛇和其他动物，还有服药者死后进入另外一个世界的情景。哥伦比亚的辛纳印第安人（Siona Indians）把死藤水称作“雅格”（yagé），其中的一名成员在服下雅格之后有了如下体验：

> 一个老妇向我走来，用一块大布将我裹住。接着我就飞了起来，飞得很远。忽然，我发现自己来到了一个光明透亮的地方，那里是那么纯净，一切都是那么静谧安宁。那里的人像我们一样服用雅格，但他们活得更好，那里就是人的归宿。

我们不妨将这段话看作进入“天堂”的意象。下面再看一段“地狱”的情景，这是一个祖籍欧洲的智利人在服用药物后的体验，其中“老虎”指的是黑豹，一种生活在南美洲的大型猫科动物：

> 起先是一张张老虎的脸，接着是老虎本身，体形巨大，强悍无比。我知道我必须跟上它（因为我能读懂它的想法）。我看见了高原，老虎坚定地走成一条直线，我紧随其后。然而当我们走到边缘、看见光亮的时候，我却跟不上它了。

接着，服药者俯视地狱深渊，看到一个圆形的坑洞，里面流淌着液态的火焰，还有人在火里游动：

> 老虎要我下去，但我不知道该如何行动。我抓住老虎的尾巴，随着它纵身一跃。它有一身发达的肌肉，因此那一跃显得优雅而缓慢。老虎游动在液态的火焰中，而我骑在老虎的背上……我跟着它登上河岸……那里有一口火山。我们等了一会儿，火山开始迸发。老虎说，我必须跳进火山口里……

这些粗糙的意象并不比世界各大宗教奉为真理的教义更离奇。新约最后一章《启示录》中圣约翰的见证就说明了这一点。时间是公元 1 世纪，大约是公元 96 年，在希腊的拔摩岛，圣约翰看见耶稣从天堂中位于上帝右侧的王座上返回地面，并通过天使对人说话。圣约翰被一个奇异的嗓音震惊了：

> 我转过身来，要看是谁发声与我说话。既转过来，就看见七盏金灯台。灯台中间，有一位好像人子，身穿长衣，直垂到脚，胸间束着金带。他的头与发皆白，如白羊毛，如雪。他的眼目如同火焰，脚好像在炉中烧炼的精铜，声音如同众水汇流。他右手拿着七星，从他口中吐出

一把两刃的利剑。他的面貌如同烈日放光。

耶稣的第二次降临（不是他向圣约翰应许的那场灾难）是怀着愤怒的。对于那七盏灯台所代表的七座城市，他是爱恨交加的。对于那些不再信仰他的臣民，他是有意将他们击倒的。他自居为起点和终点，手上掌握着“死亡和地狱的钥匙”。他尤其厌恶尼哥拉一党人的行为，对于拔摩岛教会那些加入尼哥拉党的人，他发出了严厉的警告：“所以你们当悔改。若不悔改，我必速速来到你那里，用我口中的剑攻击你们。”圣约翰见证的这位耶稣还借着天使之口预言了飞升、患难、上帝决战魔鬼以及上帝的最终胜利。

圣约翰或许真的像他自己所说的那样受到了天启。然而更有可能的情况是，他在服用致幻剂之后产生了妄想——这是他那个时代的欧洲东南部以及中东人们的常见行为。

同样可能的情况是圣约翰患有精神分裂症，这种疾病能使患者体验到和天启相似的错觉，比如听见话语声、对话声和命令声。在有的患者耳中，那都是可信而重要的思想，它们通常使人安心，但有时也显得危险恐怖。这些简单的幻觉还会被扩展成漫长的故事，甚至被合并为一种以幻想为基础的世界观。

无论如何，那些具有演化论眼光又不为传统神学的超自然假设所阻吓的历史学家和其他学者，已经开始拼凑各种现代宗教的等级和教义结构的形成步骤了。在旧石器时代晚期的某个时候，人类开始对自身生命的有限性进行反思。据我所知，最早的具有仪式痕迹的墓葬出现在 9.5 万年前。至少从那时候起，活人就开始思索那些死去的人们去了哪里。在他们看来，答案是显而易见的：死者依然活着，而且常与生者在梦境中相聚。死去的亲人活在梦中的灵性世界里，更活在药物引起的幻觉里，那里有他们的盟友和敌人，有众神、天使、魔鬼和怪兽。后来的人们发现，同样的幻象，还可以借助禁食、劳累和自虐来唤起。今天我们的思想和古人一样，也会在睡觉的时候离开肉身，进入由脑海中的神经浪潮所创造的灵性世界里。

远古的某个时候，萨满登上了历史舞台，他们独揽了对幻觉的解释权，并且对自己的幻觉尤其重视。他们声称幻觉中的幽灵掌握着部落的命运，这些超自然生物有着和活人一样的情绪，因此一定要用仪式来致敬与安抚。在各种仪式上，活人必须召唤他们，请他们保佑自己那个小小的社群。部落成员在成人礼、结婚和死亡的时候都要请他们来。新石器时代，随着国家的出现，不同部落为了做成贸易或打赢战争而结成同盟，各个部落的神明也随之一争高下，而有的时候，几个部落会崇拜一些相同的神。

随着社会变得愈加复杂，众神在维持社会稳定方面也“承担”了更重的责任，不过这个任务是由他们在人间的代理人借助由上而下的政权统治来完成的。当政治、军事和宗教领袖为了这个目标协作共事的时候，教条就会代代相传、牢不可破。而一旦发生革命、政权更替，宗教领袖也会设法适应环境，他们通常的做法是和起义者站在一边，并且调整现有的教条。

当今的宗教信徒和古代的一样，一般来说对神学并没有多少兴趣，对于今天世界各大宗教的形成步骤更是毫不关心。他们关心的是对宗教的信仰，以及信仰带来的种种福利。他们从创世神话中学到了促进部落团结所需的远古历史知识。在变革和危险的时代，他们的信仰保证了个人内心的平稳与安宁。在受到其他部落的威胁或与其他部落展开竞争的时候，创世神话使信徒相信他们是神明眼中的最佳人选。宗教信仰使人获得安宁，那是归属一个群体时才有的体验，也是一种受到神明护佑的体验。至少在亚伯拉罕诸宗教里，它们都向众多的信众承诺死后也有生命，承诺信徒会升上天堂而非入地狱——如果信徒能在形形色色的教派里选择正确的一种，并且忠心不二地奉行它的仪式的话。

千百年来，宗教信仰一直寄生于人心中的敬畏和好奇，并借由它们激发出了文学、美术、音乐和建筑领域的无数杰作。以我个人的体会而言，没有什么比天主教的烛光礼更加令人动容：漆黑的大教堂里，火烛洒下耶稣之光。而在福音派的献身召唤中，信众在和声吟唱中走向祭坛的场面也同样令我深受感动。

要得到这样的福利，就必须向上帝、向上帝的儿子或者向他们父子两人臣服，这太简单了：信徒要做的只是服从，只是拜倒，只是复述那些神圣的誓词。但是我们不妨追问一句，他们驯服膜拜的对象到底是谁呢？是一个意义深远、无法为人心所理解的实体，抑或是一个根本就不存在的对象？信徒膜拜的也许真是上帝。又或者，那不过是一个由创世神话联合起来的部落而已。如果是后者，那么宗教信仰就是人类这个物种在演化历史中逃避不开的一个无形陷阱了。若真是这样，我们就必然能在服从和奴役之外，找到其他满足心灵的方法。人类本该有更好的选择。

第 26 章

创造性艺术的起源

人类的创造性艺术虽然丰富多彩、漫无边际，但其中的每一种都要经过人类认知这条狭窄的生物学通道的过滤。我们的感官世界，也就是我们不依赖技术而认识到的自身之外的真实世界，实在渺小得可怜。我们的视觉只限于电磁波谱上的一小段，而这条完整的波谱向上可以延伸到伽马射线，向下直达某些特殊形式的通信所采用的超低频率。我们只能看见其中极短的一段，也被称为“可见光谱”。我们的感光器官可以将这段可见光谱分解成模糊的片段，我们将这些片段称作“颜色”。频率比蓝色更高的是紫外线，昆虫能看见，而我们不行。对于环绕四周的声音频率，我们同样只能听见很小一部分。蝙蝠用超声波的回波来导航，这种超声波频率很高，我们的耳朵无法识别。大象则用低沉的嘟囔声交流，这种声音频率太低，我们也无法听见。

热带的象鼻鱼利用电脉冲在浑浊的水中辨别方向、相互交流，它们演化出的这种高效的感官是人类完全不具备的。同样，我们也感觉不到地球的磁场，但有些种类的候鸟却能用它来导航。我们无法在天空中看见阳光的偏振，蜜蜂却能靠它在阴天里来回往返于巢穴和花坛之间。

不过我们最大的弱点还不在视听，而是我们弱小得可怜的味觉和嗅觉。从微生物到动物，99%以上的生物物种都依靠对化学物品的感觉在环境中认路。它们也完全掌握了用信息素相互交流的能力。相比之下，人类、猿猴和鸟类都属于稀有的生命形式，依靠的主要是听觉和视觉，嗅觉和味觉反而很弱。在这方面，我们和眼镜蛇以及猎犬相比简直是白痴。我们在味觉和嗅觉上的弱势反映在我们贫乏的化学感觉词汇上，所以在谈到这些话题时，我们往往要借助于明喻和其他形式的比喻：我们说一杯葡萄酒有一种淡雅的花香，它的滋味饱满且略带水果的香味；我们说一股香气像是一朵玫瑰、一棵松树或是刚刚落到大地上的雨水。

我们被迫在一个充斥着化学感官的生物圈里度过化学感薄弱的人生，我们所仰仗的听觉和视觉主要是为了在丛林中生活而演化出来的。只有借助科学和技术，人类才能体验生物圈内其他生物的那些巨大的感官世界。运用仪器，我们得以将其他生物的感官世界翻译成我们自己能感受到的。在这个过程中，我们几乎看到了宇宙的尽头，也估算出了时间的起源。我们永远不可能靠感知地球磁场辨别方向，或是用信息素来交流，但我们仍可以将这些真实的信息全部纳入自己小小的感官天地里。

通过对这种能力的运用，加上检索人类的历史，我们得以洞察审美判断的源头与本质。举个例子，对人脑的神经生物学检测，尤其是测量到人脑在感知抽象图形时 α 波的衰减，显示了最能使大脑感到兴奋的是那些包含大约 20%冗余元素的图形（见图 26-1），大体上说，这正是一个简单的迷宫，一条对数螺线的两圈，或者一个不对称的交叉所包含的复杂性。有一件事或许纯属巧合（不过我不这么认为）：柱子上的浮雕装饰、格子形的图案、出版社的社标、图像文字和旗帜上的图形，也都蕴含了大约同等程度的复杂性（见图 26-2 与图 26-3）。古代中东和中美洲的雕文上同样体现了这个规律，还有几门现代亚洲语言中的文字和字母也是如此（见图 26-4 与图 26-5）。这个程度的复杂性部分解释了原始艺术和现代抽象艺术及设计为何会如此使人着迷。究其原因，或许是这点复杂性正好是人脑能在一眼之间加工的最大信息量，好比“7”是人脑在一眼之间能够数出的最多数量。当一幅图像变得更复杂时，眼睛就需要飞快扫视或者有意识地从一个部分看到另一个部分才能把握其内容。伟大艺术的一个特质就是要能将人的注意从它的一个部分引导至另一部分，引导的同时给人以愉悦、知识和启发（见图 26-3）。

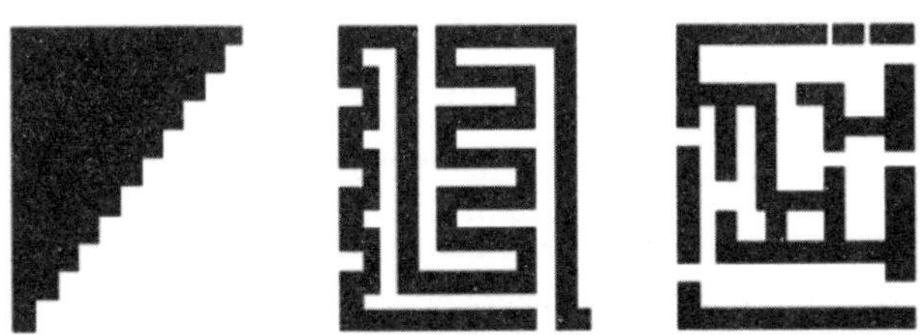

图 26-1　视觉设计中的视觉唤醒

在这三幅计算机生成的图像中，中间这幅繁简适中，能自动唤起大脑最大的兴奋感。

图片来源：Gerda Smets, *Aesthetic Judgment and Arousal: An Experimental Contribution to Psycho-Aesthetics* (Leuven, Belgium: Leuven University Press, 1973).

图 26-2　苏里南村民的作品

原始艺术的复杂性通常接近于能最大程度地唤醒大脑的复杂性。
图片来源：Sally and Richard Price, *Afro-American Arts of the Suriname Rain Forest*（Berkeley: University of California Press, 1980）.

视觉艺术的另一个诱人之处是对于生命的热爱，是人在其他生物体身上，尤其是在活生生的自然界中寻找到的先天归属感。研究显示，如果可以自由选择居住或办公的环境，那么任何文化环境中的成员都会倾向于选择包含三种元素的环境，景观设计师和地产企业家也凭直觉掌握了这三种元素：第一，人人都希望能居于高处俯瞰下方；第二，人人都偏好稀树草原似的地形，即大片草原中点缀着乔木和小灌木丛；第三，人人都希望居住地附近能有一处水源，像是河流、湖泊或者海洋。即便这些元素只有审美价值而毫无实际用处，购房者也会在力所能及的范围之内为这样的环境掏钱。

DÆDALUS

JOURNAL OF THE AMERICAN ACADEMY OF ARTS AND SCIENCES
SPRING 1998　US: $7.95
CANADA: $10.35

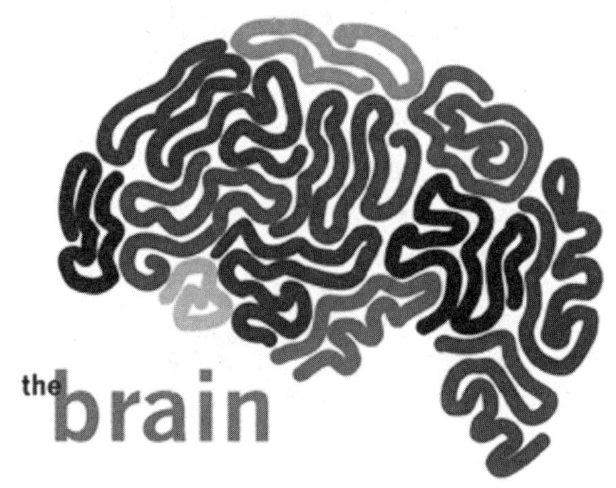

Mark F. Bear • Emilio Bizzi • Alexander A. Borbély
Jean-Pierre Changeux • Andy Clark • Leon N Cooper
Gerald M. Edelman • Richard S. J. Frackowiak • Marcel Kinsbourne
George L. Gabor Miklos • Vernon B. Mountcastle
Ferdinando A. Mussa-Ivaldi • Giulio Tononi • Semir Zeki

图 26-3　许多图形艺术都是由接近视觉上最大程度的自主唤起水平的设计组成的

如图中的文字，图片中心的大脑图形，左下角的学术出版商的标志，都属于这样的图形艺术。

图片来源：Reproduced by permission of the American Academy of Arts and Sciences.

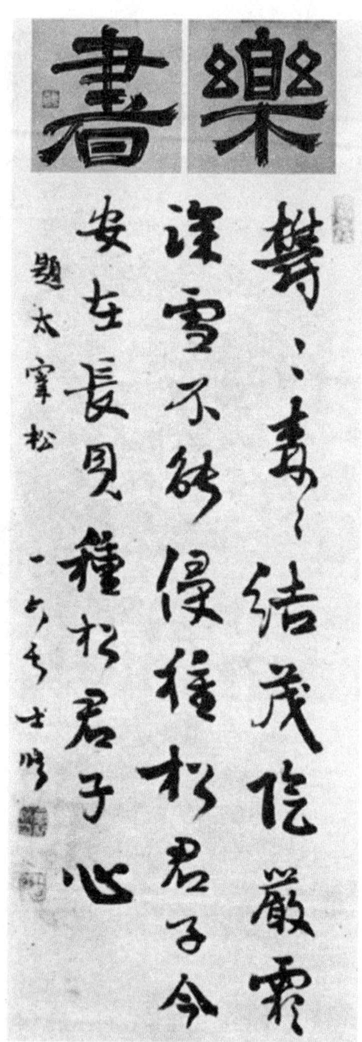

图 26-4 日本书法作品

图中上方的两个字是隶书，线条粗直，造型简单，用于报纸标题和石刻。图中下方是行书，字形柔软典雅，在 20 世纪初期之前使用广泛。图片来源："Yūjirō Nakata, *The Art of Japanese Calligraphy*（New York: Weatherhill, 1973）.

ਜੈ ਘਰਿ ਕੀਰਤਿ ਆਖੀਐ
ਕਰਤੇ ਕਾ ਹੋਇ ਬੀਚਾਰੋ ॥ ਤਿਤੁ
ਘਰਿ ਗਾਵਹੁ ਸੋਹਿਲਾ ਸਿਵਰਿਹੁ
ਸਿਰਜਨਹਾਰੋ॥੧॥ ਤੁਮ ਗਾਵਹੁ ਮੇਰੇ
ਨਿਰਭਉ ਕਾ ਸੋਹਿਲਾ ॥ ਹਉਵਾਰੀ
ਜਿਤੁ ਸੋਹਿਲੇ ਸਦਾ ਸੁਖੁ ਹੋਇ ॥੧॥
ਰਹਾਉ ॥ਨਿਤ ਨਿਤ ਜੀਅੜੇ ਸਮਾ-
ਲੀਅਨਿ ਦੇਖੈਗਾ ਦੇਵਣਹਾਰੁ ॥
ਤੇਰੇ ਦਾਨੇ ਕੀਮਤਿ ਨਾ ਪਵੈ ਤਿਸੁ
ਦਾਤੇਕਵਣੁਸੁਮਾਰੁ॥੨॥ਸੰਬਤਿਸਾਹਾ
ਲਿਖਿਆ ਮਿਲਿ ਕਰਿ ਪਾਵਹੁ ਤੇਲ
॥ ਦੇਹੁ ਸਜਣ ਅਸੀਸੜੀਆ ਜਿਉ
ਹੋਵੈ ਸਾਹਿਬ ਸਿਉ ਮੇਲੁ ॥੩॥ ਘਰਿ
ਘਰਿ ਏਹੋ ਪਾਹੁਚਾ ਸਦੜੇ ਨਿਤ
ਪਵੰਨਿ ॥ ਸਦਣਹਾਰਾ ਸਿਮਰੀਐ
ਨਾਨਕ ਸੇ ਦਿਹ ਆਵੰਨਿ ॥੪॥੧॥

图 26-5　旁遮普语文字

和许多语言的文字一样，旁遮普语文字的内在美也因为这些字符接近视觉上最大程度的自主唤起水平而增强。

图片来源：Adi Granth, the first computation of the Sikh scriptures, in Kenneth Katzner, *The Languages of the World*, new ed.（New York: Routledge, 1995）.

换句话说，人们更喜欢类似非洲的环境，人类在那样的环境中演化了数百万年。从本性上说，人就是更喜爱稀树草原（有草木的开阔地带）和过渡性森林，并且要能在一段安全的距离之内获取可靠的食物资源和水资源。如果将人们喜欢的环境作为生物学现象来考虑，这绝非一个偶然的联系。所有能够迁徙的动物物种都会受本能的指引，这种本能会将它们引向生存和繁衍概率最大的栖息地。从新石器时代开始到现在，时间并不算长，因此人类仍能感受到一点人类原始需求的残余也就不足为怪了（见图 26-6）。

图 26-6 人们与生俱来的居住偏好对景观设计产生了重大影响

许多研究人员认为，这种偏好起源于人类演化前在非洲大草原和森林中居住的方式。具体来讲，这种偏好包括住在靠近水源的高处，俯瞰硕果累累的公园（可以看到大型动物，即使只是用雕塑来代替）。图片所示为美国迪尔公司位于伊利诺伊州莫林的总部。

图片来源：*Modern Landscape Architecture: Redefining the Garden*（New York: Abbeville Press, 1991）. Photography by Felice Frankel, text by Jory Johnson.

如果将人文和科学结合需要什么理由的话，那就是我们需要理解人类感官世界的真正本质，需要知道它和其他生物看到的世界有什么不同。但是将这两个伟大的学科分支结合，还有一个更加重要的理由。现在有大量证据表明，从遗传上说，人类的社会行为是由多层次的演化塑造的。如果这个观点正确（也确有越来越多的演化生物学家和人类学家认为它是对的），那么在人类的行为中，那些由个体选择塑造的部分和那些由群体选择塑造的部分之间就将继续存在冲突。个体层面的选择往往会在群体成员内部塑造竞争意识和自私行为，使人们为了地位、配偶和资源而相互竞争。与之相反的是，群体层面的选择往往会塑造无私的行为，它们表现为慷慨和互助，这些又会增强整个群体的凝聚力。

多层次选择中的这两股力量相互抵消造成了一个不可避免的结果，那就是人类个体的心灵永远处于含糊暧昧之中，这份暧昧又在人与人之间引申出无数团结、友爱、依附、背叛、牺牲、偷窃、欺骗、救赎、惩罚、恳求和裁判的场景。每个人脑海中固有的挣扎向外投射到文化演化的巨大结构之中，而这正是人文科学的源头。如果蚂蚁中也有一位莎士比亚，那它并不会为荣誉和背叛之间的这种争斗所困扰，只会被本能的严格指令禁锢在几种狭窄的情感之中，只能写出一部胜利的戏剧和一部悲剧。相比之下，一个普通人就可以赋予这类故事无穷的变化，编写出气氛和情绪的无限交响。

那到底什么才是人文科学呢？1965 年的美国国会法令曾认真定义了它们，在此基础上，美国也创立了美国国家人文基金会和美国全国艺术基金会：

> “人文科学”这个词语包含但不限于以下研究领域：现代及古典语言；语言学；文学；历史；法学；哲学；考

> 古学；比较宗教学；伦理学；关于艺术的历史、批评和理论研究；包含人文主义内容并使用人文主义研究方法的社会科学学科；对于人文科学及其在人类生存环境中的应用的研究，这种应用着眼于反映人类多样的遗产、传统和历史以及人文科学在国家生活的当下境况之中的作用。

这段定义或许涵盖了人文科学的范围，但它完全没有提到对于将这些学科捆绑在一起的认知过程该如何理解，也没有涉及它们和代代相传的人类本性的关系，抑或是它们在史前时代的起源。毫无疑问，如果不在认识人文科学的过程中考虑以上维度，我们是很难看到人文科学完全成熟的。

自从 18 世纪末 19 世纪初的那场启蒙运动退潮之后，人文科学和自然科学在互相融合的道路上就遭遇了一个难以打破的僵局。打破这僵局的一个方法是对比文学创作与科学研究的过程及演绎风格。这件事初看很难，但其实未必。从根本上说，这两个领域中的创作者都是梦想家和说书人。在艺术创作和科学发明的早期阶段，创作者脑中的一切都只是一个故事。他们会先想象出一个结局，或许还有开头，并选好可以填充进去的零碎信息。无论是文学还是科学，任何部分都可以修改，并激起一阵涟漪扩散到别的部分，其中一些部分被抛弃，一些部分被重新改编。剩下的部分经过各种组合或分割，随着故事的形成而演进。一个场景出现了，接着又是一个……这些文学或科学的场景还会相互竞争。作者会尝试运用不同的字词和句子（或是公式和实验）。从一开始，作者就构思了所有可能的结局，那结局（或者科学突破）看起来很妙。但它是最好的吗？是最真的吗？构思出恰如其分的终点是创造性思维的目标，无论那终点是什么、在什么地方、如何表达出来，它在最初都只是一个幽灵，直到最后一刻之前都有可能消失并被替换。难以言喻的想法在边缘处掠过。当最好的片段成形之后，它们就会被安放在适当的位置并随情节展开前后移动，在这时故事开始生成，并一路行进直到充满灵感的结局。弗兰纳里·奥康纳（Flannery O'Connor）替所有文学创作者和科学家问了一个正确的问题："在我听到我说的话之前，我怎么能知道我的意思呢？"小说家说的是："这样写行得通吗？"科学家说的是："这可能是真的吗？"

一个成功的科学家像诗人一般思考，却像簿记员一般工作。他要写下论文交给同行评议，并希望那些功成名就、地位显赫的科学家能接受他的发现。外行人很难理解科学研究取得进展的方式：指引它的不仅是其技术的真实性，还有同行的认可。名誉是科学生涯中的真金白银。科学家也会说出詹姆斯·卡格尼（James Cagney）在接受奥斯卡终生成就奖时说的那一番话："在这一行，你有多优秀要看同行怎么看你。"

但从长远来看，科学家的名誉还是取决于其科学发现的真实性。科学结论会受到反复检验，它们必须始终保持真实。科学数据中不能出现错误，否则理论就会坍塌。别人发现了你的错误会造成你的名誉受损。学术界对造假的惩罚不亚于死刑——你将名誉扫地，并被剥夺职业发展的可能性。在文学界，与之相当的严重罪行是抄袭。但抄袭需要与欺骗相区别，因为文学如同其他创造性艺术，需要的正是对想象力的自由发挥。如果能在美学上使人愉悦或者唤起别的感情，那你就成功了。

文学和科学风格之间的一个关键区别在于对比喻的使用。在科学报告中，比喻也是允许的，只要取譬简朴就行，或许还可以加上一点反讽和自我贬低。比如下面的比喻就可以用在一份技术报告的介绍或者讨论之中："如能证实这个结果，我们相信便能开启一扇大门，引出一系列硕果累累的研究。”但这么写就不行了：“在我们看来，这个极难取得的结果是一道潜在的分水岭，将来肯定会引出许多新研究的溪流。”

科学研究中的关键是某个发现的重要性，而文学创作的关键是比喻的原创性和深度。科学报告在我们对物质世界的知识中加入了一个经过验证的片段，而文学中的抒情表达则是从作者的心灵直接向读者的心灵传递情绪感受的载体。科学报告并没有传递情绪感受的目标，研究者的目的不过是用证据和推理说服读者，让他们接受新发现的有效性和重要性。在文学中，分享情绪的欲望越是强烈，运用的语言就必须越是抒情。在极端的情况下，文学的陈述也许一看就是假的，但是作者和读者就是要它如此。在诗人的笔下，太阳在东方升起，西方落下，日日夜夜追踪着我们，象征着出生、兴盛、死亡和重生，尽管太阳其实并不是这样运动的，那只是我们的远古祖先对于天体和星空的直观印象罢了。诗人将天体的诸多奥秘和自己人生中的奥秘联系在了一起，并用从古到今的神圣文字和诗歌将它们记录下来。要等到很久之后，真实的太阳系才会像文学一样得到人们的敬仰，到那时我们才会真正将地球看作一颗围绕着一个次要恒星运转的行星。

E. L. 多克特罗（E. L. Doctorow）曾代表文学所追求的特殊真相问道：

> 有谁会愿意为了真实的历史记载放弃《伊利亚特》呢？作家当然有一份责任，无论是严肃的解读者还是讽刺作家，都必须用作品来揭示真相。但是我们对所有的创造性艺术家都有这个要求，无论他用何种载体创作。除此之外，当一名小说读者在小说中读到某个熟悉的公众人物说

了或做了别处没有提到的事情，他也明白自己是在阅读虚构作品。他知道小说家希望用虚构的情节来揭示更高一层的真相，这种真相是对事实的直白报道所不可能揭示的。小说是一种美的演绎，它对于公众人物的解释性塑造，并不亚于画架上的一幅画作。读小说不像读报纸，它读的是作者的表达，体现的是自由的精神。

毕加索也曾简练地表达过同样的意思："艺术是一种谎言，它教导我们去理解真理。"

当人类发展出抽象思维，创造性艺术就成为可能，这是演化上的一种进步。接下来人类的心灵中便可以形成一套模板，它可以代表一个形状、一类对象或是一种行为，并继而将这些概念的具体表征传递给另一个心灵。就这样，从任意的词语和符号之中，真正的、建设性的语言诞生了。在语言之后，又有了视觉艺术、音乐、舞蹈和宗教仪式。

这个过程究竟在什么时候催生出了真正的创造性艺术仍是未知。早在 170 万年之前，现代人类的祖先，可能是直立人，就已经在制作原始的泪珠形状的石质工具了。他们拿在手里使用的工具，多半是用来切割蔬菜和肉类的。至于它们是否也在先民的心灵中被当作了一种精神的抽象表达形式，而不仅仅是被部落成员模仿和制造，这一点同样不得而知。

50 万年之前出现了更聪明的海德堡人，他们在出现时间和解剖结构上都介于直立人和智人之间。到了他们手里，手斧变得更复杂了，由精心设计的石质刀刃和石镞结合在一起。海德堡人出现不到 10 万年之后，人类开始使用木剑长矛，木剑长矛肯定需要几天的时间和好几个步骤才能制作出来。这时还是石器时代中期，人类祖先已经开始从一种真正的以抽象为基础的文化出发，建构出了新的技术。

接下来出现的是穿孔的蜗牛壳，研究者认为它们是被当成项链使用的。其他更加复杂的工具，还包括精心设计的骨尖。最有趣的还数几块雕刻了图形的赭石，其中一幅图形有 7.7 万年历史，图中有 3 条划线，串起一排 9 个 X 形的标记。这幅图形意义不明，但这种模式的抽象本质似乎是清楚的。

埋葬的习俗至少从 9.5 万年前就出现了，在以色列卡夫泽洞穴中挖出的 30 具人骨可以证明这一点。其中一名死者是一个 9 岁的儿童，他被摆放成腿部弯曲的姿势，怀里还抱了一根鹿角。这个姿势不仅体现了人类祖先对于死亡的抽象意识，更传达出某种存在焦虑。在今天的狩猎采集者中间，死亡也是一个通过仪式和艺术来处理的事件。

现代意义上的创造性艺术是何时产生的，这个问题可能永远会是一个谜。但是我们知道，在大约 3.5 万年前的欧洲，遗传演化和文化演化就已经促成了一次“创意大爆发”。从那时起，直到 2 万多年之后的旧石器时代晚期，洞穴艺术始终都很兴旺。在比利牛斯山两侧、法国西南部和西班牙东北部的 200 多个洞穴之中，迄今已发现了数千幅岩画，其中大部分形象都是大型猎物。它们和世界其他地方的岩壁绘画一起，呈现了一张文明诞生前夜的惊人快照。

在旧石器时代的诸多“美术馆”中，堪称“旧时器时代的卢浮宫”的是位于法国南部阿尔代什地区的肖维岩洞。洞中有一幅杰作，由一名艺术家以雕刻手法用红赭石和木炭创作，画的是 4 匹马（一个欧洲当时的野马物种）在成群奔跑。画中的每只动物都只用其头部代表，但每一只都有独立的性格。马群间隔紧密而呈斜向分布，仿佛创作者是从左侧稍高的位置俯视过去的。马嘴的边缘部分被凿成浅浮雕状，微微突出。对这些形象的详尽分析显示，当时作画的有几位艺术家，他们先是画出了一对头顶着头搏斗的雄性犀牛，然后又画了两只背对背的欧洲野牛，这两组动物之间留出了一片空白。在这片空白处，上面提到的那位艺术家绘出了那一小群马匹。

据测定，这些犀牛和野牛的形象出现在距今 3.2 万～ 3 万年前，由此推测这群马匹也有这么久远的历史。但是在这群马匹身上体现出的优雅形态和高超画技，却让一些专家认为它们应该产生于马格德林时期，也就是距今 1.7 万～ 1.2 万年前。如果真是那样，这些画作就和法国拉斯科以及西班牙阿尔塔米拉洞壁上的那些伟大作品处于同一时代了。

除了没有确切年代之外，这些洞穴艺术到底承担了何种功能也仍是一个未解之谜。我们没有理由认为这些洞穴相当于原始的教堂，人群在那里向众神做集体祷告。那些洞穴的地面铺满了炉床的残余物、动物的骨骼，还有其他生物长期生活的痕迹。智人最初进入欧洲中部和东部大约是在 4.5 万年前。那个时代的洞穴显然是居住的场所，帮助人们撑过了猛犸草原上的严冬，那是一片十分广袤的草原，它伸展于整个欧亚大陆的冰原下方，一直连接到新大陆。

或许就像有些研究者主张的那样，这些洞穴绘画的作用是激发交感神经兴奋，以提升猎手在野外的胜算。这一假设的事实依据是绝大多数画作的主题都是大型动物。不仅如此，这些画作中有 15%都描绘了动物被长矛或箭刺伤的场景。

还有两条证据可以证明欧洲洞穴艺术具有仪式内涵：在研究者找到的一幅画作中，一个极有可能是萨满的人戴着一只鹿形的头饰，那也可能是一只真的鹿头。同样保存至今的还有三个“狮人”的雕像——有着人的身体和狮子的脑袋，而后来的中东早期历史中也出现了这种半人半兽的神明形象。当然，对于这个萨满究竟在做什么、那些狮人又代表了什么，我们并没有一个可以验证的想法。

关于洞穴艺术的定位还有一个相反的观点，由研究野生动物的生物学家戴尔·格思里（R. Dale Guthrie）提出，他的杰作《旧石器时代艺术的本质》（*The Nature of Paleolithic Art*）是关于这个主题的最透彻的作品。格思里主张，这些艺术创作几乎全部可以看作对于奥瑞纳人和马格德林人日常生活的表现。画中的动物都是这些穴居人日常捕猎的物种（只有少数例外，因为狮子更可能把人当作狩猎对象），它们因此也是穴居人谈话和视觉传达的常见主题。我们在谈论洞穴艺术时，常常忽略了更多的人类形象或一些人类身体部分的形象。因为这些形象往往平淡无奇。穴居人常将手掌撑在洞壁上，然后从嘴里喷出赭石粉，在岩壁上留下张开的手指轮廓的图像。根据手掌的大小我们可以判断，参与这项活动的主要是儿童。除此之外还有许多涂鸦，没有意义的乱写和对男女生殖器的粗糙描绘都是这些涂鸦的常见主题。还有就是怪诞肥硕的妇女雕像，它们或许是献给精灵或众神以祈求提升生育力的——那些渺小的部落需要拥有尽可能多的成员。但这些雕像也可能只是对女性丰满肉体的夸张表现，它们代表了猛犸草原上艰辛生活的人们所渴望的对象。

这个关于洞穴艺术的实用主义理论，即认为岩壁上的画作和线条只是对于日常生活的描绘，肯定有正确的部分，但它又并非完全正确。专家们很少考虑到另一个完全不同领域的研究：音乐的起源和运用。这些研究提出了某些独立的证据，证明至少某些绘画和雕塑确实在穴居人的生活中具有魔法的内涵。有那么几位研究者主张，音乐并不具有演化的作用，如其中一位所说，它是一块从语言中涌现出来的怡人的“听觉芝士蛋糕”。的确，关于古代音乐内容的证据能留存到现在的少之又少。就像我们没有古希腊和古罗马音乐的乐谱，因此无法记录它们，只有乐器流传了下来。在远古的创意爆发时代同样有乐器流传下来。考古人员发现了距今 3 万年前的“笛子”，更严格地说，它们应该归为“管子”，是用鸟的骨头制成的。在法国的伊斯图里斯和其他地方出土了大约 225 根这种类别的管子，其中的一些具有一定的真实性。保存最好的几根上有指孔，它们倾斜排列，沿顺时针旋转分布，似乎是为了匹配人类的手指。这些指孔还有斜面，令指尖能够按压住它们。一位现代笛子演奏家格雷姆·罗森（Graeme Lawson）用这种管子的一件复制品吹奏了乐曲，当然他的手上并没有旧石器时代的乐谱。

现代人还发现了其他一些古物，似乎也可以说成是乐器。其中包括一些薄燧石刀片，将它们悬挂在一起敲击，就会听到风铃般悦耳的声响。还有一点或许纯属巧合：绘有洞穴画的那些岩壁，往往也会发出吸引人的回声。

音乐对演化有促进作用吗？演奏音乐对于旧石器时代的部落，有没有生存的价值？如果对当代世界狩猎采集民族的风俗做一番审视，我们很难得出否定的结论。歌唱往往伴随着舞蹈，两者几乎无处不在。大洋洲的原住民在大约 4.5 万年前到达大洋洲以后始终与世隔绝，而他们的歌唱和舞蹈在风格上与其他狩猎采集文化类似，因此我们可以认为，这些歌舞也和他们旧石器时代祖先的歌舞存在某些联系。

人类学家很少关注当代狩猎采集民族的音乐，而是将这方面的研究丢给了音乐专家，他们对语言学和民族植物学（对各部落采集的植物的研究）也是这个态度。然而歌唱和舞蹈是一切狩猎采集社会的重要元素。而且歌唱和舞蹈一般都是公共活动，并与大量的生活事件相对应。有大量关于因纽特人、俾格米人和大洋洲阿纳姆地区原住民的歌曲的研究显示，这些音乐在细节和复杂程度上都堪比发达的现代文明。当代狩猎采集者的音乐创作通常是他们鼓舞生命的工具。这些音乐的主题包含了部落的历史和神话，还有关于土地、植物和动物的实用知识。

欧洲旧石器时代的洞穴艺术中，作为狩猎对象的动物具有特别重要的意义，现代部落的歌舞也多半是关于狩猎的。它们描绘了各种猎物，它们可以为狩猎赋予力量，包括训练猎犬；它们可以安抚已经被杀死或者即将要被杀死的动物；它们还用于对猎场所在的土地表达敬意；它们是在怀念并庆祝过去的狩猎功绩；它们向死者致敬，也向掌握命运的精灵求助。

很显然，当代狩猎采集者的歌曲和舞蹈既为个体也为群体服务。它们可以将部落成员团结在一起，创造出共同的知识和目标。它们可以激发人的行动热情。它们可以帮助加深记忆，帮人们温习那些有助于实现部落目标的知识并增加新的内容。尤其是关于这些歌舞的知识，它们能为部落内最熟悉它们的人赋予力量。

创造并演奏音乐是人类的一种本能。这也是人类物种真正的本性之一。举一个极端的例子：神经科学家阿尼鲁德·帕特尔（Aniruddh D. Patel）曾这样介绍巴西亚马孙地区的一个小型部落——皮拉罕人部落："这个部落的成员所说的语言里没有数字，他们也没有数字的概念。这种语言对颜色没有固定的说法。他们没有起源神话，平时也不画画，顶多用树枝画些简单的图形。但是他们有大量音乐，都是以歌曲的形式存在。"

帕特尔将音乐称为一种"转换性技术"（transformative technology）。在他看来，就像识字和语言本身一样，音乐转变了人看待世界的方式。学一门乐器甚至会改变大脑的结构，从编码声音模式的皮层下回路到连接两个大脑半球的神经纤维，再到大脑皮层上某些区域灰质密度的分布模式都可能受到影响。音乐会对人类的情感造成强大的冲击，能够影响人对事件的观感。它所调动的神经回路十分复杂，至少能在六种不同的脑部机制中调动情绪。

在人的心智发展过程中，音乐和语言密切相关，音乐的有些方面似乎是直接从语言中产生的。其旋律的上下起伏，在辨别模式上和语言是相似的。但是儿童对语言的习得迅速而不假思索，学习音乐却比较缓慢，还需要大量的训练。不仅如此，学习语言还有一个明确的关键时期，在这期间儿童能迅速掌握语言技能，而音乐就没有这样的敏感时期了。不过语言和音乐之间仍有许多共性，两者都有句法，都是由独立的元素串联而成的——词语、音符与和弦。那些在音乐识别方面有先天缺陷的人（在总人口中占到 2%～4%），其中约有 30% 无法识别音高曲线，而音高曲线也是语言的一个特征。

总之，我们有理由相信音乐是人类演化道路上的后来者，它很可能是从语言中派生出来的。不过承认这一点并不意味着我们认为音乐只是文化上对于语言的精炼。音乐至少有一个特征不同于语言，那就是节奏，它使得歌唱能与舞蹈同步。

我们很容易认为神经系统对语言的加工是音乐产生的先兆，而音乐一旦产生，就会有足够的优势获得它自己的遗传倾向。这是一个非常值得深入研究的学科，需要综合人类学、心理学、神经科学和演化生物学的知识。

第六部分

我们到哪里去

THE SOCIAL CONQUEST OF EARTH

第 27 章

一次新启蒙

科学知识和技术每 10 到 20 年就会发生天翻地覆的变化，具体的时间长度取决于我们考察的是哪个学科。这种指数式增长使我们不可能预测 10 年以后的情况，更别说几百或数千年后了。因此未来学家关注的，往往是那些在他们看来人类应该前进的方向。但是考虑到人类这个物种可怜的自我理解能力，眼下更好的目标也许是关注不该前进的方向。那么我们又应该小心提防些什么呢？在思考这个问题时，我们注定要不断回到那三个存在主义问题上去，即我们从哪里来？我们是谁？我们到哪里去？

人类都是故事里的演员。我们是一部尚未完结的史诗中的演绎者。这些存在主义问题的答案肯定要到历史中去寻找，这当然也是人文科学的研究方向。但传统历史学的研究范围太窄，无论在时间线上，还是在对人类这种生物体的认识上来说都是如此。离开了史前时代就无法理解历史，而离开了生物学就同样无法理解史前时代。

人类是生物学世界的一个物种。我们身体和心灵的每一个功能、每一个层面，都特别适应在这颗行星上居住。我们非常适应生活在这个生物圈。我们虽然在许多方面出类拔萃，但终究只是全球动物群中的一个物种。我们的生命受到两条生物学定律的制约：第一，所有的生命实体和生命过程都要遵从物理学和化学定律；第二，所有的生命实体和生命过程都是从自然选择中演化出来的。

我们对自己的身体越是了解，有一件事就越是明确：即便是最复杂的人类行为模式，说到底也仍是生物性的。这些行为模式展现的是我们的灵长类祖先在几百万年中演化出来的独有特性。演化留下的不可磨灭的印记，在我们的一个特征上表现得尤其明显：如果没有技术的协助，人类的感官对现实的感知是相当狭窄的。遗传从正反两个方面设定的程序对人类心智发展的引导就可以证明这一点。

不过我们仍然无法回避自由意志的问题，现在仍有一些哲学家认为，这是将我们和其他生物区分开来的特质，是大脑中潜意识的决策中心使大脑皮层产生了能够自主行动的错觉。科学研究对意识的生理过程定义得越是清晰，我们凭直觉划归为“自由意志”的现象就越少。我们作为独立的生物确实是自由的，但我们的决策并不能脱离创造了我们的大脑和心灵的一切有机过程。因此归根结底，自由意志似乎仍是生物性的。

尽管如此，以任何可以想到的标准来看，人类仍无疑是生物界最大的成就。我们是生物圈的心灵，是太阳系的心灵，说不定还是整个银河系的心灵。环顾周围，我们已经学会了将其他生物的感官世界翻译成可以用自己狭窄的视听系统接收的信息。我们对自身的生物化学基础已经了解了许多。我们将很快在实验室中创造出简单的有机体。我们已经了解了宇宙的历史，并几乎看到了它的边缘。

全世界仅有 20 多种动物演化出了真社会性，我们的祖先就是其中之一，这是继机体性之后，生物组织攀上的又一重境界。在一个真社会性群体中，分属于两个或更多个世代的成员住在一起、相互合作，照顾幼儿并形成分工，从而使一些个体比其他个体更容易繁殖成功。在体格上，人类的祖先远远超过了任何真社会性昆虫及其他无脊椎动物。人类从一开始就有了大得多的大脑。随着时间的推移，人类在符号的基础上创造了语言、学会了读写，并在科学的基础上发明了技术，使我们获得了相较于其他生物的优势。到今天，我们除了大多数时候仍像猿猴一般行动、寿命仍被基因限定之外，我们已经近乎神了。

是何种动力将我们提升到了这个境界？这对于我们理解自身来说是个极为重要的问题。一个显而易见的答案是多层次的自然选择。生物学组织有两个相互关联的层面：在其中较高的那个层面上，群体和群体相互竞争的过程中，同一群体的成员间体现在互相合作的社会特质；在较低的那个层面上，同一群体内部的成员又相互竞争，催生出自利的行为。自然选择的这两个层面的矛盾，在每个人的身上塑造出了混合的基因型。它使我们每个人既是圣徒，又是罪人。

根据最新的研究，这本《社会性征服地球》中对于选择人类的力量提出了一种解释，它反驳了广义适合度理论，并将群体遗传学的标准模型运用到自然选择的多个层次。广义适合度的基础是亲缘选择，它认为有的个体会相互合作，有的不会，合作与否取决于它们亲缘关系的远近。许多人认为，如果对这个选择模式做足够宽泛的定义，它就可以解释所有形式的社会性行为，包括高等的社会组织是如何形成的。而与之相对的解释，包括从数学角度对广义适合度理论的批判，也在2004年至2010年间走向了成熟。

考虑到技术上的复杂性和主题上的重要性，这种新解释所引起的争议估计还会持续好几年，或许在我自己掌握新数据的研究能力退化之后，这场争议还会继续下去。但即使广义适合度理论继续被广泛使用，也不会改变我们的一个认识，即群体选择是决定我们从哪里来、到哪里去的驱动力量。就连广义适合度理论的支持者也主张，亲缘选择等同于群体选择，虽然目前这个主张已经被数学计算推翻了。更重要的是，群体选择显然是导致高等社会性行为产生的过程。它也塑造了两个对生物演化不可或缺的因素：第一，研究已经发现，那些群体层面的特质，包括合作性、共情和人际交往的模式，在人类身上都是可以遗传的，也就是说它们在不同人的身上有着由基因决定的不同表现形式；第二，合作与团结显然会影响相互竞争的群体的生存。

不仅如此，把群体选择看作演化的主要驱动力的观点，在很大程度上契合了人性中最典型也最令人困惑的部分。它还在社会心理学、考古学和演化生物学这些看似毫不相干的领域里找到了相应的证据，证明人类的本性是极其部落化的。人性的一个基本元素是个体觉得自己非得归属于某个群体，一旦加入，他会觉得自己所属的群体优于其他那些竞争群体。

多层次选择理论，即将个体选择与群体选择相结合，还解释了人类动机的矛盾本质。每一个普通人都体会过内心的拉扯：英勇与懦弱的对抗、真实与欺骗的战斗，还有面对与退缩的挣扎。在危险狂暴的世界中曲折前进，每天被大大小小的两难处境所折磨，这就是我们的命运吧。我们的感情是混杂的。我们不能确定这个或那个行为是否正确。我们深知没有一个人会伟大到永不犯下严重错误，也没有一个组织可以崇高到可以杜绝腐败。我们每个人都是在冲突和矛盾中度过一生的。

由多层次自然选择导致的挣扎、冲突也是人文科学和社会科学的研究对象。人总是对其他人着迷，就像别的灵长类动物也会对同类着迷一样。我们怀着无尽的兴趣观察和分析我们的亲戚、朋友和敌人。说八卦自古就是最受欢迎的活动，从狩猎采集部落到皇室宫廷，每个群体都是如此。对于那些影响我们个人生活的人，我们会尽量准确地揣摩他们有何意图、是否可信，这既符合人性，又有很强的适应作用。另外，判断他人的行为对整个群体福利的影响，同样是一种适应性行为。我们都是擅长解读他人意图的天才，而他人也无时无刻不在与内心的天使和魔鬼战斗。我们用法律来减轻自身必然的缺陷所造成的破坏。

有一件事加剧了这种困扰：人类很大程度上生活在一个充满神话的、精灵出没的世界里。这是我们的早期历史造成的。在距今约 10 万至 7.5 万年前，当我们的远古祖先清楚地意识到自身必死的事实之后，他们开始寻找两件事情的答案：我是谁？这个人人都注定会离开的世界又有什么意义？他们肯定还想知道：死去的人去了哪里？许多人相信他们去了精灵的世界。那么我们怎样才能再见到死去的人呢？远古祖先认为需要通过梦境、药物、魔法或是施加于自身的苦行和折磨以见到死去的人。

这些早期人类并不知道在他们的领地和社交网络之外还有一个地球。他们不知道在穹顶内侧运行的太阳、月亮和群星之外还有更浩瀚的太空。为了解释自身的存在之谜，他们开始信仰那些在许多方面都和他们相似的高等生物，那些神明不仅制造了石头工具和房屋，还创造了整个宇宙。当酋邦和政治国家依次出现，人们想象着在他们追随的地上的统治者之外，肯定还存在着超自然的统治者。

早期人类需要有一个关于一切重要事务的故事将他们包含在

内，因为有意识的心灵一旦离开了故事、离开了对其自身意义的解释，就无法再运作下去。关于存在本身，我们的祖先能够提出的最好的、也是唯一的解释就是创世神话。每一个创世神话都毫无例外地证明发明它的部落要高于其他部落。一旦认定了这一点，每一个宗教信徒就都认为自己是天选之人了。

有组织的宗教中的文化和它们宣扬的神虽然大部分是因为缺乏对真实世界的认识而虚构出来的，但是很不幸，它们在历史中早早就固定了下来。和刚产生时一样，它们至今仍在世界各地存在，通过它们，信徒得以确立自己的身份以及自己和超自然世界的联系。它们的教义提出了一套行为准则，虔诚的信徒会毫不迟疑地接受。谁要是质疑那些神圣的神话故事，谁就是在质疑那些信奉它们的人的身份和价值。这就是怀疑论者包括那些信奉其他同样荒谬的神话的“怀疑论者”，会被人厌恶的原因。在有些国家，他们甚至会面临监禁或被判处死刑的惩罚。

不过，正是那些将我们引入无知泥沼的生物学和历史因素，也在其他方面为人类带来了好处。有组织的宗教见证了人们人生中的重大事件，从出生到成人，从结婚到死亡。它们提供了一个部落所能提供的最好的东西——一个忠诚的组织，它给予信徒真挚的情感支持、接纳与宽恕。对神的信仰，无论是独神还是众神，都会使集体行动显得神圣，这些行动包括推举领袖、服从法律、宣布战争。对于不朽和神的终极正义的信仰会给人以无价的安慰，它也使人在面对困难的时候变得坚强勇敢。几千年来，有组织的宗教始终启发着大量一流的创造性艺术。

既然如此，为什么公开质疑有组织的宗教的神话和众神是明智的呢？因为它们只描述了大量可能正确的场景中的一种。然而，只有蠢人才会认为这些有组织的宗教会很快消失，代之以对美德的理性和热忱。这个过程更可能会渐进式发生，就像在欧洲，在几股潮流的持续推动之下发生的那样。这些潮流中最有力的一股，就是用科学日益详尽地重构宗教信仰，把它解释成一件演化生物学的产物。与创世神话及其神学的絮叨相对照，这种重构正变得越来越有说服力，只要是心灵稍有些开放的人都会被它折服。另一股对抗宗教热忱的潮流是互联网的兴起，使用互联网的机构和个体遍及全球。一项最新分析显示，在世界范围内愈加紧密的相互联结强化了人们开放包容的态度。之所以会如此是因为互联网降低了民族、地域和国籍在身份识别中的作用。这也由此助长了第二股潮流，即借助通婚使不同的种族和民族融合。这一点不可避免地会削弱人对于创世神话和宗派教条的信心。

说到这里我想起了一个故事，那是很久之前一位医学昆虫学家告诉我的，它说的是在西非由钝缘蜱传播的一种回归热。昆虫学家说，当这种热病蔓延开时，当地人会将村子整个搬迁到一个新地点。一天，当这样一场迁徙正进行时，他在一座住宅里看见一个老人从积满尘土的地面上捡起了几只丑陋的钝缘蜱，把它们小心翼翼地装进了一只小盒子里。被问起为什么要这么做时，老人说要把这些虫子带去新家，因为“这些精灵能保护我们不得热病”。

在这个行星上，我们是唯一具有一点理性和理解力的生物，对自己的行为要完全负责。我们征服的这颗行星并不是一个中转站——途经它后我们会继续前往某个其他维度的更美好的世界。有一条道德伦理是大家都认同的，那就是不能再破坏我们诞生的这个星球了，这个人类唯一的家园。我们已找到了强有力的证据，可以证明主要是由工业污染造成了气候变暖。还有一件事只要稍做观察也能看得出来：热带的雨林、草原和其他栖息地正在消失，而地球的生物多样性也将随之减少。如果由HIPPO五因素[①]造成的全球变化再不得到有效控制，那么到21世纪末，将有一半的动植物物种会灭绝或进入濒临灭绝的状态。人类正将从先辈那继承来的金子糟蹋成粪土，未来我们将会因此遭到后代的鄙视。

生物多样性的消失所得到的关注还远远比不上气候变化、不可替代资源的消耗以及其他物理环境的转变。但是明智的人都会认识到下面这条真理：拯救生物世界，也就是在拯救物理世界，因为要做到前者的话，我们就必须做到后者。反之，如果我们像现在这样只拯救物理世界，那么最终将会失去两个世界。不久以前世界上还有许多鸟类，但现在我们再也无法看到其中的一些鸟类飞翔了。那些在温暖的雨夜鸣叫的青蛙，我们也再听不到它们的叫声了。那些闪着银光的鱼类也随着湖泊溪流的萎缩而消失了。

要理解什么是对客观真理的真正探索，我们有必要重新审视一下科学和宗教。科学并不是和医学或工程学或神学平行的一项事业。科学是一口源泉，其中涌现出的是所有可以验证并且与既有的知识相容的关于现实世界的知识。科学是一家兵工厂，其中储存了辨别真伪所必需的技术和推理性数学。它表述了将所有这些知识串联在一起的原理和公式。科学属于每一个人，它的组成部分可以被世界上的任何一个人质疑，只要那个人掌握了质疑所需要的充分信息。它并非许多人常常宣称的那样，只是“另一种思维方式”，“与宗教信仰平等”。科学知识和有组织的宗教的教诲之间有着不可调和的冲突。

另一条我认为可以用现有的科学证据证明的假设，是没有人能

① HIPPO五因素：Habitat destruction，栖息地丧失；Invasive speeies，物种入侵；Pollution，污染；Overpopulation，人口过剩；Overharvesting，过度捕杀。——编者注

从这颗行星上离开，永远不能。从我们周围的太阳系来说，继续将人类宇航员派去探索月球已经没有多大意义，更别说派到火星和真的可能发现简单外星生命形式的更远的天体上了，比如寒冰覆盖的木卫二和烈日炎炎的土卫二。有一个简单而且也不会对人类的生命构成危胁的办法，那就是派机器人去探索太空。相关的技术已经相当成熟，靠着火箭推进、机器人学、远程分析和信息传输，机器人已经可以完成甚至超越任何人类访客能够做到的任务，包括现场决策，并将最高品质的图像和数据传回地球。当然了，一想到有一个人、一个我们中的一员，能像很久之前探险家踏足一块地图上没有标记的大陆那样踏足另一个天体，我们依然会觉得心潮澎湃。但真正令人兴奋的是详尽地了解那个天体上有什么东西，是用虚拟的双脚站上那个天体，并亲眼看看两米开外的地方是什么样子，是用虚拟的双手捧起它的土壤，乃至触摸可能存在的生物，并对它们加以分析。在不久的将来，这一切我们都可以做到。

同样目光短浅的认识更是存在于人类殖民其他星系的梦想之中。如果我们认为在将地球资源耗尽之后还可以移民到太空中去另找出路，那将是一种特别危险的错觉。现在应该思考一个严肃的问题了：为什么在生物圈 35 亿年的历史中，还从来没有外星生物拜访过我们的星球？除了 UFO 在天空中发出的那些模糊光线和一些人在噩梦中见到的卧室访客之外。还有为什么 SETI 计划[①]在搜索银河系这么多年以后，始终没有接收到来自外太空的信号？从理论上说，我们和外星人接触的可能是存在的，也应该继续研究外

① SETI 计划，即搜寻地外文明计划，全称为 Search for Extra Terrestrial Intelligence，致力于用射电望远镜等先进设备接收从宇宙中传来的电磁波，希望借此发现外星文明。——编者注

太空。但我们也要想象一下：也许在位于银河系宜居带上的数十亿颗恒星周围，还从来没有产生过一个选择征服别的星系来扩张其生存空间的先进文明。这样的侵略事件在10亿年前就完全可能发生。如果那样一个文明启动了一连串征服，先用100万年到达一个可以生存的行星，然后在向更远处探索之后，再用100万年派舰队殖民另外几个可以生存的行星，如果是这样，那么这些向外征服的外星生物早就占领银河系中所有可以居住的地带了，包括太阳系在内。

当然，对于外星人的缺席还有另一种解释，就是我们在这几十亿年的历史中始终是银河系中的独一份，只有人类获得了在太空遨游的能力，现在银河系正在等待我们的征服。但这种解释为真的可能性很低。

我比较认同另外一种可能：也许那些外星文明已经发展成熟了。也许他们发现，自身的文明在演化期间产生的重大问题，并不能指望宗教信仰或意识形态的竞争、国家之间的战斗来解决。他们意识到了宏大的问题需要伟大的方案，需要消除宗派之间的纷争、通过合作来理性解决。一旦做到这个地步，他们就会明白殖民其他星系毫无必要。外星人要做的只是安安心心地待在自己的行星上，探索无限种可能的成就。

那么，接着我就来坦白一下我自己的盲目信念吧：我相信如果我们愿意的话，那么当22世纪来临，地球将会转变成人类永久的乐园，或者至少也会朝着这个目标坚定地进发。这一路上我们仍会对自身和其他生物造成许多伤害，但是凭着互相尊重的简单伦理原则、对理性的不懈运用，以及对真实自我的接纳，我们的梦想终将在自己的家园实现。

说到保罗·高更，他为什么要在自己的画作上写下那几行字呢

（见图 27-1）？当然，我想最简单的回答是他想说明这幅画中描绘的丰富的人类活动到底象征了什么，以免有人产生误解。但是我感觉他的目的不止于此。也许保罗·高更问出那三个问题，是想暗示它们并没有答案，无论是在被他拒绝的那个文明世界，还是在他为了追寻内心的平和而迁居的那个原始世界。又或许，他想说的是艺术在此已无能为力，他尚且能做的就是用文字写下这三个使人困扰的问题。我还认为，保罗·高更为我们留下这道谜题还有另外一个理由，并且它和其他的猜想未必是矛盾的。我认为他写下的是一则胜利宣言，他已经活出了自己的热情：到远方旅行，发现并拥抱风格新颖的视觉艺术，以新的方式提出问题，并从这一切中创造出真正具有原创性的作品。从这一点上看，保罗·高更的成就已经超越了时代，他的辛苦并不是徒劳。到了我们这个时代，通过将理性分析与艺术相结合，使自然科学与人文科学联手，我们已经离他求索的答案又进了一步。

图 27-1　“我们从哪里来？”“我们是谁？”“我们到哪里去？”

图片来源：Paul Gauguin (1848—1903), oil on canvas, Museum of Fine Arts, Boston, Massachusetts; photograph © SuperStock.

拓展阅读

前　言　如何理解人类的境况

保罗·高更的生平和艺术：Belinda Thomson、Tamar Garb 等人的权威著作 *Gauguin: Maker of Myth*（Washington，DC: Tate Publishing，National Gallery of Art，2010）。

第 2 章　两条征服路径

真社会昆虫群体的地理起源。白蚁：见 Jessica L. Ware，David A. Grimaldi，and Michael S. Engel，"The effects of fossil placement and calibration on divergence times and rates: An example from the termites（Insecta: Isoptera），" *Arthropod Structure and Development* 39: 204–219（2010）。蚂蚁：见 Edward O. Wilson 和 Bert Hölldobler 的概述，"The rise of the ants: A phylogenetic and ecological explanation，" *Proceedings of the National Academy of Sciences, U.S.A.* 102（21）: 7411–7414（2005）。蜜蜂：见 Michael Ohl and Michael S. Engel，"Die Fossilgeschichte der Bienen undihrer nächsten Verwandten（Hymenoptera: Apoidea），"

Denisia 20: 687–700（2007）。

旧世界灵长类动物的早期演化：见 Iyad S. Zalmout et al.,“New Oligocene primate from Saudi Arabia and the divergence of apes and Old World monkeys,” *Nature* 466: 360–364（2010）。

第 3 章　途径

历史上的智人总数：我在推理中选择了 10^8 年作为智人的整个地质学跨度，选择 10 年作为一个有繁殖能力的智人成员的平均寿命长度，由此算出智人在这个地质学跨度中繁殖了 10^7 个世代，每一代有 10^4 个人。

用指关节撑地行走和直立行走：见 Tracy L. Kivell and Daniel Schmitt,“Independent evolution of knuckle-walking in African apes shows that humans did not evolve from a knuckle-walking ancestor,” *Proceedings of the National Academy of Sciences*, *U.S.A.* 106（34）: 14241–14246（2009）。

耐力狩猎：见 Louis Liebenberg,“Persistence hunting by modern hunter-gatherers,” *Current Anthropology* 47（6）: 1017–1025（2006）。

关于肖恩·方德的耐力跑：见 Paul M. Bingham,“Human uniqueness: A general theory,” *Quarterly Review of Biology* 74（2）: 133–169（1999）。

小型和大型哺乳动物的灭绝速度：见 Lee Hsiang Liow et al.,“Higher origination and extinction rates in larger mammals,” *Proceedings of the National Academy of Sciences, U.S.A.* 105（16）: 6097–6102（2008）。

社交种群的破碎：见 Guy L. Bush et al.,“Rapid speciation and chromosomal evolution in mammals,” *Proceedings of the National*

Academy of Sciences, *U.S.A.* 74（9）: 3942–3946（1977）; Don Jay Melnick, "The genetic consequences of primate social organization," *Genetica* 73: 117–135（1987）。

第4章 抵达

关于能人：见 Winfried Henke, "Human biological evolution," in Franz M. Wuketits and Francisco Ayala, eds., *Handbook of Evolution*, vol. 2, *The Evolution of Living Systems*（*Including Humans*）（Weinheim: Wiley-VCH, 2005）, pp. 117–222。

气候变化和早期人类演化：Elisabeth S. Vrba et al., eds., *Paleoclimate and Evolution, with Emphasis on Human Origins*（New Haven: Yale University Press, 1995）。

黑猩猩的挖掘工具：R. Adriana Hernandez-Aguilar, Jim Moore, and Travis Rayne Pickering, "Savanna chimpanzees use tools to harvest the underground storage organs of plants," *Proceedings of the National Academy of Sciences, U.S.A.* 104（49）: 19210–19213（2007）。

脑较大的鸟类的智力：Daniel Sol et al., "Big brains, enhanced cognition, and response of birds to novel environments," *Proceedings of the National Academy of Sciences, U.S.A.* 102（15）: 5460–5465（2005）。

食肉动物脑的大小和社会组织的关系：John A. Finarelli and John J. Flynn, "Brain-size evolution and sociality in Carnivora," *Proceedings of the National Academy of Sciences, U.S.A.* 106（23）: 9345–9349（2009）。

古代工具：J. Shreeve, "Evolutionary road," *National Geographic* 218: 34–67（July 2010）。

从食草到食肉的演化转变：David R. Braun et al.，“Early hominin diet included diverse terrestrial and aquatic animals 1.95 Ma in East Turkana, Kenya,” *Proceedings of the National Academy of Sciences, U.S.A.* 107（22）: 10002–10007（2010）; Teresa E. Steele，“A unique hominin menu dated to 1.95 million years ago,” *Proceedings of the National Academy of Sciences, U.S.A.* 107（24）: 10771–10772（2010）。

倭黑猩猩的捕猎行为：Martin Surbeck and Gottfried Hohmann，“Primate hunting by bonobos at LuiKotale，Salonga National Park,” *Current Biology* 18（19）: R906–R907（2008）。

捕杀大型猎物的尼安德特人：Michael P. Richards and Erik Trinkaus，“Isotopic evidence for the diets of European Neanderthals and early modern humans,” *Proceedings of the National Academy of Sciences, U.S.A.* 106（38）: 16034–16039（2009）。尼安德特人也会食用各种蔬菜：Amanda G. Henry，Alison S. Brooks，and Dolores R. Piperno，“Microfossils in calculus demonstrate consumption of plants and cooked foods in Neanderthal diets（Shanidar III，Iraq; Spy I and II，Belgium）,” *Proceedings of the National Academy of Sciences, U.S.A.* 108（2）: 486–491（2011）。

第 6 章 创造力

人类演化中的亲缘选择：20 世纪 70 年代，我和另外几位科学家首先提出亲缘选择在真社会性的产生和人类演化中起到了关键作用，见 *Sociobiology: The New Synthesis*（Cambridge，MA: Belknap Press of Harvard University Press，1975）和 *On Human Nature*（Cambridge，MA: Harvard University Press，1978）。但我现在认为，就我当时强调的程度而言，我想错了，见 Edward O. Wilson，“One giant leap:

How insects achieved altruism and colonial life," BioScience 58（1）: 17–25（2008）; Martin A. Nowak，Corina E. Tarnita，and Edward O. Wilson，"The evolution of eusociality，" Nature 466: 1057–1062（2010）。

一个真社会性演化的新理论，包括社会昆虫的皇后到皇后选择，见 Martin A. Nowak，Corina E. Tarnita，and Edward O. Wilson，"The evolution of eusociality，" *Nature* 466: 1057–1062（2010）。

第 7 章　部落意识是人类的基本性状

体育比赛的胜利引起的兴奋：Roger Brown，*Social Psychology*（New York: Free Press，1965; 2nd ed. 1985），p. 553。

群体内认同是人的本能：Roger Brown，*Social Psychology*（New York: Free Press，1965; 2nd ed. 1985），p. 553; Edward O. Wilson，*Consilience: The Unity of Knowledge*（New York: Knopf，1998）。

群体形成过程中对于本地语言的偏好：Katherine D. Kinzler，Emmanuel Dupoux，and Elizabeth S. Spelke，"The native language of social cognition，" *Proceedings of the National Academy of Sciences*，*U.S.A.* 104（30）: 12577–12580（2007）。

大脑的激活和对恐惧的控制：Jeffrey Kluger，"Race and the brain，" *Time*，p. 59（20 October 2008）。

第 8 章　战争是人类代代相传的诅咒

威廉·詹姆士论战争：William James，"The moral equivalent of war，" *Popular Science Monthly* 77: 400–410（1910）。

马丁·路德·金论上帝对战争的运用：Martin Luther in *Whether Soldiers*，*Too*，*Can Be Saved*（1526），trans. J. M. Porter，*Luther: Selected*

Political Writings（Lanham, MD: University Press of America, 1988）, p. 103。

雅典征服米洛斯：William James, "The moral equivalent of war," *Popular Science Monthly* 77: 400–410（1910）; Thucydides, *The Peloponnesian War*, trans. Walter Banco（New York: W. W. Norton, 1998）。此处引用的文字是威廉·詹姆士使用的译文。

史前战争的证据：Steven A. LeBlanc and Katherine E. Register, *Constant Battles: The Myth of the Peaceful*, *Noble Savage*（New York: St. Martin's Press, 2003）。

战争的持续：Steven A. LeBlanc and Katherine E. Register, *Constant Battles: The Myth of the Peaceful*, *Noble Savage*（New York: St. Martin's Press, 2003）。

群体选择的早期模型：Richard Levins, "The theory of fitness in a heterogeneous environment, IV: The adaptive significance of gene flow," *Evolution* 18（4）: 635–638（1965）; Richard Levins, *Evolution in Changing Environments: Some Theoretical Explorations*（Princeton, NJ: Princeton University Press, 1968）; Scott A. Boorman and Paul R. Levitt, "Group selection on the boundary of a stable population," *Theoretical Population Biology* 4（1）: 85–128（1973）; Scott A. Boorman and P. R. Levitt, "A frequency-dependent natural selection model for the evolution of social cooperation networks," *Proceedings of the National Academy of Sciences*, *U.S.A.* 70（1）: 187–189（1973）. 上述文章都由笔者做了评论，见 Edward O. Wilson, *Sociobiology: The New Synthesis*（Cambridge, MA: Belknap Press of Harvard University Press, 1975）, pp. 110–117。

人类和黑猩猩中的暴力与死亡：Richard W. Wrangham, Michael L. Wilson, and Martin N. Muller, "Comparative rates of violence in chimpanzees and humans," *Primates* 47: 14–26(2006)。

人类和黑猩猩侵犯行为的对比：Richard W. Wrangham and Michael L. Wilson，"Collective violence: Comparison between youths and chimpanzees," *Annals of the New York Academy of Science* 1036: 233–256(2004)。

黑猩猩的战争：John C. Mitani，David P. Watts，and Sylvia J. Amsler，"Lethal intergroup aggression leads to territorial expansion in wild chimpanzees," *Current Biology* 20（12）: R507–R508(2010)。Nicholas Wade 也对此做了精彩的报告和评论，见"Chimps that wage war and annex rival territory," *New York Times*，D4(22 June 2010)。

种群控制："最小限制因素"（minimum-limiting factor）的概念最早是由 Carl Sprengel 在 1928 年发明出来描述农业生产的，后来由 Justus von Liebig 做了正式表述，因此它有时也被称作"Liebig 最小因子定律"。在最初的表述中，这条定律指出，决定作物生长的不是作物得到的营养物质总量，而是其中最稀有的一种能量物质。

人口冲击和结盟：E. A. Hammel，"Demographics and kinship in anthropological populations," *Proceedings of the National Academy of Sciences*，*U.S.A.* 102（6）: 2248–2253(2005)。

人口规模，区域限制：R. Hopfenberg，"Human carrying capacity is determined by food availability," *Population and Environment* 25: 109–117(2003)。

第 9 章　大迁徙

直立人的足迹："World Roundup: Archaeological ssemblages: Kenya," *Archaeology*，p. 11(May/June 2009)。

现代智人的出现：G. Philip Rightmire，"Middle and later Pleistocene hominins in Africa and Southwest Asia，" *Proceedings of the National Academy of Sciences*，*U.S.A.* 106（38）：16046–16050（2009）。

非洲人的基因组：Stephan C. Schuster et al.，"Complete Kohisan and Bantu genomes from southern Africa，" *Nature* 463: 943–947（2010）。

第 10 章　创造力大爆发

人类迁徙过程中的一连串建立者效应：Sohini Ramachandran et al.，"Support from the relationship of genetic and geographic distance in human populations for a serial founder effect originating in Africa，" *Proceedings of the National Academy of Sciences*，*U.S.A.* 102（44）：15942–15947（2005）。

沿尼罗河漫延的基因传播：Henry Harpending and Alan Rogers，"Genetic perspectives on human origins and differentiation，" *Annual Review of Genomics and Human Genetics* 1: 361–385（2000）。

气候变化和人类走出非洲：Andrew S. Cohen et al.，"Ecological consequences of early Late Pleistocene megadroughts in tropical Africa，" *Proceedings of the National Academy of Sciences*，*U.S.A.* 104（42）：16428–16427（2007）。

智人进入非洲和尼安德特人的消失：John F. Hoffecker，"The spread of modern humans in Europe，" *Proceedings of the National Academy of Sciences*，*U.S.A.* 106（38）：16040–16045（2009）；J. J. Hublin，"The origin of Neandertals，" *Proceedings of the National Academy of Sciences*，*U.S.A.* 106（38）：16022–16027（2009）。

新的人科动物"丹尼索瓦人"：David Reich et al.，"Genetic

history of an archaic hominin group from Denisova Cave in Siberia," *Nature* 468: 1053–1060（2010）。

智人在旧大陆的扩张：Peter Foster and S. Matsumura，"Did early humans go north or south?" *Science* 308: 965–966（2005）；Cristopher N. Johnson，"The remaking of Australia' s ecology," *Science* 309: 255–256; Gifford H. Miller et al.，"Ecosystem collapse in Pleistocene Australia and a human role in megafaunal extinction," *Science* 309: 287–290（2005）。

人类入侵新大陆：Ted Goebel，Michael R. Waters，and Dennis H. O' Rourke，"The Late Pleistocene dispersal of modern humans in the Americas," *Science* 319: 1497–1502（2008）; Andrew Curry，"Ancient excrement," *Archaeology*，pp. 42–45（July/August 2008）。

文化创新的间断性：Francesco d'Errico et al.，"Additional evidence on the use of personal ornaments in the Middle Paleolithic of North Africa," *Proceedings of the National Academy of Sciences*，*U.S.A.* 106（38）: 16051–16056（2009）。

演化随着人类的扩张而加速：John Hawks et al.，"Recent acceleration of human adaptive evolution," *Proceedings of the National Academy of Sciences*，*U.S.A.* 104（52）: 20753–20758（2007）。

人类历史上较为晚近的适应性演化：Jun Gojobori et al.，"Adaptive evolution in humans revealed by the negative correlation between the polymorphism and fixation phases of evolution," *Proceedings of the National Academy of Sciences*，*U.S.A.* 104（10）: 3907–3912（2007）。

基因突变频率的变化：Jun Gojobori et al.，"Adaptive evolution in humans revealed by the negative correlation between the polymorphism and fixation phases of evolution," *Proceedings of the National Academy of*

Sciences, *U.S.A.* 104（10）: 3907–3912（2007）。

参与人类认知演化的基因：Ralph Haygood et al.，"Contrasts between adaptive coding and noncoding changes during human evolution," *Proceedings of the National Academy of Sciences*, *U.S.A.* 107（17）: 7853–7857（2010）。

智力特征的基因遗传：B. Devlin，Michael Daniels，and Kathryn Roeder，"The heritability of IQ," *Nature* 388: 468–471（1997）。对于智商遗传性的估计在 0.4 至 0.7 之间，更可能倾向较低的那个值。

特克海默第一法则：E. Turkheimer，"Three laws of behavior genetics and what they mean," *Current Directions in Psychological Science* 9（5）: 160–164（2000）。

社交网络中的遗传因素：James Fowler，Christopher T. Dawes，and Nicholas A. Christakis，"Model of genetic variation in human social networks," *Proceedings of the National Academy of Sciences*, *U.S.A.* 106（6）: 1720–1724（2009）。

新石器时代之中或之前发明的概念：Dwight Read and Sander van der Leeuw，"Biology is only part of the story," *Philosophical Transactions of the Royal Society B* 363: 1959–1968（2008）。

人工培育植物的起源：Colin E. Hughes et al.，"Serendipitous backyard hybridization and the origin of crops," *Proceedings of the National Academy of Sciences*, *U.S.A.* 104（36）: 14389–14394（2007）。

当代人类的自然选择：Steve Olson，"Seeking the signs of selection," *Science* 298: 1324–1325（2002）；Michael Balter，"Are humans still evolving?" *Science* 309: 234–237（2005）；Cynthia M. Beall et al.，"Natural selection on *EPAS1*（*H1F2*α）associated with low hemoglobin concentration in Tibetan highlanders," *Proceedings of the National*

Academy of Sciences, *U.S.A.* 107（25）: 11459–11464（2010）; Oksana Hlodan, "Evolution in extreme environments," *BioScience* 60（6）: 414–418（2010）。

第 11 章　向文明冲刺

从部落到国家的文明冲刺：Kent V. Flannery, "The cultural evolution of civilizations," *Annual Review of Ecology and Systematics* 3: 399–426（1972）; H. T. Wright, "Recent research on the origin of the state," *Annual Review of Anthropology* 6: 379–397（1977）; Charles S. Spencer, "Territorial expression and primary state formation," *Proceedings of the National Academy of Sciences*, *U.S.A.* 107: 7119–7126（2010）。

西蒙的层级原则：Herbert A. Simon, "The architecture of complexity," *Proceedings of the American Philosophical Society* 106: 467–482（1962）。

布基纳法索的人格差异：Richard W. Robins, "The nature of personality: genes, culture, and national character," *Science* 310: 62–63（2005）。

同一文化内部和不同文化之间的人格差异：A. Terraciano et al., "National character does not reflect mean personality trait levels in 49 cultures," *Science* 310: 96–100（2005）。

以国家为基础的文明起源的时间：Charles S. Spencer, "Territorial expansion and primary state formation," *Proceedings of the National Academy of Sciences*, *U.S.A.* 107（16）: 7119–7126（2010）。

原始国家起源的日期：Charles S. Spencer, "Territorial expansion and primary state formation," *Proceedings of the National Academy of*

Sciences, *U.S.A.* 107（16）: 7119–7126（2010）。

一个夏威夷原始国家的迅速崛起：Patrick V. Kirch and Warren D. Sharp，"Coral 230Th dating of the imposition of a ritual control hierarchy in precontact Hawaii," *Science* 307: 102–104（2005）。

雕花蛋壳容器：Pierre-Jean Texier et al.，"A Howiesons Poort tradition of engraving ostrich eggshell containers dated to 60，000 years ago at Diepkloof Rock Shelter, South Africa," *Proceedings of the National Academy of Sciences*, *U.S.A.* 107（14）: 6180–6185（2010）。

最早的非洲艺术和武器：Constance Holden，"Oldest beads suggest early symbolic behavior," *Science* 304: 369（2004）; Christopher Henshilwood et al.，"Middle Stone Age shell beads from South Africa," *Science* 304: 404（2004）。

哥贝克力石阵的古代庙宇：Andrew Curry，"Seeking the roots of ritual," *Science* 319: 278–280（2008）。

书写的起源：Andrew Lawler，"Writing gets a rewrite," *Science* 292: 2418–2420（2001）; John Noble Wilford，"Stone said to contain earliest writing in Western Hemisphere," *New York Times*, A12（15 September 2006）。

古代文字的意义：Barry B. Powell，*Writing: Theory and History of the Technology of Civilization*（Malden，MA: Wiley-Blackwell，2009）。

新石器时代的文化演化和起源：Jared Diamond，*Guns*, *Germs*, *and Steel: The Fates of Human Societies*（New York: W. W. Norton，1997）; Douglas A. Hibbs Jr. and Ola Olsson，"Geography，biogeography，and why some countries are rich and others are poor," *Proceedings of the National Academy of Sciences*, *U.S.A.* 101（10）: 3715–3720（2004）。

第 12 章　真社会性的产生

社会昆虫对亚马孙雨林的统治：H. J. Fittkau and H. Klinge, "On biomass and trophic structure of the central Amazonian rainforest ecosystem," *Biotropica* 5: 2–14 (1973)。

第 13 章　推动社会性昆虫进步的发明

迁徙的蚂蚁和成群的汁液吸取者：U. Maschwitz, M. D. Dill, and J. Williams, "Herdsmen ants and their mealybug partners," *Abhandlungen der Senckenbergischen Naturforschenden Gesellschaft Frankfurt am Main* 557: 1–373 (2002)。

第 14 章　科学难题：罕见的真社会性

真社会性的演化源头：Edward O. Wilson and Bert Hölldobler, "Eusociality: Origin and consequences," *Proceedings of the National Academy of Sciences, U.S.A.* 102 (38): 13367–13371 (2005); Charles D. Michener, *The Bees of the World* (Baltimore: Johns Hopkins University Press, 2007); Bryan N. Danforth, "Evolution of sociality in a primitively eusocial lineage of bees," *Proceedings of the National Academy of Sciences, U.S.A.* 99 (1): 286–290 (2002); Bert Hölldobler and Edward O. Wilson, *The Superorganism: The Beauty, Elegance, and Strangeness of Insect Societies* (New York: W. W. Norton, 2009)。

虾的真社会性：J. Emmett Duffy, C. L. Morrison, and R. Ríos, "Multiple origins of eusociality among sponge-dwelling shrimps (*Synalpheus*)," *Evolution* 54 (2): 503–516 (2000)。

独特的演化事件：Geerat J. Vermeij, "Historical contingency and

the purported uniqueness of evolutionary innovations," *Proceedings of the National Academy of Sciences, U.S.A.* 103（6）: 1804–1809（2006）。

巢中帮手：B. J. Hatchwell and J. Komdeur, "Ecological constraints, life history traits and the evolution of cooperative breeding," *Animal Behaviour* 59（6）: 1079–1086（2000）。

第 15 章　如何解释昆虫的利他行为和真社会性

昆虫社会的起源：William Morton Wheeler, *Colony Founding among Ants, with an Account of Some Primitive Australian Species*（Cambridge, MA: Harvard University Press, 1933）; Charles D.Michener, "The evolution of social behavior in bees," *Proceedings of the Tenth International Congress in Entomology, Montreal* 2: 441–447（1956）; Howard E. Evans, "The evolution of social life in wasps," *Proceedings of the Tenth International Congress in Entomology, Montreal*, 2: 449–457（1956）。

取代亲缘选择：Martin A. Nowak, Corina E. Tarnita, and Edward O. Wilson, "The evolution of eusociality," *Nature* 466: 1057–1062（2010）. A later account is provided by Martin A. Nowak and Roger Highfield in *SuperCooperators: Altruisim, Evolution, and Why We Need Each Other to Succeed*（New York: Free Press, 2011）。

昆虫达到真社会性的步骤：Edward O. Wilson, "One giant leap: How insects achieved altruism and colonial life," *BioScience* 58: 17–25（2008）。

自然资源和昆虫中的早期真社会性：Edward O. Wilson and Bert Hölldobler, "Eusociality: Origin and consequences," *Proceedings of the National Academy of Sciences, U.S.A.* 102（38）: 13367–13371（2005）。

独居的膜翅目：James T. Costa，*The Other Insect Societies*（Cambridge，MA: Belknap Press of Harvard University Press，2006）。

真社会性甲虫：D. S. Kent and J. A. Simpson，“Eusociality in the beetle *Austroplatypus incompertus*（Coleoptera: Curculionidae），” *Naturwissenschaften* 79: 86–87（1992）。

真社会性的蓟马和蚜虫：“Eusociality in Australian gall thrips，” *Nature* 359: 724–726（1992）；David L. Stern and W. A. Foster，“The evolution of soldiers in aphids，” *Biological Reviews of the Cambridge Philosophical Society* 71: 27–79（1996）。

真社会性虾：J. Emmett Duffy，“Ecology and evolution of eusociality in sponge-dwelling shrimp，” in J. Emmett Duffy and Martin Thiel，eds.，*Evolutionary Ecology of Social and Sexual Systems: Crustaceans as Model Organisms*（New York: Oxford University Press，2007）。

人工诱导形成的真社会性蜜蜂群：Shoichi F. Sakagami and Yasuo Maeta，“Sociality，induced and/or natural，in the basically solitary small carpenter bees（*Ceratina*），” in Yosiaki Itô，Jerram L. Brown，and Jiro Kikkawa，eds.，*Animal Societies: Theories and Facts*（Tokyo: Japan Scientific Societies Press，1987），pp. 1–16; William T. Wcislo，“Social interactions and behavioral context in a largely solitary bee，*Lasioglossum*（*Dialictus*）*figueresi*（Hymenoptera，Halictidae），” *Insectes Sociaux* 44: 199–208（1997）；Raphael Jeanson，Penny F. Kukuk，and Jennifer H. Fewell，“Emergence of division of labour in halictine bees: Contributions of social interactions and behavioural variance，” *Animal Behaviour* 70: 1183–1193（2005）。

昆虫劳动分工的固定门槛模型：Gene E. Robinson and Robert E. Page Jr.，“Genetic basis for division of labor in an insect society，” in Michael D. Breed and Robert E. Page Jr., eds., *The Genetics of Social Evolution*（Boulder, CO: Westview Press 1989）, pp. 61–80; E. Bonabeau, G. Theraulaz, and Jean-Luc Deneubourg, "Quantitative study of the fixed threshold model for the regulation of division of labour in insect societies," *Proceedings of the Royal Society B* 263: 1565–1569（1996）; Samuel N. Beshers and Jennifer H. Fewell, "Models of division of labor in social insects," *Annual Review of Entomology* 46: 413–440（2001）。

第 16 章　昆虫前进的一大步

保护巢穴的价值：J. Field and S. Brace, "Pre-social benefits of extended parental care," *Nature* 427: 650–652（2004）。

蜜蜂的来来回回的社会演化：Bryan N. Danforth, "Evolution of sociality in a primitively eusocial lineage of bees," *Proceedings of the National Academy of Sciences, U.S.A.* 99（1）: 286–290（2002）。

季节变化促成行为变化：James H. Hunt and Gro V. Amdam, "Bivoltinism as an antecedent to eusociality in the paper wasp genus *Polistes*," *Science* 308: 264–267（2005）。

无翅工蚁的起源：Ehab Abouheif and G. A. Wray, "Evolution of the gene network underlying wing polyphenism in ants," *Science* 297: 249–252（2002）。

红火蚁一夫多妻制的起源：Kenneth G. Ross and Laurent Keller, "Genetic control of social organization in an ant," *Proceedings of the National Academy of Sciences, U.S.A.* 95（24）: 14232–14237（1998）。

红火蚁的基因和真社会性行为：M. J. B. Krieger and Kenneth G. Ross, "Identification of a major gene regulating complex social behavior," *Science* 295: 328–332(2002)。

社会性胡蜂的遗传学和发育：James H. Hunt and Gro V. Amdam, "Bivoltinism as an antecedent to eusociality in the paper wasp genus *Polistes*," *Science* 308: 264–267(2005)。

独居蜜蜂之间的合作：Shoichi F. Sakagami and Yasuo Maeta, "Sociality, induced and/or natural, in the basically solitary small carpenter bees(*Ceratina*)," in Yosiaki Itô, Jerram L. Brown, and Jiro Kikkawa, eds., *Animal Societies: Theories and Facts*(Tokyo: Japan Scientific Societies Press, 1987), pp. 1–16。

原始真社会性蜜蜂的蜂后之间的合作：Miriam H. Richards, Eric J. von Wettberg, and Amy C. Rutgers, "A novel social polymorphism in a primitively eusocial bee," *Proceedings of the National Academy of Sciences, U.S.A.* 100(12): 7175–7180(2003)。

原定发育计划顺序的逆转导致了真社会性：Gro V. Amdam et al., "Complex social behaviour from maternal reproductive traits," *Nature* 439: 76–78(2006); Gro V. Amdam et al., "Variation in endocrine signaling underlies variation in social lifehistory," *American Naturalist* 170: 37–46(2007)。

真社会性演化中的不可折返点：Edward O. Wilson, *The Insect Societies*(Cambridge, MA: Belknap Press of Harvard University Press, 1971); Edward O. Wilson and Bert Hölldobler, "Eusociality: Origin and consequence," *Proceedings of the National Academy of Sciences, U.S.A.* 102(38): 13367–13371(2005)。

第 17 章　自然选择如何创造社会本能

达尔文论本能是一种遗传适应：见达尔文的几部名著，除了

The Expression of the Emotions in Man and Animals（1873）之外，另外三部是 *Voyage of the Beagle*（1838），*Origin of Species*（1859），and *The Descent of Man*（1872）。

第 18 章　社会演化的驱动力

哈密尔顿论亲缘选择：William D. Hamilton，"The genetical evolution of social behaviour，I，II，" *Journal of Theoretical Biology* 7: 1–52（1964）。

霍尔丹对亲缘选择的表述：J. B. S. Haldane，"Population genetics，" *New Biology*（Penguin Books）18: 34–51（1955）。

单双套系统假说的失败：Edward O. Wilson，"One giant leap: How insects achieved altruism and colonial life，" *BioScience* 58（1）: 17–25（2008）。

遗传多样性在蚁群中的优势：Blaine Cole and Diane C. Wiernacz，"The selective advantage of low relatedness，" *Science* 285: 891–893（1999）; William O. H. Hughes and J. J. Boomsma，"Genetic diversity and disease resistance in leaf-cutting ant societies，" *Evolution* 58: 1251–1260（2004）。

遗传上多样的蚂蚁品级：F. E. Rheindt，C. P. Strehl，and Jürgen Gadau，"A genetic component in the determination of worker polymorphism in the Florida harvester ant *Pogonomyrmex badius*，" *Insectes Sociaux* 52: 163–168（2005）。

社会性昆虫巢穴中的气候控制：J. C. Jones，M. R. Myerscough，S. Graham，and Ben P. Oldroyd，"Honey bee nest thermoregulation: Diversity supports stability，" *Science* 305: 402–404（2004）。

决定蚁群内分工的遗传因素：T. Schwander，H. Rosset，and M.

Chapuisat, "Division of labour and worker size polymorphism in ant colonies: The impact of social and genetic factors," *Behavioral Ecology and Sociobiology* 59: 215–221 (2005)。

序列性的多层次选择理论有许多源头，但是推进它发展的主要动力来自下面几篇论文，本书的作者在其中亦有贡献：Edward O. Wilson, "Kin selection as the key to altruism: Its rise and fall," *Social Research* 72（1）: 159–166 (2005) ; Edward O. Wilson and Bert Hölldobler, "Eusociality: Origin and consequences," *Proceedings of the National Academy of Sciences, U.S.A.* 102（38）: 13367–13371 (2005) ; David Sloan Wilson and Edward O. Wilson, "Rethinking the theoretical foundation of sociobiology," *Quarterly Review of Biology* 82（4）: 327–348 (2007) ; Edward O. Wilson, "One giant leap: How insects achieved altruism and colonial life," *BioScience* 58（1）: 17–25 (2008) ; David Sloan Wilson and Edward O. Wilson, "Evolution 'for the good of the group,' " *American Scientist* 96: 380–389 (2008) ; 最后肯定还有 Martin A. Nowak, Corina E. Tarnita and Edward O. Wilson, "The evolution of eusociality," *Nature* 466: 1057–1062 (2010)。本书引用了这最后一篇论文的许多内容。

社会性昆虫对性别比例的投入：Robert L. Trivers and Hope Hare, "Haplodiploidy and the evolution of the social insects," *Science* 191: 249–263 (1976) ; Andrew F. G. Bourke and Nigel R. Franks, *Social Evolution in Ants* (Princeton, NJ: Princeton University Press, 1995)。

社会性昆虫的支配行为和监管关系：Francis L. W. Ratnieks, Kevin R. Foster, and Tom Wenseleers, "Conflict resolution in insect societies," *Annual Review of Entomology* 51: 581–608 (2006)。

社会性昆虫每个虫后的交配次数：William O. H. Hughes et al.,

"Ancestral monogamy shows kin selection is key to the evolution of eusociality," *Science* 320: 1213–1216（2008）。

广义适合度理论的贡献：Edward O. Wilson，"One giant leap: How insects achieved altruism and colonial life," *BioScience* 58: 17–25（2008）；Bert Hölldobler and Edward O. Wilson，*The Superorganism: The Beauty，Elegance，and Strangeness of Insect Societies*（New York: W. W. Norton，2009）。

广义适合度理论使用的亲缘概念：这段描述及本章的大部分内容从下文修改而来：Martin A. Nowak，Corina E. Tarnita，and Edward O. Wilson，"The evolution of eusociality," *Nature* 466: 1057–1062（2010）。

亲缘的各种定义：Raghavendra Gadagkar，*The Social Biology of* Ropalidia marginata: *Toward Understanding the Evolution of Eusociality*（Cambridge，MA: Harvard University Press，2001）；Barbara L. Thorne，Nancy L. Breisch，and Mario L. Muscedere，"Evolution of eusociality and the soldier caste in termites: Influence of accelerated inheritance," *Proceedings of the National Academy of Sciences，U.S.A.* 100: 12808–12813（2003）；Abderrahman Khila and Ehab Abouheif，"Evaluating the role of reproductive constraints in ant social evolution," *Philosophical Transactions of the Royal Society B* 365: 617–630（2010）。

汉密尔顿社会理论不等式的失败：Arne Traulsen，"Mathematics of kin- and group-selection: Formally equivalent?," *Evolution* 64: 316–323（2010）。

对广义适合度理论的批判：Martin A. Nowak，Corina E. Tarnita，and Edward O. Wilson，"The evolution of eusociality," *Nature* 466:

1057–1062（2010）. See also Martin A. Nowak and Roger Highfield, *SuperCooperators: Altruism, Evolution, and Why We Need Each Other to Succeed*（New York: Free Press, 2011）。

社会演化中的弱选择：Martin A. Nowak, Corina E. Tarnita, and Edward O. Wilson, "The evolution of eusociality," *Nature* 466: 1057–1062（2010）。

社会演化的其他理论：Martin A. Nowak, Corina E. Tarnita, and Edward O. Wilson, "The evolution of eusociality," *Nature* 466: 1057–1062（2010）。

微生物的群体选择：真社会性微生物演化的驱动力。下面的论文包含了对这个问题的文献综述以及对立理论的呈现：David Sloan Wilson and Edward O. Wilson, "Rethinking the theoretical foundations of sociobiology," *Quarterly Review of Biology* 82（4）: 327–348（2007）。

一夫一妻制和亲缘选择：W. O. H. Hughes et al., "Ancestral monogamy shows kin selection is key to the evolution of eusociality," *Science* 320: 1213–1216（2008）。

社会性昆虫的多次交配和大型群体：Bert Hölldobler and Edward O. Wilson, *The Superorganism: The Beauty, Elegance, and Strangeness of Insect Societies*（New York: W. W. Norton, 2009）。

假设亲缘选择是为了替社会性昆虫维持秩序：Francis L. W. Ratnieks, Kevin R. Foster, and Tom Wenseleers, "Conflict resolution in insect societies," *Annual Review of Entomology* 51: 581–608（2006）。

社会性昆虫性别投入比例的提出：Robert L. Trivers and Hope Hare, "Haplodiploidy and the evolution of the social insects," *Science* 191: 249–263（1976）。

对性别投入比例的分析：Andrew F. G. Bourke and Nigel R.

Franks, *Social Evolution in Ants* (Princeton, NJ: Princeton University Press, 1995)。

群居型蜘蛛：J. M. Schneider and T. Bilde, "Benefits of cooperation with genetic kin in a subsocial spider," *Proceedings of the National Academy of Sciences, U.S.A.* 105 (31) : 10843–10846 (2008)。

巢中帮手：鸟类：Stuart A. West, A. S. Griffin, and A. Gardner, "Evolutionary explanations for cooperation," *Current Biology* 17: R661–R672 (2007)。

博物学：鸟类帮手：B. J. Hatchwell and J. Komdeur, "Ecological constraints, life history traits and the evolution of cooperative breeding," *Animal Behaviour* 59 (6) : 1079–1086 (2000)。

第 19 章 真社会性新理论的产生

初级社会群体的形成：J. W. Pepper and Barbara Smuts, "A mechanism for the evolution of altruism among nonkin: Positive assortment through environmental feedback," *American Naturalist* 160: 205–213 (2002) ; J. A. Fletcher and M. Zwick, "Strong altruism can evolve in randomly formed groups," *Journal of Theoretical Biology* 228: 303–313 (2004)。

原始的白蚁社会组织：Barbara L. Thorne, Nancy L. Breisch, and Mario L. Muscedere, "Evolution of eusociality and the soldier caste in termites: Influence of accelerated inheritance," *Proceedings of the National Academy of Sciences, U.S.A.* 100: 12808–12813 (2003)。

机器人般的工蚁：Martin A. Nowak, Corina E. Tarnita, and Edward O. Wilson, "The evolution of eusociality," *Nature* 466: 1057–1062 (2010)。

群体选择和超个体：Bert Hölldobler and Edward O. Wilson,

The Superorganism: The Beauty, Elegance, and Strangeness of Insect Societies（New York: W. W. Norton，2009）。

第 20 章　什么是人性

基因－文化协同演化理论的介绍：Charles J. Lumsden and Edward O. Wilson，“Translation of epigenetic rules of individual behavior into ethnographic patterns，” *Proceedings of the National Academy of Sciences，U.S.A.* 77（7）：4382–4386（1980）；“Geneculture translation in the avoidance of sibling incest，” *Proceedings of the National Academy of Sciences，U.S.A.* 77（10）：6248–6250（1980）；*Genes，Mind，and Culture: The Coevolutionary Process*（Cambridge，MA: Harvard University Press，1981）；Edward O. Wilson，*Biophilia*（Cambridge，MA: Harvard University Press，1984）。

基因－文化理论的扩展：Charles J. Lumsden and Edward O. Wilson，*Promethean Fire: Reflection on the Origin of the Mind*（Cambridge，MA: Harvard University Press，1983）。

基因和文化：Luigi Luca Cavalli-Sforza and Marcus W. Feldman，*Cultural Transmission and Evolution: A Quantitative Approach*（Princeton，NJ: Princeton University Press，1981）；Robert Boyd and Peter J. Richerson，*Culture and the Evolutionary Process*（Chicago: University of Chicago Press，1985）。1976 年，Marcus W. Feldman 和 Luigi L. Cavalli-Sforza 发表了两篇分析：“Cultural and biological evolutionary processes，selection for a trait under complex transmission，” *Theoretical Population Biology* 9: 238–259（1976），and “The evolution of continuous variation，II: Complex transmission and assortative mating，” *Theoretical Population Biology* 11: 161–181（1977），其中写到了两种状态，“熟

练”（skilled）和“不熟练”（unskilled），出现何种状态的概率取决于父母的表现型和后代的基因型。文化这种性状是一种综合素质。和后来一样，当时对于人类认知中嵌入的预成规则已经有了大量数据，但是无人重视。关于这一点和基因—文化协同演化的其他早期研究的历史，在这本书里做了总结：Charles J. Lumsden and Edward O. Wilson，*Genes*，*Mind*，*and Culture: The Coevolutionary Process*（Cambridge，MA: Harvard University Press，1981），pp. 258–263。

成人乳糖耐受性的演化：Sarah A. Tishkoff et al.，“Convergent adaptation of human lactase persistence in Africa and Europe，” *Nature Genetics* 39（1）: 31–40（2007）。

基因－文化协同演化和人类食谱的扩张：Olli Arjama and Tima Vuoriselo，“Gene-culture coevolution and human diet，” *American Scientist* 98: 140–146（2010）。

基因－文化协同演化和乱伦回避：本书中对于乱伦回避的描写主要引自 Edward O. Wilson，*Consilience: The Unity of Knowledge*（New York: Knopf，1998），并根据最新文献做了补充。

韦斯特马克效应的证据：Arthur P. Wolf，*Sexual Attraction and Childhood Association: A Chinese Brief for Edward Westermarck*（Stanford，CA; Stanford University Press，1995）; Joseph Shepher，“Mate selection among second generation kibbutz adolescents and adults: Incest avoidance and negative imprinting，” *Archives of Sexual Behavior* 1（4）: 293–307（1971）; William H. Durham，*Coevolution: Genes*，*Culture*，*and Human Diversity*（Stanford，CA: Stanford University Press，1991）。

近亲繁殖造成的疾病：Jennifer Couzain and Joselyn Kaiser，“Closing the net on common disease genes，” *Science* 316: 820–822（2007）;

Ken N. Paige, "The functional genomics of inbreeding depression: A new approach to an old problem," *BioScience* 60: 267–277（2010）。

外婚制和韦斯特马克效应：从乱伦回避中产生的人类外婚制有许多文化上的内涵，下面这部专著就是以它们为主题的：Bernard Chapais, *Primeval Kinship: How Pair-Bonding Gave Rise to Human Society*（Cambridge, MA: Harvard University Press, 2008）。

对韦斯特马克效应的另一种解释：William H. Durham, *Coevolution: Genes, Culture, and Human Diversity*（Stanford, CA: Stanford University Press, 1991）。

对"预成"和"预成规则"的定义：Charles J. Lumsden and Edward O. Wilson, *Genes, Mind, and Culture: The Coevolutionary Process*（Cambridge, MA: Harvard University Press, 1981）; Tabitha M. Powledge, "Epigenetics and development," *BioScience* 59: 736–741（2009）。

颜色视觉：本书写到的色彩视觉及词汇主要引自 Edward O. Wilson, *Consilience: The Unity of Knowledge*（New York: Knopf, 1998）, updated and with additional references。

不同的文化对色彩的划分：Brent Berlin and Paul Kay, *Basic Color Terms: Their Universality and Evolution*（Berkeley: University of California Press, 1969）。

新几内亚色彩实验：Eleanor Rosch, Carolyn Mervis, and Wayne Gray, *Basic Objects in Natural Categories*（Berkeley: University of California, Language Behavior Research Laboratory, Working Paper no. 43, 1975）.

色彩知觉和类别：Trevor Lamb and Janine Bourriau, eds., *Colour: Art & Science*（New York: Cambridge University Press, 1995）; Philip

E. Ross,"Draining the language out of color," *Scientific American* pp. 46–47(April 2004);Terry Regier, Paul Kay, and Naveen Khetarpal, "Color naming reflects optimal partitions of color space," *Proceedings of the National Academy of Sciences*, *U.S.A.* 104(4):1436–1441(2007);A. Franklin et al., "Lateralization of categorical perception of color changes with color term acquisition," *Proceedings of the National Academy of Sciences*, *U.S.A.* 105(47):18221–18225(2008)。

对色彩知觉的后续研究:Paul Kay and Terry Regier, "Language, thought and color: Recent developments," *Trends in Cognitive Sciences* 10: 53–54(2006)。

语言和色彩知觉:Wai Ting Siok et al., "Language regions of brain are operative in color perception," *Proceedings of the National Academy of Sciences*, *U.S.A.* 106(20):8140–8145(2009)。

色彩知觉的演化:André A. Fernandez and Molly R. Morris, "Sexual selection and trichromatic color vision in primates: Statistical support for the preexisting-bias hypothesis," *American Naturalist* 170(1):10–20(2007)。

第 21 章 文化是如何演化的

文化的定义:Toshisada Nishida, "Local traditions and cultural transmission," in Barbara B. Smuts et al., eds., *Primate Societies* (Chicago: University of Chicago Press, 1987), pp. 462–474; Robert Boyd and Peter J. Richerson, "Why culture is common, but cultural evolution is rare," *Proceedings of the British Academy* 88: 77–93(1996). *The nature of animal and human cultures.* Kevin N. Laland and William Hoppitt, "Do animals have culture?," *Evolutionary*

Anthropology 12（3）: 150–159（2003）。

黑猩猩学习文化的特征：Andrew Whiten，Victoria Horner，and Frans B. M. de Waal，"Conformity to cultural norms of tool use in chimpanzees，" *Nature* 437: 737–740（2005）. On imitation of a chimp' s motion versus watching an artifact being manipulated by the chimp，see Michael Tomasello as quoted by Greg Miller，"Tool study supports chimp culture，" *Science* 309: 1311（2005）。

海豚使用工具：Michael Krützen et al.，"Cultural transmission of tool use in bottlenose dolphins，" *Proceedings of the National Academy of Sciences*，*U.S.A.* 102（25）: 8939–8943（2005）。

鸟类和狒狒的记忆容量：Joël Fagot and Robert G. Cook，"Evidence for large long-term memory capacities in baboons and pigeons and its implications for learning and the evolution of cognition，" *Proceedings of the National Academy of Sciences*，*U.S.A.* 103（46）: 17564–17567（2006）。

工作记忆的本质：Michael Baltar，"Did working memory spark creative culture?，" *Science* 328: 160–163（2010）。

基因和脑的发育：Gary Marcus，*The Birth of the Mind: How a Tiny Number of Genes Creates the Complexity of Human Thought*（New York: Basic Books，2004）; H. Clark Barrett，"Dispelling rumors of a gene shortage，" *Science* 304: 1601–1602（2004）。

抽象思维和句法语言的起源：Thomas Wynn，"Hafted spears and the archaeology of mind，" *Proceedings of the National Academy of Sciences*，*U.S.A.* 106（24）: 9544–9545（2009）; Lyn Wadley，Tamaryn Hodgskiss，and Michael Grant，"Implications for complex cognition from the hafting of tools with compound adhesives in the

Middle Stone Age, South Africa," *Proceedings of the National Academy of Sciences*, *U.S.A.* 106（24）: 9590–9594（2009）。

尼安德特人大脑的发育速度：Marcia S. Ponce de León et al., "Neanderthal brain size at birth provides insights into the evolution of human life history," *Proceedings of the National Academy of Sciences*, *U.S.A.* 105（37）: 13764–13768（2008）。

尼安德特人的历史：Thomas Wynn and Frederick L.Coolidge, "A stone-age meeting of minds," *American Scientist* 96: 44–51（2008）。

智力假说：Michael Tomasello et al., "Understanding and sharing intentions: The origins of cultural cognition," *Behavioral and Brain Sciences* 28（5）: 675–691; commentary 691–735（2005）; Michael Tomasello, *The Cultural Origins of Human Cognition*（Cambridge, MA: Harvard University Press, 1999）。

黑猩猩和人类儿童的智力：Esther Herrmann et al., "Humans have evolved specialized skills of social cognition: The cultural intelligence hypothesis," *Science* 317: 1360–1366（2007）。

高级社会智力的品质：Eörs Szathmáry and Szabolcs Számadó, "Language: a social history of words," *Nature* 456: 40–41（2008）。

第 22 章 语言的起源

意图是语言的先驱说：Michael Tomasello et al., "Understanding and sharing intentions: The origins of cultural cognition," *Behavioral and Brain Sciences* 28（5）: 675–691; commentary 691–735（2005）. See also Michael Tomasello, *The Cultural Origins of Human Cognition*（Cambridge, MA: Harvard University Press, 1999）。

人类语言的独特性：D. Kimbrough Oller and Ulrike Griebel,

eds., *Evolution of Communication Systems: A Comparative Approach* (Cambridge, MA: MIT Press, 2004)。

间接语言: Steven Pinker, Martin A. Nowak, and James J. Lee, "The logic of indirect speech," *Proceedings of the National Academy of Sciences, U.S.A.* 105 (3): 833–838 (2008)。

对话时话轮转换的文化差异: Tanya Stivers et al., "Universals and cultural variation in turn-taking in conversation," *Proceedings of the National Academy of Sciences, U.S.A.* 106(26): 10587–10592 (2009)。

非言语发声: 不同文化的差异: Disa A. Sauter et al., "Cross-cultural recognition of basic emotions through nonverbal emotional vocalizations," *Proceedings of the National Academy of Sciences, U.S.A.* 107 (6): 2408–2412 (2010)。

乔姆斯基论斯金纳: Noam Chomsky, " 'Verbal Behavior' by B. F. Skinner (The Century Psychology Series), pp. viii, 478, New York: Appleton-Century-Crofts, Inc., 1957," *Language* 35: 26–58 (1959)。

乔姆斯基论语法: Steven Pinker, *The Language Instinct: The New Science and Mind* (New York: Penguin Books USA, 1994), p. 104。

语法中的规则与变化: Daniel Nettle, "Language and genes: A new perspective on the origins of human cultural diversity," *Proceedings of the National Academy of Sciences, U.S.A.* 104(26): 10755–10756 (2007)。

温暖的气候与声学效率: John G. Fought et al., "Sonority and climate in a world sample of languages: Findings and prospects," *Cross-Cultural Research* 38: 27–51 (2004)。

语言差异中的基因和声调: Dan Dediu and D. Robert Ladd, "Linguistic tone is related to the population frequency of the adaptive haplogroups of two brain size genes, *ASPM* and *Microcephalin*,"

Proceedings of the National Academy of Sciences, *U.S.A.* 104（26）: 10944–10949（2007）。

新演化的语言：Derek Bickerton, *Roots of Language*（Ann Arbor, MI: Karoma, 1981）; Michael DeGraff, ed., *Language Creation and Language Change: Creolization, Diachrony, and Development*（Cambridge, MA: MIT Press, 1999）。

赛义德族贝都因人的手语：Wendy Sandler et al., "The emergence of grammar: Systemic structure in a new language," *Proceedings of the National Academy of Sciences*, *U.S.A.* 102（7）: 2661–2665（2005）。

非语言表达的自然顺序：Susan Goldin-Meadow et al., "The natural order of events: How speakers of different languages represent events nonverbally," *Proceedings of the National Academy of Sciences*, *U.S.A.* 105（27）: 9163–9168（2008）。

大脑中没有专门的语言模块：Nick Chater, Florencia Reali, and Morten H. Christiansen, "Restrictions on biological adaptation in language evolution," *Proceedings of the National Academy of Sciences*, *U.S.A.* 106（4）: 1015–1020（2009）。

第 23 章　文化差异的演化

风险对冲和可塑性的演化：Vincent A. A. Jansen and Michael P. H. Stumpf, "Making sense of evolution in an uncertain world," *Science* 309: 2005–2007（2005）。

发育中的编码基因和调节基因：Rudolf A. Raff and Thomas C. Kaufman, *Embryos, Genes, and Evolution: The Developmental-Genetic Basis of Evolutionary Change*（New York: Macmillan, 1983; reprint, Bloomington: Indiana University Press, 1991）; David A. Garfield and

Gregory A. Wray, "The evolution of gene regulatory interactions," *BioScience* 60: 15–23(2010)。

不同品级蚂蚁的发育可塑性和寿命：Edward O. Wilson, *The Insect Societies*(Cambridge, MA: Harvard University Press, 1971); Bert Hölldobler and Edward O. Wilson, *The Superorganism: The Beauty, Elegance, and Strangeness of Insect Societies*(New York: W. W. Norton, 2009)。

第 24 章　道德和荣誉的起源

黄金准则的生物学基础：Donald W. Pfaff, *The Neuroscience of Fair Play: Why We (Usually) Follow the Golden Rule*(New York: Dana Press, 2007)。

合作行为之谜：Ernst Fehr and Simon Gächter, "Altruistic punishment in humans," *Nature* 415: 137–140(2002)。

群体选择与合作演化之谜：Robert Boyd, "The puzzle of human sociality," *Science* 314: 1555–1556(2006); Martin Nowak, Corina Tarnita, and Edward O. Wilson, "The evolution of eusociality," *Nature* 466: 1059–1062(2010)。

间接互惠：Martin A. Nowak and Karl Sigmund, "Evolution of indirect reciprocity," *Nature* 437: 1291–1298(2005); Gretchen Vogel, "The evolution of the Golden Rule," *Science* 303: 1128–1131(2004)。

幽默的复杂作用：Matthew Gervais and David Sloan Wilson, "The evolution and functions of laughter and humor: A synthetic approach," *Quarterly Review of Biology* 80: 395–430(2005)。

人类中真正的利他主义：Robert Boyd, "The puzzle of human

sociality," *Science* 314: 1555–1556（2006）。

群体选择和利他主义：Samuel Bowles，"Group competition, reproductive leveling, and the evolution of human altruism," *Science* 314: 1569–1572（2006）。

收入不均和生活品质：Michael Sargent，"Why inequality is fatal," *Nature* 458: 1109–1110（2009）; Richard G. Wilkinson and Kate Pickett, *The Spirit Level: Why More Equal Societies Almost Always Do Better*（New York: Allen Lane，2009）。

利他性惩罚：Robert Boyd et al.，"The evolution of altruistic punishment," *Proceedings of the National Academy of Sciences*，*U. S. A.* 100（6）: 3531–3535（2003）; Dominique J.-F. de Quervain et al., "The neural basis of altruistic punishment," *Science* 305: 1254–1258（2004）; Christoph Hauert et al.，"Via freedom to coercion: The emergence of costly punishment," *Science* 316: 1905–1907（2007）; Benedikt Herrmann，Christian Thöni，and Simon Gächter，"Antisocial punishment across societies," *Science* 319: 1362–1367（2008）; Louis Putterman，"Cooperation and punishment," *Science* 328: 578–579（2010）。

第 25 章 宗教的起源

普世伦理和道德律：Paul R. Ehrlich，"Intervening in evolution: Ethics and actions," *Proceedings of the National Academy of Sciences*，*U.S.A.* 98（10）: 5477–5480（2001）; Robert Pollack，"DNA, evolution, and the moral law," *Science* 313: 1890–1891（2006）。

宗教信仰的认知倾向：Pascal Boyer，"Religion: Bound to believe?," *Nature* 455: 1038–1039（2008）。

大脑活动和成像：J. Allan Cheyne and Bruce Bower, "Night of the crusher," *Time*, pp. 27–29（19 July 2005）。在下面的著作中，几位作者研究了大脑功能和对超自然对象的信仰，包括宗教的创立者和先知：*Neurotheology: Brain, Science, Spirituality, Religious Experience*, ed. Rhawn Joseph（San Jose, CA: University of California Press, 2002）。

死藤水引起的梦：Frank Echenhofer, "Ayahuasca shamanic visions: Integrating neuroscience, psychotherapy, and spiritual perspectives," in Barbara Maria Stafford, ed., *A Field Guide to a New Meta-Field: Bridging the Humanities-Neurosciences Divide*（Chicago: University of Chicago Press, 2011）。Echenhofer 引述的梦境最初是由人类学家 Milciades Chaves 和精神病学家 Claudio Naranjo 记录的。

致幻药物和宗教先知：Richard C. Schultes, Albert Hoffmann, and Christian Rätsch, *Plants of the Gods: Their Sacred, Healing, and Hallucinogenic Powers*, rev. ed.（Rochester, VT: Healing Arts Press, 1998）。

现代宗教的演化步骤：Robert Wright, *The Evolution of God*（New York: Little, Brown, 2009）。

第 26 章　创造性艺术的起源

视觉设计中的视觉唤起：Gerda Smets, *Aesthetic Judgment and Arousal: An Experimental Contribution to Psycho-Aesthetics*（Leuven, Belgium: Leuven University Press, 1973）。

对生命的热爱和人类偏好的栖息地：Gordon H. Orians, "Habitat selection: General theory and applications to human behavior," in Joan S. Lockard, ed., *The Evolution of Human Social Behavior*（New York:

Elsevier，1980），pp. 49–66; Edward O. Wilson，*Biophilia*（Cambridge，MA: Harvard University Press，1984）；Stephen R. Kellert and Edward O. Wilson，eds.，*The Biophilia Hypothesis*（Washington，DC: Island Press，1993）；Stephen R. Kellert，Judith H. Heerwagen，and Martin L. Mador，eds.，*Biophilic Design: The Theory，Science，and Practice of Bringing Buildings to Life*（Hoboken，NJ: Wiley，2008）；Timothy Beatley，*Biophilic Cities: Integrating Nature into Urban Design and Planning*（Washington，DC: Island Press，2011）。

虚构中的真相：E. L. Doctorow，"Notes on the history of fiction，" *Atlantic Monthly* Fiction Issue，pp. 88–92（August 2006）。

创造性艺术的诞生：Michael Balter，"On the origin of art and symbolism，" *Science* 323: 709–711（2009）；Elizabeth Culotta，"On the origin of religion，" *Science* 326: 784–787（2009）。

旧石器时代洞穴艺术的意义：R. Dale Guthrie，*The Nature of Paleolithic Art*（Chicago: University of Chicago Press，2005）；William H. McNeill，"Secrets of the cave paintings，" *New York Review of Books*，pp. 20–23（19 October 2006）；Michael Balter，"Going deeper into the Grotte Chauvet，" *Science* 321: 904–905（2008）。

旧石器时代的乐器：Lois Wingerson，"Rock music: Remixing the sounds of the Stone Age，" *Archaeology*，pp. 46–50（September/October 2008）。

狩猎采集者的歌唱和舞蹈：Cecil Maurice Bowra，*Primitive Song*（London: Weidenfeld & Nicolson，1962）；Richard B. Lee and Richard Heywood Daly，eds.，*The Cambridge Encyclopedia of Hunters and Gatherers*（New York: Cambridge University Press，1999）。

语言和音乐的联系：Aniruddh D. Patel，"Music as a transformative

technology of the mind," in Aniruddh D. Patel, *Music*, *Language*, *and the Brain*(Oxford: University of Oxford Press, 2008)。

第 27 章　一次新启蒙

广义适合度理论的争议: Martin A. Nowak, Corina E. Tarnita, and Edward O. Wilson, "The evolution of eusociality," *Nature* 466: 1059–1062(2010) ; response by critics in *Nature*, March 2011, online。

全球化和群体身份的扩展: Nancy R. Buchan et al., "Globalization and human cooperation," *Proceedings of the National Academy of Sciences*, *U.S.A.* 106 (11) : 4138–4142(2009)。

未来，属于终身学习者

我这辈子遇到的聪明人（来自各行各业的聪明人）没有不每天阅读的——没有，一个都没有。巴菲特读书之多，我读书之多，可能会让你感到吃惊。孩子们都笑话我。他们觉得我是一本长了两条腿的书。

——查理·芒格

互联网改变了信息连接的方式；指数型技术在迅速颠覆着现有的商业世界；人工智能已经开始抢占人类的工作岗位……

未来，到底需要什么样的人才？

改变命运唯一的策略是你要变成终身学习者。未来世界将不再需要单一的技能型人才，而是需要具备完善的知识结构、极强逻辑思考力和高感知力的复合型人才。优秀的人往往通过阅读建立足够强大的抽象思维能力，获得异于众人的思考和整合能力。未来，将属于终身学习者！而阅读必定和终身学习形影不离。

很多人读书，追求的是干货，寻求的是立刻行之有效的解决方案。其实这是一种留在舒适区的阅读方法。在这个充满不确定性的年代，答案不会简单地出现在书里，因为生活根本就没有标准确切的答案，你也不能期望过去的经验能解决未来的问题。

而真正的阅读，应该在书中与智者同行思考，借他们的视角看到世界的多元性，提出比答案更重要的好问题，在不确定的时代中领先起跑。

湛庐阅读 App：与最聪明的人共同演化

有人常常把成本支出的焦点放在书价上，把读完一本书当作阅读的终结。其实不然。

时间是读者付出的最大阅读成本

怎么读是读者面临的最大阅读障碍

“读书破万卷”不仅仅在“万”，更重要的是在“破”！

现在，我们构建了全新的“湛庐阅读”App。它将成为你“破万卷”的新居所。在这里：

- 不用考虑读什么，你可以便捷找到纸书、电子书、有声书和各种声音产品；
- 你可以学会怎么读，你将发现集泛读、通读、精读于一体的阅读解决方案；
- 你会与作者、译者、专家、推荐人和阅读教练相遇，他们是优质思想的发源地；
- 你会与优秀的读者和终身学习者为伍，他们对阅读和学习有着持久的热情和源源不绝的内驱力。

下载湛庐阅读 App，
坚持亲自阅读，
有声书、电子书、阅读服务，
一站获得。

图书在版编目（CIP）数据

社会性征服地球 /（美）爱德华 · 威尔逊（Edward Wilson）著；朱机译 . -- 杭州：浙江教育出版社，2023.2

ISBN 978-7-5722-5257-0

Ⅰ . ①社… Ⅱ . ①爱… ②朱… Ⅲ . ①人类进化－研究 Ⅳ . ① Q981.1

中国国家版本馆 CIP 数据核字（2023）第 015537 号

浙江省版权局
著作权合同登记号
图字 :11-2022-108号

上架指导：社会科学 / 进化

本书法律顾问　北京市盈科律师事务所　崔爽律师

社会性征服地球

SHEHUIXING ZHENGFU DIQIU

［美］爱德华 · 威尔逊　著

朱机　译

责任编辑：洪　滔
文字编辑：周涵静
美术编辑：韩　波
责任校对：傅　越
责任印务：陈　沁
封面设计：ablackcover.com
出版发行：浙江教育出版社（杭州市天目山路 40 号　电话：0571-85170300-80928）
印　　刷：唐山富达印务有限公司
开　　本：880mm ×1230mm　1/32
印　　张：11.625　　**字　　数：**276 千字
版　　次：2023 年 3 月第 1 版　　**印　　次：**2023 年 3 月第 1 次印刷
书　　号：ISBN 978-7-5722-5257-0　　**定　　价：**109.90 元

如发现印装质量问题，影响阅读，请致电 010-56676359 联系调换。